エイドリアン・オーウェン

生存する意識

植物状態の患者と対話する

柴田裕之訳

みすず書房

INTO THE GRAY ZONE

A Neuroscientist Explores the Border Between Life and Death

by

Adrian Owen

First published by Scribner, an Imprint of Simon & Schuster, Inc., 2017

ジャクソンに捧げる

万一、この物語を自ら語ってやれなくなったときのために

目次

あなたが、内なるものの意味を見て取れるように
それは存在すること
それは存在すること
——ジョン・レノンとポール・マッカートニー

プロローグ

一時間近く見守っていると、ようやくエイミーが動いた。ここは、ナイアガラの滝から数キロメートルのところにあるカナダの小さな病院だ。病室に着いたとき、彼女は眠っていた。起こす必要はないように思えた。起こすのは少しばかり失礼にさえ思えた。無理に起こしたところで、すっかり目覚め切っていない植物状態の患者の具合を調べようとしてもほとんど意味がない。

動いたと言っても、たいした動きではない。エイミーの両目がぱっと開き、頭が枕から浮いた。彼女はそのまま硬直したように、瞬きもせず、姿勢を保った。視線が天井をさまよう。黒い豊かな髪は短くカットされていたが、きちんと整えられている。まるで誰かが、つい先ほどまで手入れをしていたかのようだ。この突然の動きは、脳の中の神経回路網が自動的に発火した結果にすぎないのか？

エイミーの目を覗き込んでみた。だが、私の目に映るのは空虚さだけだ。それと同じ深い虚ろな泉を、これまで何度見てきたことか。エイミーのように、「目覚めているけれど何も認識していない」と考えられている人々の目に。エイミーからは何一つ返ってこない。彼女はあくびをする。大きく口を開けるあくびだ。続いて悲しげとでも言えそうなため息を一つすると、頭ががくんと枕の上に戻った。

あの不幸な出来事から七か月後の今、かつての姿を思い描くのは難しかった。エイミーは才気にあふれた、前途洋々の、大学のバスケットボール代表チーム選手だったという。ある晩遅く、友人たちと酒場を出た。すると、夕刻に袖にしたボーイフレンドが待ち伏せていた。彼に手荒く押されたエイミーはよろけて倒れ、頭をコンクリートの縁石にしたたかぶつけた。何針か縫ったり、脳震盪《のうしんとう》を起こしたりする程度で済んでもおかしくなかったが、エイミーは運が悪かった。脳が頭蓋骨の内側に衝突した。もやい綱が切れたようなものだ。衝撃波が幾重にも広がり、縁石にぶつかった箇所から遠く離れた重要な領域を切り裂いたり傷つけたりし、軸索（神経細胞から伸びている長い突起）が伸び切り、血管がちぎれた。そして今、エイミーは外科手術で胃に補給チューブを挿入され、生命維持に欠かせない水分や栄養物を摂取している。カテーテルで尿を排出している。自分では排便の調節がままならないので、おむつをつけている。

男性医師が二人、さっと部屋に入ってきた。「どう思います？」と、こちらを見据えて年長の医師が尋ねた。

「何とも言えませんね、スキャンしてみないと」と私は答えた。

「まあ、私は賭けをする人間じゃありませんけど、きっと植物状態でしょう」。彼は陽気で、愉快そうに見えるほどだった。

私はそれには応じなかった。

二人の医師はエイミーの親のビルとアグネスのほうを向いた。二人は私がエイミーを見守っているあいだ、ずっと辛抱強く座っていた。人の良さそうな四〇代後半の夫婦だが、見るからに疲れ切っていた。アグネスがビルの手をしっかりと握りしめ、二人して医師たちの説明に聴き入った。エイミーは言われたことを理解できない。記憶や思考、感情を持たない。喜びも痛みも感じられない。一生、二四時間体制の看護が必要となることを、医師たちはビルとアグネスにやんわりと伝えた。延命措置をとるようにという事前指示書がないのだから、生命維持装置を外し、死なせてあげることを考えるべきではないか？　けっきょく、それが本人も望んだだろうことではないか？

エイミーの両親はそこまで踏み切れなかった。そして、私が彼女を機能的磁気共鳴画像法（ｆＭＲＩ）スキャナーに入れ、二人が愛してやまない娘の一部が依然として残っている手がかりを探すことを許可する同意書に署名した。エイミーは、私の研究室があるオンタリオ州ロンドンのウェスタン大学（ウェスタンオンタリオ大学）に救急車で搬送された。この研究室は、深刻な脳損傷を負った患者や、アルツハイマー病やパーキンソン病といった神経変性疾患が進んだ患者の検査を専門としている。私たちは、信じられないような新しいスキャン・テクノロジーを使って患者の脳と接触し、脳の機能を視覚化し、内部の様子を徹底的に調べる。すると、人間がどう考えたり感じたりするかが明らかになり、意識の基盤や自己感覚の構造もわかってくる。つまり、生きているとはどういうことか、人間であるとはどういうことかの本質が浮かび上がるのだ。

五日後、私がふたたびエイミーの病室に入っていくと、ビルとアグネスがベッドの脇に座っていた。二人は期待を込めたまなざしでこちらを見上げた。私はしばらく間を置き、深く息を吸い込むと、二人があえて望むまいとしてきた知らせを伝えた。

「スキャンの結果は、じつはエイミーが植物状態ではないことを示しています。それどころか彼女はすべてを認識しています」

五日間、徹底的に調べた結果、エイミーはただ生きているだけではなく、完全に意識があることがわかった。彼女はまわりで交わされる会話を一つ残らず耳にし、病室に入ってくる人を全員認知し、自分に代わって下される決定をすべて熱心に聴いていた。ところが、まったく筋肉を動かせないため、「私は今もここにいます。まだ死んでいません！」と周囲に告げるすべがなかったのだ。

*

この本に記すのは、エイミーのような人の心との接触の仕方を私たちがどう突き止めたか、そしてまた、今や急速な発展を遂げているこの新しい探究の分野が、科学、医学、哲学、法律にどれほど重大な影響を与えているかにまつわる物語だ。最も重要なのは、次の点かもしれない。物事を認識する能力が皆無だと思われている植物状態の人の一五〜二〇パーセントは、どんなかたちの外部刺激にもまったく応答しないにもかかわらず、完全に意識があることを、私たちは発見したのだ。[1] 彼らは目を開けたり、唸《うな》ったり呻《うめ》いたりすることもあれば、ときにはぽつんぽつんと単語を口にすることもある。もっぱら自分だけの世界に生きているように見え、思考や感情も持っていそうにない。その多くは、医師の見立てどおり、思考を忘れていて、考えることができない。だが、かなりの数の人は、それとはまったく違う経験をしている。損傷した体と脳の奥深くに、無傷の心が漂っているのだ。

植物状態は、グレイ・ゾーンという曖昧な世界の一領域だ。昏睡状態もその一領域をなす。昏睡状態の人は目を開けず、何の認識もないように見える。子供を持つ人ならわけもないだろうが、ディズニー映画の『眠れる森の美女』のオーロラ姫を想像するといい。魔法をかけられて眠っているようなものだ。だが、現実の世界での様相はおよそロマンティックとは言えない。頭部のけがで外観が損なわれたり、手足がねじ曲がったり、骨が折れたり、病気でやつれ果てたりしているのが普通だ。

グレイ・ゾーンにいても、物事を認識していることを伝えられる人もいる。「最小意識状態」と呼ばれる人々で、求めに応じて指を動かしたり、目で物を追ったりできることがある。認識できる状態とできない状態をゆっくりと行き来しているようで、意識不明の淵からたまに浮かび上がり、水面を突き破って自分の存在を合図したかと思うと、また暗い深みへと沈んでいく。

閉じ込め症候群は厳密に言うとグレイ・ゾーンに入る状態ではないが、かなりそれに近いので、私たちがスキャンする人の一部がどんな人生を送っているかを理解する手助けとなる。閉じ込め症候群の人は完全に意識があり、たいてい瞬きしたり目を動かしたりできる。『エル』誌のフランス人編集者ジャン＝ドミニック・ボービーは、閉じ込め症候群患者の有名な例だった。彼は重篤な脳卒中ですっかり体が麻痺し、左目で瞬きすることしかできなくなった。それにもかかわらず、アシスタントと文字ボードの助けを借りて、『潜水服は蝶の夢を見る』という回想録を書いた。完成までに二〇万回瞬きしたそうだ。[2]

ボービーは自分の経験を活写している。「僕の心は、蝶々のように、ひらりと舞い上がる。したいことはたくさんあるのだ。……愛しい女のもとへ行き、そのかたわらにすべり込んで、まどろむ顔をやさしく撫でようか。それともスペインに城を建て、神話の黄金羊毛を手に入れ、伝説の島アトランティスを発見して、子どもの頃の夢と、大人になってからの憧れを、みんな実現させてみようか」（河野万里子訳、講談社刊の邦訳書より）。もちろんこれはボービーの「蝶」、すなわち、肉体や責任に縛られず、あちらへこちらへと自由に飛びまわれる心だ。だがボービーはいわば潜水鐘《しょう》（鉄でできた釣鐘状の潜水装置）の中に閉じ込められてもいる。そこから逃げ出すことはできず、計り知れない深みへとどんどん沈んでいく。

ｆＭＲＩスキャンの数日後、エイミーのベッド脇に戻った私は、ふたたび腰を下ろして注意深く見守っていた。彼女が何を考え、感じているのか、なんとしても知りたかった。彼女は痙攣《けいれん》するように動いたり、発作的に喉を鳴らしたりする。ボービーと同じような経験をしているのか？　自由と可能性に満ちたボービーの想像の領域に入ったのか？　それとも彼女の内面世界は、凄まじい苦しみを伴う、逃れようのない牢獄なのか？

スキャンのあと、エイミーの生活は一変した。アグネスはほとんど枕元を離れず、しきりに本などを読んで聞かせた。ビルは毎朝顔を見せ、新聞を届け、家族に関する最新の話題を伝えた。友人や身内が引きも切らず見舞いにやって来た。エイミーは週末には自宅に戻り、毎年、誕生日にはパーティが開かれた。映画にも連れていってもらった。介護にあたる職員は、ベッドに近づく前に必ず彼女に自己紹介し、これから体を拭き清めたり、着衣を取り換えたりすることを伝えた。治療措置をとったり、投薬したり、決まった手順を変えたりするときには、いつも丁寧に説明した。グレイ・ゾーンに陥ってから七か月後、こうしてエイミーは人格を持った人間という立場を取り戻したのだ。

この新しい科学の分野に深くかかわるようになったとき、私は自分が何をしたいのか、はっきりした考えなどまったく持っていなかった。始まりは偶然の巡り合わせであり、予期せぬ出来事の重なりのように思えた。とはいえ今振り返ると、この物語の発端が、恐ろしく複雑で予測が不可能なかたちで私たち全員を結びつけている内なる構造を指し示していることは明らかだ。私がグレイ・ゾーンの探究を始めたのは、二〇年前のある暖かい七月の日に、イギリスのロンドン南部にある青葉の茂る洒落た郊外で起こった、暗く奇妙な出来事がきっかけだった。

第一章　私につきまとう亡霊

人は生きたり死んだりせず、ただ浮かんでいるだけだ
彼女は黒い長いコートの男と行ってしまった
――ボブ・ディラン

科学のプロセスとは、じつに不思議なかたちで進むものだ。

ケンブリッジ大学で若い神経心理学者として行動と脳との関係を研究していた私は、やはり神経心理学者だったスコットランド女性のモーリーンと恋に落ちた。出会ったのは一九八八年の秋で、スコットランドとの境から一〇〇キロメートルほど離れたところにある、イングランドの町ニューカッスル・アポン・タインでのことだ。私は上司のトレヴァー・ロビンズと、モーリーンの上司で、脳の加齢についての革新的な研究をしていた、パトリック・ラビットという変わった苗字の学者との協働関係を強固にするために、ニューカッスル大学に派遣されていた。モーリーンと私は否応なく引き合わされた。私はたちまち、彼女のさりげない辛口のウィットと、目を見張るような栗色の豊かな髪と、笑うたびに（彼女はひっきりなしに笑っていた）ぎゅっと閉じる愛らしい目に魅了された。ほどなく私は、学問とはあまり関係ない理由でたびたびニューカッスル・アポン・タインを訪れるようになった。初めての給料から一一〇〇ポンド出し

て買った古いポンコツのフォード・フィエスタに乗り、週末の殺人的な渋滞を縫って、片道六時間をかけて。

　モーリーンは音楽に対して私の目を開いてくれた。思春期に夢中になった、アダム＆ジ・アンツやカルチャー・クラブ、シンプル・マインズのような、アイライナーにヘアスプレー、ジャンプスーツという姿の、八〇年代初期のニュー・ロマンティックのロックグループのものではなく、今もなお大好きな音楽だ。土地や歴史について、人間関係や燃えるような願望を絡めて語る、情熱的な音楽。ザ・ウォーターボーイズやクリスティ・ムーアやディック・ゴーハンの、ケルト文化に基づく熱くソウルフルな音楽だった。ケンブリッジから七〇キロメートルあまり離れたセント・オールバンズに住むモーリーンの兄のフィルに、ギターを手にしていない未来はとても未来とは言えないと、たちまち説得された私は、彼に連れ出されて最初のギターを買った。それはヤマハ製で、今も手元にあり、これからもずっと手放すことはないだろう。

　ケンブリッジとニューカッスル・アポン・タインを何か月か行き来したあと、私は一〇〇キロメートルほど南のロンドンに引っ越した。研究対象の患者たちが治療を受けていたのがそこだからだ。私は神経心理学者として働き、ケンブリッジの上司から給料を受け取りつづけながら、博士号の取得を目指してロンドン大学精神医学研究所（現在は精神医学・心理学・神経科学研究所）に入り、仕事と研究を両立させるために、週に何度もケンブリッジとロンドンを車で行き来した。この上なくきついスケジュールだったが、仕事も研究も面白くて仕方なかった。モーリーンはニューカッスル・アポン・タインの仕事を辞め、ロンドンで職を得た。そして私たちはほどなく、住まいを買った。四階にある、ベッドルームが一つの小さなアパートで、彼女と私がそれぞれ本拠とする南ロンドンのモーズレイ病院と精神医学研究所から歩いてすぐだった。

　精神医学研究所の建物、いや建物群はひどい期待外れだ。雑然と並んでいるだけで、堂々たる学術的名声にふさわしい威容などどこにも見当たらない。私のオフィスはプレハブの建物（イギリス英語では「ポータキャビン」という）の中にあった。冬は凍えるように寒く、夏はうだるように暑いし、入り口のドアがバタンと閉まるたびに揺れた。来年こそは恒久的な建物ができて、ポータキャビンは取り壊されると、毎年言われたものだ。だが、二十数年たって戻ってみたときには、ポータキャビンがまだ残っているのを目にして驚き、笑ってしまうことになる。あいかわらず博士の卵たちが入っているのだろう。

同居するようになったモーリーンと私は最初こそ興奮とロマンスに胸を躍らせたが、ほどなく単調な日常生活がそれに取って代わった。車を運転してイングランド南部全域の患者を訪ね、ロンドンの渋滞で動きの止まった果てしない車の列にはまり込み、アパートに歩いて帰れる範囲に駐車スペースを空しく探し、朝、フィエスタのエンジンがかからないときには（しょっちゅうのことだった）、誰かの助けを借りて始動させるという日々だった。

研究所やモーズレイ病院に通っていると、患者たちに胸を痛めずにはいられなかった。うつ病や統合失調症、癲癇《てんかん》、認知症の患者たちが大勢、隙間風の入る廊下を行ったり来たりしていた。モーリーンは親切で思いやりがある人だったので、強く心を動かされた。そしてまもなく、精神科の看護師の資格を取ることにした。看護職が尊いことに疑いの余地はなかったものの、私から見れば彼女の決意は、学究の世界で築けるだろう輝かしいキャリアを捨てることにほかならなかった。彼女は新しい同僚たちと、長い夜間勤務をしはじめた。その間私は、アパートで自分にとって最初の何本かの論文を書いては直し、癲癇の症状を和らげたり急速に広がる腫瘍を根こそぎにしたりするために脳の一部を切除した患者の行動の変化を記述していた。

脳手術を受けたあと、これらの患者がどうなったかという記録や話に、私はすっかり心を奪われた。研究していた患者の一人は、前頭葉にわずかな損傷を負っただけだが、そのせいで自制心がはなはだしく損なわれた。損傷前、彼は「内気で知的な青年」と評されていた。ところが損傷後は、通りで見知らぬ通行人を侮辱したり、ペンキの缶を持ち歩いて、公有、私有の別なく、建物などに手当たりしだいペンキを塗りたくったりした。口を開くと野卑な罵《のの》り言葉があふれ出た。常軌を逸した行動はエスカレートした。とうとう友人を説き伏せて足首をつかんでいてもらい、疾走する列車の窓から逆さ吊りになった。どう見ても、狂気の沙汰としか思えない。彼は頭を鉄橋に打ちつけ、頭蓋骨が砕け、前側の皮質の大部分がつぶれた。前頭葉のわずかな損傷が、脳の同じ部位の重大な損傷を招くとは、なんという巡り合わせだろう。

私にとって最も奇妙な経験は、自動症の青年にまつわるものかもしれない。自動症の患者は、短時間、まったく自覚がないまま行動する。原因はたいてい癲癇の発作だ。発作は側頭葉か前頭葉で始まり、それから急速に広がる。ニューロン（神経細胞）の発火が次々に引き起こされ、脳全体が巻き込まれるのだ。症状が現れているあいだ、患者は一種のグレイ・ゾーンの中を漂う。目は見開いたままで、変に生き生きとし、行動は意図的なものに見える。普通は、料理をしたり、シャワーを浴びたり、通い慣れた道を車で走ったりといった、決まりきった活動をする。それから患者は意識を取り戻し、まごつくことが多いものの、自分が何をしていたか記憶がない。

私の患者は、髪がぼさぼさのひょろっとした青年で、発作の対策として受けた手術に伴う記憶障害を調べるために検査を受けることになった。彼は、殺人事件の裁判の被告人でもあった。被害者は本人の母親で、しっかり戸締まりした家に息子といるときに絞殺された――息子と二人きりのときに。裁判の行方は、彼が格闘技の達人で、癲癇性自動症の病歴を持っている点にかかっていた。状況証拠しかなかったが、彼は格闘技の型どおりの手順で母親を殺しておきながら、自らの凶行の自覚がまったくないことが考えられた。

当時としては最先端の、コンピューターによるテストを使って記憶を検査するとき、私はドアのそばに座った。テレビの犯罪ドラマで何度も目にした安全策だ。身の危険を感じていた。武器が必要だった。今となってはすべて滑稽に思えるが、知らないうちに素手で母親を殺した嫌疑で裁判にかけられている男性と、閉ざされたオフィスに座っていたのだから！　彼はもしほんとうに手を下していたのなら、責任能力を問われうるのか？　私には何とも言えなかった。自動症は、潜在意識の衝動を表現しているのではなく、本人にはまったく制御できないかたちで、脳内で自動的なプログラムが実行されているというふうに、当時も今も解釈されている。もし彼が大工だったなら、母親に空手チョップをお見舞いするかわりに、材木をノコギリで切っていたことだろう。

彼の脳は、ふたたび彼に殺人を犯させるだろうか？　私はその疑問で頭がいっぱいだった。何を使って身を守ればいいのか？　私のいるオフィスには書類や本が積み重なり、科学研究のための器具が並んでいるだけで、武器などあるはずもない。机の脇のスカッシュのラケットが目に留まった。それを握りしめ、青年のパンチをどうかわそうかなどと漠然と思いを巡らせた。私たちの双方にとって幸いなことに、検査は無事に終わった。その後、何度も思ったものだ。患者が忍者のように私に襲いかかり、私がスカッシュのラケットで彼の頭を叩こうとしている光景は、さぞかし珍妙だっただろう。

仕事は夢中になるほど面白かったが、その一方でモーリーンとの距離がどんどん開いていった。アパートを買ってから一年もしないうちに、二人の関係は破綻した。私たちはそれぞれ違う方向に進んでいた。私は科学の分野でのキャリアへ、モーリーンは精神医療現場での仕事へ、と。私たちのあいだで何かが変わってしまった。脳と、脳が損傷や疾患にどう影響されるかについて、二人して抱いていた驚異の念を、なぜ彼女が失ったのか理解できなかった。問題を解決しようとするのではなく、ただ問題に対処するだけに思えることに、どうして心を引かれるのか理解できなかった。その何年か前、私は従来のような医学の仕事には就かないことに決めていた。医師になって患者の訴える病状に耳を傾け、標準的な手順に従って薬を処方したいと思ったことは一度もなかった。私たちの心の仕組みの謎を解き明かし、できれば治療と回復への新しいアプローチを発見したいと願っていた。それこそ、神経科学者がすることだ。自分では大局的な見方ができているつもりだったが、おそらく、若い科学者特有の野心と理想主義に衝き動かされ、鼻持ちならないほど独りよがりになっていたのだろう。パーキンソン病とアルツハイマー病の原因を突き止め、それから治せるようになれるかもしれないと思っていた。

うぶだった当時の私は、神経科学の分野での縦横無尽のキャリアが華々しいものに思え、その魅力に目がくらんでもいた。上司の代役としてエキゾチックな場所に派遣されては、講演をしていた。アメリカのアリゾナ州フェニックスで開かれた学会のときは、イングランドから来たほかの二人の神経科学者と砂漠でスパに浸った。信じられない話ではないか？　前日には三人とも、イングランドの絶え間ない雨と陰鬱さの中をとぼとぼ歩いていたというのに、こうしてサボテンに囲まれて極楽気分を味わえるとは！

そうした出張から帰宅したときには、少しばかりうぬぼれていたに違いない。モーリーンと、精神科の医療の実情や、科学のための科学、科学研究と医療的ケアとのあいだに特有の張り詰めた関係について、何度となく口論になった。

「こういう人たちを研究するのはとても結構なことよ」とモーリーンが言っていたのを覚えている。「でも、あの人たちが自分の抱えている問題に取り組むお手伝いをするほうが、ずっと手間、暇、お金のかけ甲斐があるというものでしょう」

「もし科学研究をしなければ、問題はいつまでたってもなくならないじゃないか！」と私は言い返した。

「いずれ、何年もしたら科学は誰かの助けになるかもしれない。でも、ほとんどが徒労に終わるわ。それに、あなたの研究プロジェクトに時間を捧げてくれる患者さんたちの役には立たないでしょう。自分の人生をあなたが良くしてくれるとばかり、無邪気に信じている患者さんたちの」

「僕の研究があの人たち自身の助けにならないことは、きちんと伝えているよ」

「へぇー。それはまた、ご親切なことね！」

私たちの絶えることのない口論にはどことはなしに、イングランドとスコットランドの確執が滲んでいた。スコットランド人は遠い昔から、イングランド人に搾取されていると感じてきた。彼らにしてみれば、イングランド人は冷酷で血も涙もない欲得ずくの人間であり、自分たちは情熱的で純朴で正直だった。振り返ってみると、医療的ケアか純粋科学かという私たちの立場の違いは、この昔ながらの軋轢《あつれき》を反映するものでもあったのだろう。

けっきょく、私は別の人と出会い、モーリーンを残して出ていった。ちょうどイギリスの経済と住宅市場が破綻した一九九〇年のことだった。六万ポンドしたアパートの価値は三万ポンドに急落した。資産価値がローン残高を大きく下回った。ローンの金利は倍になったものの、モーリーンがそのアパートに住んでいるあいだは、まだなんとかやっていかれた。だが、モーリーンも別の人のところに移ると、事態は急速に悪化した。私たちはローンの支払いをするために、アパートをブラジル人の友人たちに貸さざるをえなかったが、モーリーンはそれ以上かかわりたがらなかった。そこで私が家賃を受け取りに行き、ローンを払い、税金の支払いや修繕の手配をした。モーリーンと私はもう口も利かなくなっており、怒りに満ちた手紙をやりとりするだけだった。けっきょく私は北ロンドンにある友人のアパートの床で寝る羽目になり、モーズレイ病院の担当患者には、車で一時間もかけてラッシュアワーの渋滞を縫うようにして会いに行った。アパートの以前の住人は、飼い猫たちは連れて引っ越したが、ノミは置き去りにした。なんとも惨めな時期だった。

その同じ年、南ロンドンの患者を一人ひとり回り、彼らの脳損傷とその経緯やその後の経過などを詳しく記録していたときに、母の体に異変が起こりだした。母は激しい頭痛に襲われるようになり、奇妙な振る舞いを見せはじめた。ある日の午後にいなくなり、数時間後に戻ってくると、地元の映画館に映画を見に行っていたと言う。だが、映画にはもう何年も行っていなかったし、日中に独りで行くことなど考えられなかった。母は五〇歳になったばかりで、頭痛も普通でない不思議な外出も更年期のせいだろうというのが、かかりつけの医師の見立てだった。だが、これはとんだ見当違いだった。母がある晩、自宅で父とテレビを見ていたときに、何か深刻な問題が起こっていることがはっきりした。

「あの女の人の服、どう思う?」と、画面の左端の女性について、父が尋ねた。

「女の人?」母にはその女性が見えなかった。それどころか、視野の左側にあるものは何一つ見えていなかった。

頭痛と妙な行動を引き起こしていたものが何であれ、今度はそれが視覚も冒していた。道を渡るといった単純なことも、独りでやるにはあまりに危険になった。視野の特定の範囲にあるものがもう何も見えなくなったところを想像してほしい。何が問題かと言えば、私たちの脳は変化に適応するのが驚くほど得意で、こういう場合には、見えていないものを完全に無視して、見えているものに合うように私たちの世界観を文字どおり作り変える点だ。意外にも、欠落している部分は、何もない空間や暗闇のようには見えない。頭の中からすっかり姿を消してしまうのだ。左側のものを何一つ認識できない母には、もう道を独りで渡らせるわけにはいかなかった。

CTスキャナー（コンピューターX線体軸断層撮影装置）で調べると、母の脳で乏突起星細胞腫《ぼうとっきせいさいぼうしゅ》（癌性腫瘍）が大きくなっており、それが大脳皮質のひだの内側に割り込んで行動を妨げ、気分に影響を与え、周りの世界の見え方を変え、自分というものの感覚を一変させていた。私たちはみな打ちのめされた。突然、私生活と自分が選んだキャリアが、これ以上ないほど無情なかたちで鉢合わせすることになった。もし母が手術を受け、その結果、脳の一部を失っていたら、私が行なっている調査研究の一つで対象患者になっていた可能性は十分あった。まったく、悪夢のような話だ。

今や私はいつもとは反対の立場に立たされた。冷静な若き科学者ではなく、取り乱した家族の一員となったのだ。南ロンドンとその周辺で私が訪ねていた患者と家族のもとで何度も目にした状況だ。あいにく、そうした患者の多くの腫瘍とは違い、母の腫瘍は手術ができないと判断されたので、母は化学療法や放射線療法やステロイド治療を何度も受けることになった。脳腫瘍のまわりが腫れると周囲の組織が圧迫され、それが頭痛を引き起こす。ステロイドを投与すると腫れが引き、頭痛が治まる。母は髪の毛が抜け、顔や体がむくんだ（よくある、ステロイドの副作用だ）。

私たち一家にとっては幸いにも、妹が一九九〇年に看護師の資格を取り、癌の診断、治療、研究、教育に力を入れるロイヤル・マーズデン病院に勤務していた。妹は一九九二年七月に退職し、実家で母親の世話をすることにした。私はその月に博士論文を提出した。母が闘っているものに似た腫瘍を含めた脳障害の患者の症例を説明する内容だった。博士課程を正式に修了する前に、口頭試問に合格しなければならず、その手筈を整えるにはまだ数か月かかる。ところがそのころには、母の余命がいくばくもないことがはっきりしていた。私は博士号を取得して修了するところを、ぜがひでも母に見てもらいたかった。そこでロンドン大学の本部事務局に電話し、事情を説明した。すると、「修了」することを即座に許可してもらえた。博士号取得の要件をまだ完全には満たしていなかったが、それは後回しでいいというのだ。母には何も伝えなかった。母は状況が呑み込めていなかったかもしれないが、学位授与式に出席できた。そのときのことは今でもはっきり覚えている。父といっしょに母を車椅子から立ち上がらせ、講堂の席に座らせようとした。私はゆったりとしたアカデミックガウン（式服）を羽織り、母は、まだ体に合う服のなかから私たちが選りすぐった服を着ていた。父と私がうっかり手を放すと、母はあえなく通路に倒れ込んでしまった。これもまた進行性の脳障害がもたらす結果の一つであり、そうしたことについては誰も教えてはくれない。かつての自分と、最終的に行き着く状態とのあいだには、厳しい適応の過程が続いている。さまざまなことがしだいに難しくなり、ついにはできなくなるという、日常の生活能力の低下に適応していかざるをえないのだ。

　学位授与式の日からほどなく、母は物事を満足に認識できないけれど、認識能力を完全には失っていないという、グレイ・ゾーンに陥った。依然として自宅で過ごしてはいたものの、もう階段は上がり下りできないので、今や一階のダイニングルームで寝たきりの母は、かかりつけの医師に与えられた大量の鎮痛剤と鎮静剤のせいで、意識を失ったり取り戻したりを繰り返した。私たちが誰だかわかるときもあれば、わからないときもある。頭がはっきりしていることもあれば、意味不明の言葉を発することもあった。アメリカのメリーランド州にあるＮＡＳＡのゴダード宇宙飛行センターで博士号取得後《ポスドク》の研究に必死に取り組んでいた兄も帰国し、最後の数日を家族そろって過ごした。母は一九九二年一一月一五日の早朝に亡くなった。家族全員が枕元で見守る中、息を引き取った。

　その後ずっと陰鬱な日々が続いたが、母の死は不思議なかたちで恩恵ももたらした。それまで四年にわたり、脳損傷の影響を受けた人々に会っては、その日常を記録してきた私だったが、このとき初めて彼らの側に回り、愛する人が底知れぬ淵に徐々に呑まれていくのを見守るのがどういうことかを経験できたからだ。そのせいで脳の研究というキャリアを追求する気持ちがさらに固まったかどうかはわからないものの、その後の年月に迎えることになる、脳損傷患者やその家族との多くの出会いに対する心構えができた点は間違いない。彼らがどういう経験をしているかを身をもって知ったおかげで、その心境を思いやることができた。そして、できるかぎりのことをしたいという気持ちになった。

母が亡くなる少し前、カナダのモントリオールでポスドクの研究職を提示されていたので、外国に出るこの機会に飛びついた。べらぼうに高くついたアパートや、モーリーンとの破綻した関係や、脳腫瘍による五〇歳での母の死から、これ幸いとばかりに逃げ出した。こうして私はイングランドとすっぱり手を切り、モントリオール神経科学研究所での三年間の職に就いた。

*

一九九二年末に同研究所に入り、当時、認知神経科学部門の長だったマイケル・ペトライズの下で働くことになったが、これは願ってもない幸運な巡り合わせだった。マイケルは脳の解剖学的構造に強い関心があり、記憶、注意、計画といった心的活動を脳がどのように行なうかを解明するのに役立ちそうな新しいアプローチや手法を、いつも熱心に受け入れたがった。私たちはその後三年にわたって、彼が描いた前頭葉の図をじっくり眺めては、脳の各領域がおそらく何をしているかについて短いメモを走り書きし、脳のさまざまな部位が記憶にどう貢献しているかを明らかにしてくれる新しいテストの構想をまとめたものだ。[1] それからいつも、私は自分のＩＢＭ３８６（当時の最先端機種だが、今日の基準に照らせば情けないほどお粗末な代物だった）の前に座り、プログラムを書いた。

一九九二年は、陽電子放射断層撮影（ＰＥＴ）による「活性化研究」と呼ばれるものが、コンピューター業界の発展にも後押しされて、本格化した年でもあった。こうして、活動している脳の大量のデータを取り、デジタル画像化することが可能になった。ハッブル宇宙望遠鏡の打ち上げやヒトゲノム計画の開始をはじめとして、コンピューターは科学のあらゆる面で大変革を起こしていた。そして、私たちもその大変革の一部だった。

ＰＥＴ活性化研究に参加してくれるボランティアは、スキャナーの中に横たわり、少量の放射性追跡子《トレーサー》を注射され、そのあと、目の前に一瞬表示された見慣れない顔を覚えるといった課題に取り組む。原理は愉快なまでに単純だった。脳の中でいちばん一生懸命に働いている部分は多くの酸素を必要とし、その酸素は血液によって送り届けられる。だから、課題に使われている領域への血流が増える。ＰＥＴスキャナーによって、脳内の血液の動きを計測することができた。

まさに、神経心理学者の夢がかなったわけだ。脳の特定の部位が損傷している患者がたまたまやって来るのを待って、その領域の働きを推定する必要はもうなくなった。今や、健常者をスキャナーに入れ、認知機能テストを受けてもらいながら、脳が活性化する様子を見守るだけで、まったく同じ結論に到達できるのだった。

初期の研究の多くは確認のために行なわれたが、その結果、興奮が高まるばかりだった。たとえば、こういうことだ。脳の底面の一領域である紡錘状回《ぼうすいじょうかい》が顔認識にかかわっていることは、何年も前から知られていた。[2] この領域に損傷を負った患者は、知っている人の顔をうまく再認（以前に経験した事物と同一であると認識すること）できない。この異常は「相貌失認症《そうぼうしつにんしょう》」あるいは「失顔症《しつがんしょう》」という呼び名で知られている。だが、見知った顔がコンピューター画面に映し出されるのを健常者たちが見ているときに、紡錘状回が活性化し、このつながりが決定的に確証されるのを目にするというのは、驚嘆に値した。

*

PETスキャンを繰り返せば、たちまち脳の秘密がすべて解明できるだろうと、私たちは浅はかにも考えていた。だが、無限の可能性を秘めていると当初は思っていたこのテクノロジーの限界の数々に、ほどなくぶち当たった。その第一が、いわゆる「放射線負荷」だ。スキャンを一回するごとに、安全ではあるものの相当量の放射性トレーサーを研究の参加者に注射した。そのため、一人に行なえるスキャンの回数が限られ、一つの研究で取り上げられる科学的疑問の数ははなはだしく抑え込まれた。

PETの第二の問題は、検知される血流の変化があまりに小さいので、一回のスキャンでは有意の事象として識別するのが事実上不可能である点だ。脳内で何が起こっているかをはっきり捉えるには、重ねてスキャンしなければならなかった。すると、どうしても放射線負荷の限度に達してしまう。たった一つの科学的な疑問さえ満足に解明できないうちに、そうなることもあった。対策は、複数の参加者のデータを平均することだ。実際、検知できる変化はあまりに微小なので、ほとんどの場合にそうせざるをえなかった。

そこから第三の問題が生じた。私たちの科学的結論は、個人ではなく複数の人々についてのものだった。誰であれ一人の脳内で、特定の部位が何をしているかがわかることは、めったになかった。だから私たちの結論はたいてい、「参加者の平均では……」というかたちをとった。

PETの第四の限界はタイミングだ。一回のスキャンには六〇秒から九〇秒かかったので、最終的に目にする結果は、その時間内に起こったことすべての合計だった。個々の「事象」は捕捉できなかった。九〇秒のスキャンのあいだに、参加者に一連の顔を見て覚えてもらうという課題を想像してほしい。分析が完了したときに私たちが目にする脳活動が起こったのは、たんに顔を見たからなのか、顔を覚えようとしたからなのか、顔のうちのどれかのせいだったのか……という具合に未知数はいくらでもあり、原因を突き止めるのは難しかった。だが、これほどの限界があったにもかかわらず、脳を研究していた私たちは、一生分のクリスマスが一度に訪れたような思いだった。この世界に足を一歩踏み入れ、PET活性化研究を企画しはじめた途端、私は夢中になった。

　最初のころうまくいった研究で、前頭葉の一領域が記憶を整理するのに不可欠であることがわかった[3]。そこは記憶が保存される場所でもなければ、情報の記憶を行なう脳の部位でもなかった。その領域は、記憶を「どのように」整理するかを指図していた。毎日利用する駐車場のどこに今朝は車を停めたかを覚えておこうとしているところを想像してほしい。今日停めた場所を、昨日や一昨日、あるいは先週停めた場所と取り違えずに、どうやって覚えておくのだろう？　木や近くの建物といった目印を使うこともできるが、おそらくそうした目印は前にもみな使ったことがあるだろうから、きっと混乱するはずだ。だから、記憶にまつわる特別な種類の決定を下さなければならない。過ぎ去った日々の記憶の中にあるあらゆる駐車場所のうち、これこそ今日覚えておく場所だと決めなければならない。この特定の場所に、これは特別だ、今日にとってとりわけ関連がある、という付箋《ふせん》を貼る必要がある。このプロセスは「作動記憶《ワーキングメモリー》」と呼ばれるものの例だ。ワーキングメモリーは特別な種類の記憶で、その情報が使われるまでの一定の時間しか保持しておく必要がない[4]。先ほどの例では、一日の終わりに首尾良く自分の車を見つけるまで、保持しておけばいい。そして翌日、このプロセスが最初から繰り返される。

このワーキングメモリーは、電話番号を入力するあいだだけ覚えておくときや、込み合った部屋で見知らぬ人から借りたペンを返すまでのあいだだけその人の顔を覚えておくときや、今朝駐車場で自分の車を停めた場所を覚えておくときに活躍する。この儚《はかな》い記憶がどうなってしまうのかは誰にもわからない。ただ跡形もなく消えてしまうのだろうか？　研究で得られた証拠を見ると、どうやらその後のワーキングメモリーに「上書き」されるらしい。この種の脳機能の容量は限られているようで、それを超えると、新しい記憶を保持しておくために古いものが消去されることになる。

この種の研究は、他の領域とうまく嚙み合っていた。私たちはパーキンソン病患者のスキャンを始めた。彼らがとくに、ワーキングメモリーに支障をきたすのはいったいなぜなのかを理解するためだ。(5)アルツハイマー病患者と違い、パーキンソン病患者に以前に見たことのない写真を一枚見せると、あとで難なくその写真を再認できる。だが、何枚も写真を見せ、そのうちの一枚か二枚を覚えておくように言うと、成績ががた落ちになる。なぜか？　それは駐車場所の問題と似ている。彼らにとって難しいのは、記憶を保存することではなく、記憶どうしが激しく競合したときに検索できるように整理することなのだ。

＊

モントリオールでの三年間も、ロンドンのアパートはなんとか維持した。モーリーンとのやりとりはほとんどなかった。たまに交わす言葉はそっけなく、せかせかしたもので、双方ともいらだちに満ちていた。そんななか、一九九五年に、ケンブリッジにいたころの上司のトレヴァー・ロビンズから電話があった。ケンブリッジ大学のアデンブルックス病院にウルフソン脳画像センターという新しい脳画像撮影施設が開設されるので、私のような専門家が必要だという。引き受ければ、精神科の研究員としてケンブリッジ大学で最初の脳活性化研究を行ない、学生を監督し、自分の研究室の設立に取りかかることになる。この施設にはPETスキャナーがあった。トレヴァーの言葉を聞いて、私は確信した。そこを足がかりにすれば、いずれケンブリッジでもっと安定した地位に就ける。モントリオールでは恒久的な地位が得られる見込みはまったくなかった。

というわけで、私は一九九六年にイギリスに戻った。留守にしているあいだに祖国は大きく変わっていた。何より、脳スキャン一色になっていた。脳をスキャンしていなければ人にあらず、という感じだった。そして、イギリスがこの分野の先頭を切っていた。変わっていなかったのはモーリーンとの険悪な関係だ。お互い、会うのがあまりにも苦痛だったので、何が何でも顔を合わせないようにした。別れてから四年が過ぎており、私は二人のアパートや破綻した関係のことを思うたびにいらいらし、頭が混乱した。よくもまあ、あれほど愛し合い、いっしょの生活を築きたいと望んでいたものだ。それなのに、どうしてすべてがこうも変わってしまったのか？　彼女はいったいぜんたい何を考えていたのか？　まったく理解できなかった。彼女は謎そのものだった。

やがて、一九九六年七月のある朝、同僚から電話があった。モーリーンがモーズレイ病院近くの急な坂で、自転車の脇に意識不明で倒れているところを発見されたという。最初は、木に突っ込んで気絶したものと思われていた。だが、事態はそれより悪いことが判明した。はるかに悪かった。検査の結果、脳の動脈瘤が破裂して、くも膜下出血を起こしていたことがわかった。動脈の壁の弱い部分が破れて頭骨の中に血液が流れ出したのだ。動脈瘤はさまざまな要因から起こりうる。家族の病歴、性別（女性のほうが多い）、高血圧、喫煙などだ。

またしても、私生活と職業生活がこれ以上なさそうなほど悪いかたちで交錯した。まさにモーリーンのものと同じようなくも膜下出血を起こし、そこから回復しつつある患者を、私はそれまで大勢調べてきた。その多くが記憶や集中力や計画の面で問題を抱えていた。出血と、それを治療するのに必要な手術のせいで、彼らに一生にわたる悪影響が出る。思考が混乱したり、記憶に支障をきたしたり、予測できないかたちで人格が変わったりする。母とちょうど同じように、モーリーンも私の調査研究の対象者となっていてもおかしくなかった。不幸にしてモーリーンの動脈瘤は、私の患者の大半に通常見られるよりもなお甚大な害を及ぼしており、彼女はすぐに植物状態という診断を受けた。おそらく助からないだろうと、私は告げられた。「植物状態」という言葉を耳にしたのは、たぶん初めてではなかったが、強烈に意識したのは間違いなくこのときが最初だった。

私のショックを想像してほしい。モーリーンに何が起こったのか？　植物状態にあるとはどういうことなのか？　死んでいるのか、それとも、生きているのか？　自分が誰でどこにいるのかわかっているのか？　彼女はいなくなってしまったが、また、消えたわけでもなかった。依然として生きて呼吸をし、寝たり覚めたりしていながら、どういうわけか、すっかり虚ろになるなどということが、どうしてありうるのか？　彼女に対する思いのせいで、事態ははるかにややこしくなった。かつてとても親しくしていて、それからとても疎遠になった人が、急に植物状態に陥ったら、どんな気持ちがするか？　それはほんとうに、言いようもなく奇妙な感じだ。

適切な看護を受ければ、植物状態の患者は長いあいだ生きることができる。脳損傷の数か月後、モーリーンはもっと親の近くで暮らすために、飛行機でスコットランドに戻った。そして、本人は気づいていないようだったが、栄養と水分を摂取するのを助けてくれる人々と機械のおかげで命を保たれた。床擦れを防ぐため、看護職員が頻繁に体の向きを変えた。お湯を含ませたスポンジで体を拭き、洗髪し、爪を切った。寝具や衣服を交換した。朝には明るく快活に話しかけた（「きょうの気分はいかが、モーリーン？」）。週末には外出着を着せ、車椅子で親の家へ連れていき、そこへは愛情あふれる親族がしばしば訪ねてきた。

　見たところまったく応答する様子のないモーリーンのような人の脳活動の中に、ひょっとしたら何らかのかたちで意識が依然として存在しうるという考えが、意識的に私の頭に浮かぶことはなかった。とはいえ、当時は突飛に思えるものではあっても、その考えの種が蒔かれたのかもしれない。ことによると、それがきっかけだった可能性がある。それは呼びかけだったのだろうか？　脳の働きを解き明かすために驚異の新テクノロジーの数々を使って自分が得た経験を活かし、もっと有益なことをするように、という。それならばモーリーンもよしとしてくれたことだろう。科学は「科学のための科学」であってはならない、現に人の役に立つものであるべきだと、あれほど熱烈に信じていたのだから。もしかしたら、これは私にとって、まさにそうする、またとない好機だったのかもしれない。

第二章　ファーストコンタクト

これ以上黙って耳を傾けてはいられません。なんとしてもあなたに語りかけなくてはなりません。

――ジェイン・オースティン

ここでケイトの登場だ。年齢――二六歳。職業――保育士。住所――イングランドのケンブリッジ。ボーイフレンドと猫とともに小さな家に住んでいる。私たちの人生が、まもなく交錯しようとしていた。

私はケンブリッジ中心部の少し北に、ベッドルームが一つの安いアパートを借りた。職場までの五キロメートル弱の自転車通勤路は、いつもじめじめしていて、水浸しで冷え冷えしていることが多かった。窓のない私のオフィスは、ケンブリッジ大学のアデンブルックス病院の奥にあった。私は精神医学科の特別研究員で、教職や管理職の業務には就かなくてよかった。仕事は純粋研究であり、アデンブルックス病院内の、迷路のような廊下を五分ほど行ったところにある新設のウルフソン脳画像センターで、研究のほとんどを行なった。

「ウルフソン」と私たちの誰もが呼んでいたこのセンターは、他に類のない研究施設だった。ＰＥＴスキャナーが神経集中治療室のすぐ隣に設置されていたのだ。患者たちはキャスター付きのベッドに寝たまま、二組の自在戸《スイングドア》を抜けて、さっとスキャナーに入ることができた。実際、開設当初のウルフソンのモットーは、「病気の患者はスキャナーのところに行けないのだから、スキャナーが患者のもとにやって来なければならない！」だった。神経集中治療の患者はたいてい、恐ろしい交通事故に遭った人や重篤な脳卒中を起こした人、あるいは、心停止を起こしたり溺水事故に遭ったりして長時間にわたって酸素が欠乏した人だ。病棟のそばにPETスキャナーがあることで、深刻な脳損傷を負った寝たきりの患者をスキャンする新たな機会がたくさん生じた。

モントリオール神経科学研究所とは状況は大違いだ。どちらにも、それぞれ長所と短所があったが。ケンブリッジでは、私の研究の主眼は脳損傷だった。大半が医師である同僚たちとは違い、私は患者の治療はしなかった。同僚たちの日常業務は、救命措置をとり、治療を行ない、患者が健康を取り戻せるように導くことだった。それとは対照的に、私の仕事は彼らをスキャンし、脳損傷が彼らの行動になぜ、どのような影響を及ぼしたかを解明することだった。とても臨床的な種類の研究だ。モントリオールでの研究はもっと基礎科学にまつわるもので、私は健常な脳がどのように機能するかを理解しようとしたり、新しい調査技術を開発したりしていた。そのモントリオール神経科学研究所での尋常ではない経験が、ウルフソンの徹底した臨床的環境で理論を実践に移すのに役立った。

モントリオール神経科学研究所では、生きている人間の脳に触れることができた。モントリオールでは、私たちのようなただの科学者を研修医が手術室に招き入れ、彼らが人の命を手中に預かっているところを見せてくれることが、普通に行なわれていた。私たちが見守るなか、医師たちは皮膚をめくり、頭骨を切り取り、髄膜をはがし、お目当ての中身をむき出しにする。動き、脈打ち、生きている脳。これほど無防備な光景を目にすることは、おそらくほかにないだろう。

私がモントリオールで初めて脳神経外科手術を間近で眺めることになったのは、ある日、食堂でたまたま若手の脳神経外科医の隣に座ったからにすぎない。

「ほんとう？　一度も見たことがないの、本物の脳手術を？」と彼は言った。来る日も来る日も脳スキャン画像に目を凝らしている若い神経科学者が、実物を目にしたことが一度もないことに呆れていたのだ。

「あした、来いよ。見せてあげるから」

　モントリオールの手術室での経験は、きわめて重大な意味で、脳スキャン画像に目を凝らして過ごした年月よりも多くのことを教えてくれた。私が学んだ最も重要な教訓は、脳こそがその持ち主そのものであるということだ。これまでみなさんがどんな計画を立て、誰と恋に落ち、どんな後悔をしたにせよ、その計画を立て、恋に落ち、後悔をしたのはすべてみなさんの脳にほかならない。万事は脳の仕業だ。脳こそが、みなさんという人間の、脈動する真髄なのだ。脳がなければ、「自己」という感覚は無に帰する。

　私たちは心臓がなくても機械の助けで生きつづけられる。みなさんは自分の心臓を人工心臓に替えても、依然としてみなさんのままだ。肝臓や腎臓を失っても、人格は変わらぬまま生きつづけ、誰かが亡くなってその臓器を移植してもらえれば、以前とほぼ同じ人生を再開できる。私たちは腕や足、目、その他を失っても、同じ人間でいられる。体は変わったものの、それでもあいかわらず自分のままだ。ところが、脳が失われれば、私たちは他者の思い出にすぎなくなる。過去の自己の影法師でさえない。私たちは消滅する。モントリオールの手術室で、私は神経科学の最も重要な教訓を学んだ。すなわち、私たちは自分の脳なのだ。

　ケンブリッジでは一度も手術室には招かれなかったが、別のことが起こっていた。モントリオールでは、私たちが取り組んでいたのは純粋な基礎科学だった。「私たちにはこの装置があり、これだけの知識があるから、それをすべて組み合わせ、脳がどう機能するかについての次に最も重要な問いを立てよう」という具合だ。ひな型を作り、仮説を立て、それに合うスキャンを構想した。一方、ケンブリッジは不確かさに満ちていた。私たちはありとあらゆることに取り組んだ。事前に実験を用意することはできなかった。それまでスキャンしたことのない種類の損傷を脳に負った患者がやって来た。先人が通い慣れた道も、取扱説明書も、科学的な地図もなかった。だが、機会があった。ケイトの場合がまさにそれだった。

*

一九九七年六月のある日、同僚で友人のデイヴィッド・メノン医師（作法に非の打ちどころがなく、周囲の人を虜にしないではいられない魅力を持った、細身で長身のインド人神経集中治療医）が、ケイトについて話してくれた。重い風邪が、急性散在性脳脊髄炎《のうせきずいえん》という、はるかに深刻なウイルス性疾患につながった。影響を受けやすい患者は神経症状を見せはじめ、そのせいで混乱し、眠気を覚え、さらには昏睡状態に陥りさえする。ケイトもその手の患者だった。

この疾患にかかると、脳と脊髄の組織が広範に炎症を起こし、「白質」と呼ばれる部分が損なわれる。白質は灰白質《かいはくしつ》ほど有名ではないが、それに劣らず重要だ。灰白質とは、大脳皮質のいちばん外側の層のことをいう。肝心なことはすべてそこで起こる。記憶が記録され、思考や計画や行動もここに端を発する。灰白質は無数のニューロンからなる。ニューロンとは、神経インパルスを伝達するのが専門の細胞だ。

異なる種類の灰白質の領域をつなぐコミュニケーション・ネットワークを形成しているのが白質だ。白質は、おもに軸索からなる。軸索とは、しっかり絶縁された繊維が密集した束で、一種の複雑で超高性能のケーブルと言える。白質が白いのは、脂質（正式には「ミエリン」）をたっぷり含んでいるからだ。脂質は電気の恰好の絶縁体になる。白質のおかげで、灰白質のさまざまな領域どうしが情報をやりとりできる。ニューロン間のメッセージは、軸索が絶縁されているほうがずっと速く伝わる。絶縁体がなければ、電気信号が文字どおり漏れ出し、メッセージが失われてしまう。

ケイトは白質の働きが損なわれたため、脳のコミュニケーション・ネットワークに支障が出た。彼女は昏睡状態に陥り、アデンブルックス病院の神経集中治療室に収容された。数週間のうちに容体が改善した。睡眠と覚醒のサイクルが現れ、目が開いたり閉じたりし、彼女は病室を束の間、見回しているようだった。だが、精神が活動している兆候はまったく見られなかった。家族や医師が声をかけたり刺激を与えたりしても、応答がなかった。彼女は感染のせいで、自分が誰で、どこにいて、何が起こったのか、まったく認識していないものと判断された。医師たちは植物状態にあると宣告した。

ケイトがこの植物状態にあるときに、なぜデイヴィッドと私がスキャンすることを思いついたかわからないが、モーリーンが関係していたかもしれないと思わずにはいられない。彼女が植物状態の診断を受けてから一年に満たず、私は彼女が災難に見舞われた事実を受け入れるのに苦労していた。仮にモーリーンの脳で何かが起こっているとすれば、それは何かと、頭のどこかで思いつづけていた。彼女もケイトとまったく同じで植物状態だと言われていたが、そもそも「植物状態」とは何を意味するのか？　ひょっとしたら、ケイトの助けを借りればそれを突き止められるかもしれない。

デイヴィッドと私は、ケイトをどうするべきか話し合った。そして、ＰＥＴスキャナーの中に横たわらせておいて、友人や家族の写真を見せるというアイデアを思いついた。私はＰＥＴを使ったモントリオールでの活性化研究から、なじみの顔を見せられたときに脳のどの部位が応答するか、よく知っていた。私たちは、素晴らしく心温かいケイトの両親と連絡をとり、ケイトの脳の中で何が起こっているかを突き止めるために、新しい種類のスキャンをするつもりであることを説明し、家族と友人の写真を一〇枚提供してくれるように頼んだ。

二人は写真を一〇枚貸してくれた。写っているのは私の知らない人ばかりだった。私は写真をスキャンして自分のコンピューターにその画像をアップロードし、じめじめしたアパートに自転車で戻り、その晩はマイクロソフトのＱｕｉｃｋＢＡＳＩＣ（クイックベーシック）で単純なプログラムを書いた。それぞれの画像を一〇秒ずつ順番にコンピューター画面に映し出すプログラムだ。私は対照用の画像も必要としていた。もともとの一〇枚の写真と視覚的には同じぐらいの刺激を与えるものの、識別がつかない顔が映っている写真だ。私はそれぞれの画像をコピーし、当時登場したばかりの画像エディターソフトの一つを使って焦点をぼかした。科学的に完璧な実験には程遠かった（不鮮明な顔写真は、本物の顔写真の適切な対照という基準は満たさない）が、目的にはかなう。時間がなかったし、それ以上高度なことをする技術的装置も持っていなかった。

デイヴィッドと私は、ケイトに友人や家族のデジタル画像と、同じ画像をぼかしたバージョンを見せ、脳の活動に違うパターンが見られるかを調べる。顔についての情報を処理するケイトの脳の部位に違いが見つかれば、とても重要な発見をしたことになる。ケイトは、いや、少なくとも彼女の脳は、なじみのある顔に依然として気づくことができるのだ。

植物状態の患者の脳を活性化させる試みは、前例がなかった。かつて知っていた人や愛していた人の顔に、彼女の脳はあいかわらず応答するだろうか？　この疑問は単純そのものだった。ところが私たちは、彼女の網膜に映った視覚情報が実際に脳まで到達するかどうかを突き止めてからでなければ、その疑問に答えられないことを忘れていた。視神経と大脳皮質の接続が切断されていたり、その経路を伝わる情報が途中で遮断されていたりしたらどうなるのか？　脳がかつて知っていた人の顔に応答できなかったとしても、何の不思議もない。顔が見えていないのだから！

この問題は、手早く解決しなければならなかった。ケイトが亡くなるかもしれないし、それより可能性は低いが、回復するかもしれない。どちらにしても、スキャンする機会は失われる。ケイトに友人や家族の写真を見せるのに使うコンピューターの画面を見ると、操作を中断しているあいだに、スクリーンセーバー・モードに切り替わっていた。これは一九九七年のことで、「フライングＷｉｎｄｏｗｓ」が大流行していた。赤や青、緑、黄色のＷｉｎｄｏｗｓのマークがこちらに向かって飛び出してきて、顔をかすめるようにして飛び去っていく。銀河のあいだを突き進む様子を思い描いたマイクロソフトのエンジニアによる想像の産物だ。このスクリーンセーバーをケイトに見せよう！　目まぐるしく動くこの色鮮やかなディスプレイは、ケイトの目から脳へ情報が届いているかどうか確かめるのにもってこいだった。

私たちはケイトをスキャナーの中に横たわらせ、スクリーンセーバーを表示した。光が網膜に当たり、視神経経路を伝わって視覚野を活性化させる。それからスクリーンセーバーをオフにし、ケイトの顔に布をかぶせて光をすべて遮断し、彼女を休ませておいて、もう一度スキャンした。この手順を何度か繰り返した。スクリーンセーバー、布、スクリーンセーバー、布、という具合に。検査が終わったときには、望んでいたとおりの結果が得られた。ケイトの視覚野はスクリーンセーバーを映すたびに急に活気づき、布で顔を覆われたときには、比較的不活発な状態に戻った。視覚的な情報は、ケイトの脳に届いていた。彼女の脳は、少なくとも「見ることができた」。

今度は肝心な疑問に取り組む番だ。私たちはスキャナーのベッドの上方に吊るした画面に、顔とぼやけた顔という二組の画像を短時間ずつ映した。そのあとケイトは病棟に戻され、私たちはデータの分析に取りかかった。どうなるものやら想像もつかなかったが、結果が出たときには肝をつぶした。ケイトの紡錘状回が顔に応答してしきりに活動していたのだ。そのうえ、その活動パターンは、私たちやほかの研究者たちが、物事を認識する能力がある健常者で観察したものと驚くほど似ていた。

私たちは、地球外生命体を探して宇宙空間の深奥へと信号波を送り込んだ天文学者のような気がした。ただし私たちの場合には、信号波を送り込んでいるのは内部空間の深奥だった。そして、そこから信号が返ってきたのだ！　私たちは最初の接触《ファーストコンタクト》に成功した。だが、これは何を意味するのか？　外見とは裏腹に、ケイトにはじつは意識があるのだろうか？　私たちはこの疑問に、このあと一〇年近く悩むことになる。

簡単な答えなどなかった。意識には普通、覚醒と認識という二つの面がある。人は全身麻酔をかけられると、眠りのような状態に陥る。覚醒状態ではなくなったのだ。また、自分がどこにいるかや、誰か、どういう状況に置かれているかという感覚を完全に失う。物事を認識する能力を失うのだ。

意識のうち、覚醒という構成要素は、理解するのも判定するのも比較的やさしい。目が開いていれば、覚醒している。それに比べると、物事を認識する能力はずっと難しい。どうやって判定すればいいのか？ケイトのようなグレイ・ゾーンの患者を見ると、この点がよくわかる。彼女は覚醒しており、それに疑問の余地はない。目が大きく見開かれているからだ。だが、彼女には物事を認識する能力があるのか？

ケイトは周囲の光景や音に応答しないし、どれだけ彼女の注意を引こうとしてもうまくいかないので、臨床的には、意識がないと結論されていた。彼女の自己感覚は跡形もなかった。自分が誰でどこにいるか、まったくわからない、症状の進んだアルツハイマー病患者に少し似ている。だが、ケイトの状態はそれに輪をかけて悪いようだった。アルツハイマー病患者は（少なくとも、末期に一種の植物状態に陥るまでは）、自分が誰でどこにいるかわからなくなってからでさえずっと、自分が何者かであるという感覚は持ちつづける。嘆かわしいほど弱くて歪んだものであっても、外界とのつながりは存在する。私たちは、ケイトの場合には外界とのつながりはすべて徹底的に絶たれてしまったものと思っていた。自分が何者かであるという感覚は、まったくない、と。

ところが、今や新たな情報が手に入った。不完全ではあるものの私たちのささやかな実験は、きわめて重大なことを語っていた。ケイトは知っている人の写真を見せられたとき、まるで覚醒していて認識能力があるかのように、まさに完璧に健常な人のように、脳が応答した。この脳の応答は、どう解釈したらいいのか？　彼女はその時点で、人格を持った人間として物事を経験していると見なしていいのだろうか？　私たちの誰もが、知っている人や愛している人の写真を見せられたときにたいてい経験するように、ケイトも記憶が蘇り、情動が湧き起こっているのだろうか？　彼女は自分がＰＥＴスキャナーの中に横たわって、家族や友人の写真を眺めていることを知っているのだろうか？　それとも、彼女は「覚醒した無認識状態」で何も知らずに横たわっていながら、まるで「自動操縦」になっているかのように、脳が自動的に応答しているのだろうか？

顔や音声や痛みなど、多くの種類の刺激は、脳の自動的な応答を引き起こす。必ずしも意識的には経験されないとはいえ、メッセージが届いたというしるしだ。賑やかなパーティで背後の会話をまったく認識していなくても、自分の名前が出ればたちまち気づく。注意を引かれたからだ。名前が聞こえたのだから、私たちは少しも意識していないにもかかわらず、自分の名前のような何か重要なものが出てきた場合に備えて、脳はその会話をずっとモニターしていたに違いない。とはいえ、自分の名前を知覚するからといって、名前が出てきた会話を脳が覚えているというわけではない。記憶と知覚はまったく違う。会話を知覚しても、その会話を記憶しているわけではない。そんな必要があるだろうか？　意味がないではないか。

脳は、あたりの様子をうかがい、自分に関係のある情報を探しているだけだ。何もかも覚えておこうなどとはしていない。

顔についても同じことが言える。雑踏の中を歩いていると、友人や知人の顔が見えた途端、何であれそのとき考えていたことから意識が文字どおりハイジャックされる。私たちは気づく。心理学者なら、注意をそちらへ「逸らす」と言うだろう。この現象が起こる以上、脳はほかの顔もすべてモニターし、どれに注意を払う価値があり、どれは無視して差し支えないかを判断しているに違いないわけだ。だが私たちには、そんなことをしているという意識はない。誰もが自然にしているのだ。脳は無意識に雑踏の中の顔を分類し、そこにいるのを私たちが知りたいと思うような人、すなわち見覚えがある人だけを知らせる。このプロセスを制御しようとしてもうまくいかない。見知った顔を認識しないようにすることはできない。パーティで自分の名前が聞こえないようにはできないのと同じだ。

この現象は、自分がどこにいて、何をしているかにかかっている。見知らぬ人で混雑している通りでは、私たちは友人の顔に注意を奪われる。だが、友人だらけのパーティで目を留めるのは、見知らぬ人、見かけない顔だ。これは状況と予測のせいであり、たえず私たちの網膜に飛び込んでくる厖大《ぼうだい》な情報のなかから重要なものを見つけ出す能力があれば、進化上有利だからだろう。混雑した通りでは、知っている人に出会うことは予測していない。だから、知人を目にすると、予測を裏切られ、脳が驚く。これは運が良い。赤の他人ばかりのところで友人に出くわすのは良いことだ。それは適応的だ。会話やデート、恋愛、生涯の伴侶につながるかもしれない。

逆に、知り合いばかりのパーティでは、見知らぬ人がいちばん興味深い。私たちは、そのパーティでは友人たちに出会うことを予測している。見知らぬ顔はその予測を裏切る。友人たちのことはよく知っている。

だが、会場にいるこの見知らぬ人は？　何か新しいことにつながりうる。これまた適応的だ。どの状況でも、違うものや予想外のものを見つけ出すことは重要だ。私たちの脳は、普通でないものを見つけ出すのが非常に得意で、たいてい私たちが知りもしないうちにそうする。

脳の高度なプロセスの大半はそうしている。私たち大人は、自分に向かって言われていることを理解しないではいられない。毎日同じ道筋で職場から帰宅していれば、その道筋を覚えずにはいられないし、特定の音楽や芸術作品を好きにならないように決めることもできない。それが好きだと言わないことは可能だし、大嫌いだと言い切ることさえできるが、そうしたところで、その根底にある情動は変わらない。情動を経験するかどうかは、私たちには決められないのだ。

言い換えると、私たちが考えたり感じたりするとき、その多くの面は、それが起こっているという認識が私たちにはまったくないのにもかかわらず起こるということだ。同様に、植物状態にある人の中で、さまざまな事象に対して神経系の「正常な」応答が起こっても、それらの事象に関連した意識的経験を本人がしていることには必ずしもならない。とはいえ、彼らには意識がないということにもならない。意識のある人も、同じような応答をするからだ。それが意味するのは、私たちには知りようがないということだけだ。ＰＥＴスキャナーの中でケイトが見せた応答は画期的で胸躍るようなものではあったが、彼女の場合も意識的な経験をしているのかどうかは判断のしようがなかった。

だからといって私たちは、それについて考えたり話し合ったりするのをやめることはなかった。ケイトの驚くべき事例を報告する私たちの論文が『ランセット』誌（一八二三年創刊の、世界でも有数の歴史と名声を誇る医学雑誌）に載ると、一斉にメディアの注目を浴びた。[1]

同僚のデイヴィッド・メノンと私は、ＢＢＣの朝の番組に出演した。私はびくびくしながらスタジオに

2 Perno CF, Yarchoan R, Cooney DA, et al. Replication of human immunodeficiency virus in monocytes. Granulocyte/macrophage colony-stimulating factor (GM-CSF) potentiates viral production yet enhances the antiviral effect mediated by 3'-azido-2'3'-dideoxythymidine (AZT) and other dideoxynucleoside congeners of thymidine. *J Exp Med* 1989; **169** (2): 933–51.

3 Lori F, Malykh AG, Foli A, et al. Combination of a drug targeting the cell with a drug targeting the virus controls HIV-1 resistance. *AIDS Res Hum Retroviruses* 1997; **13:** 1403–09.

4 Finzi D, Hermankova M, Pierson T, et al. Identification of a reservoir for HIV-1 in patients on highly active antiretroviral therapy. *Science* 1997; **287:** 1295–300.

5 Vila J, Nugier F, Bargues G, et al. Absence of viral rebound after treatment of HIV-infected patients with didanosine and hydroxycarbamide. *Lancet* 1997; **250:** 635–36

Research Institute for Genetic and Human Therapy (RIGHT), RIGHT at Georgetown University, Washington, DC 20007, USA (F Lori); **RIGHT at IRCCS Policlinico S Matteo, Pavia, Italy; Jessen Praxis, Berlin, Germany; and Department of Medicine, John Hopkins University School of Medicine, Baltimore, USA**

Cortical processing in persistent vegetative state

*D K Menon, A M Owen, E J Williams, P S Minhas, C M C Allen, S J Boniface, J D Pickard, and the Wolfson Brain Imaging Centre Team**

Reductions in cerebral blood flow and glucose metabolism have been reported in patients in persistent vegetative state.[1] A few studies have suggested residual cortical activity.[2,3] Objective assessment of residual cognitive function is difficult because motor responses may be small or inconsistent. We used positron emission tomography to study covert cognitive processing in a patient in a persistent vegetative state.

A 26-year-old woman had an acute febrile illness and became comatose. Clinical findings and examination of cerebrospinal fluid were consistent with acute disseminated encephalomyelitis. Magnetic resonance imaging showed hyperintensity in the brainstem, and small foci of hyperintensity in both thalami and in the medial right temporal lobe on T2-weighted images. 4 months after admission, she had a tracheostomy, was fed through a gastrotomy, and was doubly incontinent. Her eyes opened

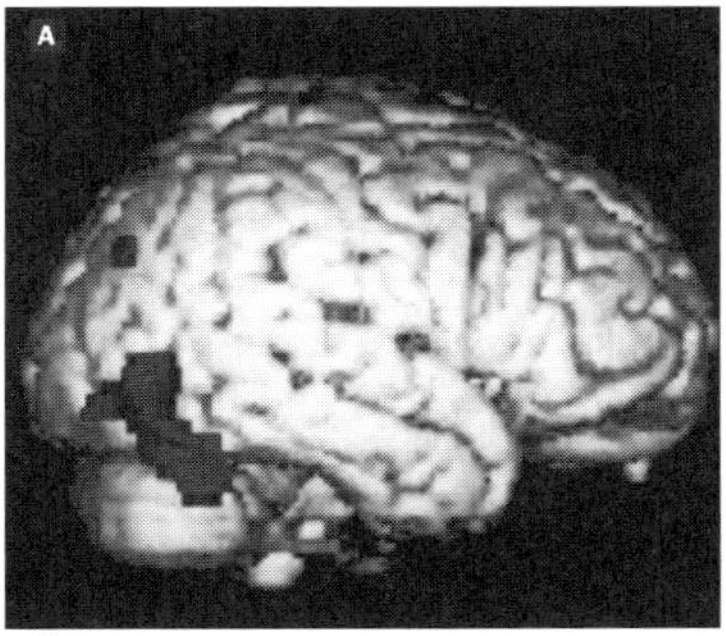

B

Brain area	Stereotactic coordinates			*Z* score	p (uncorrected)
Right hemisphere	X	Y	Z		
Mid fusiform gyrus (area 37)	38	-64	0	3·90	0·001
Mid fusiform gyrus (area 37/19)	44	-66	-20	3·65	0·001
Extrastriate cortex (area 19/18)	42	-84	-12	3·36	0·001
Dorsal cerebellum	52	-58	-28	4·07	0·001

A Surface rendered normalised magnetic-resonance image
Areas of cortical activation produced by face recognition compared with control.

B Stereotactic coordinates of foci of significant activation
Face perception compared with perception of scrambled visual stimuli.

ケイトの症例についての論文（部分）．掲載の脳画像では，顔の課題に反応して活性化した部位が色付けされている．左下の広く色付いた部位が紡錘状回．植物状態の患者の脳を脳画像撮影下で活性化させた初めての試みで，まだ素朴な実験だったが，当時，驚きをもって迎えられた．論文の詳細については註 1 を参照．

座り、実物大の人間の脳の模型を指差しながら、紡錘状回の機能を説明した。デイヴィッドが、こう補足した。「脳への損傷か、病気による脳への影響のせいで、目さえ動かせなくなったところを想像してください。その患者から応答が得られなくても、患者が応答していないのか、応答することができないのか、わからないでしょう。まったく、悪夢のような筋書きです」

画質の悪いその番組の録画を見直すと、その時点まで私たちを導いてくれた奇妙な偶然と幸運の取り合わせに、つくづく感心する。もしモーリーンが事故に遭っていなかったら、私は植物状態に何の興味も抱かなかったかもしれない。その状態が実際には何を意味するのかすら知らなかったかもしれない。だが、モーリーンのような人の脳で何が起こっているのか考えたせいで興味の種が蒔かれ、ケイトのおかげであれこれ実験をしはじめる機会が得られた。そしてそのあと、もしケイトの脳が応答していなかったら、どうなっていたのか？　彼女が眠りに落ちていたとしたら？　試しに行なったその実験に対する私たちの反応は、「駄目だ。もう一度やってみるまでもない。何か別のことをやってみよう」だった可能性が十分ある。ところが、なんという幸運だろう。ケイトは脳が応答できる少数の人の一人だったのだ。彼女の後押しがあったからこそ、私たちはそのような人がほかにいないか探す気になった。私はモーリーンの脳も応答するだろうかという思いを禁じえなかった。

*

数か月後、ケイトは回復しはじめ、ケンブリッジ周辺の村々の一つにある、専門のリハビリテーション施設に移った。私は、回復の具合をずっと知らせてもらっていた。ケイトはしだいに質問に答えたり、本を読んだり、テレビを見たりするようになった。思考と推論の能力は正常の範囲に収まったが、身体的には重い障害が残っていた。彼女の脳の、歩行を司る部位や会話を司《つかさど》る部位が損なわれてしまったのだ。

なぜケイトは回復したのだろう？[2]　何か月も植物状態にあると診断された患者はけっして回復しない、というのが、当時の医学の常識だった。ケイトの介護にあたる人々は、私たちのスキャンの結果に照らして行動や態度を変えたのだろうか？　以前と比べて、彼らは多くの注意を払い、リハビリテーションに多くの時間をかけ、ケイトに頑張らせたのか？　それが彼女の回復に役立ったのか？　人は社会的に孤立すると、脳にはなはだしい害を受けることが心理学の研究からわかっている。何日も、何週間も、何か月も続けて物のように無視されたり扱われたりするところを想像してほしい。これ以上ひどい社会的孤立などないだろう。それなのに、そんな状態から回復しうる人がいるとは、どうしたことか？　話しかけられ、物を読み聞かせてもらい、あらゆる会話に入れてもらうのは、ケイトにとって途方もない救いだったに違いない。それが脳にどんな影響を及ぼすかはわからないが、彼女を力づけるものだったことには、疑いの余地がほとんどない。

＊

「植物状態」とされていたときについてのケイトの思い出は悲惨だ。「介護にあたる人たちは、私は痛みを感じられないと言っていました。とんでもない思い違いです」とケイトは自分を見舞った苦難について書いている。

肺から粘液を取り除かれるときはぞっとしたそうだ。「どんなに恐ろしかったか、言い表しようもありません。とくに、口を通しての吸引は」。しばしば激しい喉の渇きに襲われたが、それを知らせようがなかった。声を上げることもあったが、看護師たちはそれをただの反射と考えた。また、彼らはどんな措置をとっているかをけっして説明しなかった。

ケイトは息を止めて自ら命を絶とうとした。グレイ・ゾーンにいる、意識がある人にはおなじみの手だ。「鼻から息を吸い込むのを止めることはできませんでした。体が死にたがっていなかったようです」

ケイトとのファーストコンタクトや、その後、彼女が見せた回復からは、得られた答えよりも多くの疑問が生まれた。彼女はいつ物事を認識できるようになったのか？　脳のどの部位がその過程に不可欠だったのか？　どの部位は副次的でしかなかったのか？

私はあたかも、自分たちが危険を冒して暗黒の世界に踏み込み、そこにいた人を説得して先導し、その世界から抜け出させたような気がした。ケイトも同じように感じていたらしい。私たちに初めてスキャンされてから数年後、またケンブリッジの親元で暮らすようになっていたときに、次のような便りをくれた。

エイドリアン先生

どうか私の症例を使って、スキャンがどれほど重要かを世間に知らせてください。スキャンについて、もっと大勢の人に知ってもらいたいのです。今ではスキャンを熱狂的に支持しています。私はまったく応答せず、救いようがないように見えましたが、スキャンのおかげで、私が物事を認識していることを、みんなに示すことができました。

まるで魔法のようでした。スキャンが私を見つけてくれたのです。

ケイトより

その後の年月にも、ケイトと私は主に電子メールで連絡をとり合った。週に四、五回、メールが届くことがあるかと思えば、何か月も音沙汰なしということもよくあった。私はケイトとの永続的で緊密なつながりを感じた。そのつながりは私と私の仕事に重大な影響を与えた。彼女はつねに患者第一号であり、私は自分の探究の旅がどのように始まったかについて講演するときに、必ず彼女の話をする。私たちはそれぞれ相手の人生を変えたのだ。

二人が交わしたメールを今読み返すとわかるのだが、ケイトは奇跡的な「回復」を遂げたとはいえ、彼女の人生は断じて容易なものではなかった。「大変な一年でした。ちっとも楽しくなかったです。足の親指を両方とも手術で切断され、入院生活は散々でした」と書いてきたこともあった。それを読んだ私はぎょっとした。だがそのあとすぐ、次のメールが来た。「ごめんなさい。このあいだのメールではあんなに落ち込んでいて。あんまりひどいクリスマスだったので、惨めな気分になっていたんです」

メールからはケイトの気持ちの浮き沈みが読み取れる。とはいえ、ひとしきり絶望に打ちひしがれる期間の合間には、肝の据わった、断固たる意志が表に出てきた。ケイトはあれだけの目に遭いながら、耐え抜いた。「私を主に支えていたのは、自分の意志です。私は終始、断固とした気持ちできました」

やがて、脳損傷からほぼまる二〇年になる二〇一六年六月に、私はケンブリッジにケイトを訪ねた。ヒースロー空港からの列車を降りたときには土砂降りだった。ケンブリッジではいつも激しい降りになるように思えた。しかも、寒くて身震いするような雨で、夏のイギリスの迷惑な風物だった。子供時代や、イングランド南部の浜で雨にたたられながら一家で過ごした毎年のバカンスが思い出された。トロントで預けた荷物は搭乗便への積み込みが間に合わなかったため、私は飛行機に乗り込むときに身につけていた服に古いキヤノンのカメラをぶら下げただけという姿で、羽織るコートもなかった。

くねくねした狭い田舎道をタクシーに揺られているあいだ、少し気が重かった。最後にケイトに会ったのは、腰を据えるつもりでイギリスからカナダに戻る一年ほど前のことで、それから七年以上になる。ケイトはずっと、父親のビルと母親のジルといっしょに暮らしていた。あのとき私たちは、お茶を飲みながら、近況を伝え合った。私が様子を訊くと、ケイトは文字ボードの文字を一つずつ指差し、ゆっくりと丁寧に答えた。回復ぶりは驚異的ではあったものの、思うように話すことができず、私は彼女が言っていることがほとんどわからなかった。今度も一文字ずつ、一文ずつ語ってもらうというこのプロセスをまた繰り返すのかと思うと気が進まなかったし、ケイトもきっとそうだろうと思った。それでも、彼女はまた会ってくれるというのだ。私はほんとうにありがたかったし、なるべく彼女に負担にならないように、できることは何でもするつもりだった。まずは、彼女の不鮮明な話し言葉を、もっと一生懸命理解しようとするのがいいだろうと思っていた。

タクシーが角を曲がり、ケイトが住む、ケンブリッジの外れの静かで住み心地の良さそうな通りに入ると、気分が上向いた。そして、急に雨がやんだ。雲間からさっと日が差した。これは吉兆なのか？　ケイトの家が目に入った。近所の家々と同じで、平屋だった。車椅子と階段は相性が悪い。その家は、政府が所有する公営住宅団地にあった。ケイトは収入がなく、障害者として生活保護を受けていたので、家賃は免除され、生活費も支給されていた。

私が呼び鈴を鳴らすと、陽気な介護人がドアを開け、マリアと名乗り、心のこもった握手をして、中に招き入れてくれた。国民保健サービスのおかげで、ケイトは二四時間体制で無料の介護が受けられる。

マリアに案内されて快適なリビングルームに入ると、そこには電動車椅子に腰を下ろしたケイトがいた。

「久しぶり！」と私は彼女の両手を取って言った。「花を買ってきましたよ」と言って、途中で買ったユリの花束を指し示した。

「ありがとう」。間髪を入れずにケイトが答えた。「ほんとうに、きれい」

ほんとうに、きれい。私は度肝を抜かれた。ケイトが口を利いた。文字ボードを使わずに、鮮明な発音で。ケイトは口が利けるようになったのだ！

「すごい！　ちゃんと話せるんだ」と私は思わず口走った。

「独習でまた話せるようになったんです！」と言ってから、ケイトは勝ち誇ったような笑みを浮かべた。どれほど自分に満足しているかが、それでわかった。「話すのが大好きなの」

「この会話を録音してもいいですか？」

ケイトはむっつりした顔になった。「自分の声を聞くのは嫌いです」

おどけたやりとりを少しばかりしたあと、ケイトが折れた。

「無意識だった期間のあと、初めて目覚めたときはどんな感じでしたか？」

「監獄にいるのかと思いました。自分がどこにいるのか見当もつきませんでした」

「意識を失う前の最後の記憶は？」

「保育園にいて、昼食をとっていました。私はそこで保育士をしていましたから。目が覚めたときには、ずっと寝ていたという気はしませんでした。ただ不意に意識が戻ったんです」

「少しずつ意識が戻ってきたのかと思っていました」

「いえ、ぱっと戻ったんです。最初は短いあいだだけでしたが、毎日、だんだん時間が長くなって。意識のある時間が少しずつ伸びていきました。初めて一日中意識があった日は、ＯＴ［作業療法士］と過ごしていました。ジャッキーという女の人です。初めのころ名前と仕事を言ってくれたのは彼女ただ一人でした。名乗ってくれる人はほとんどいませんでした」

「どうしてだと思います？」

「私はもう私という人間ではないと思っていたんでしょう。ただの体だと考えていたんです。不愉快ったらありませんでした。あいかわらず、感情はあったんですから。私は依然として人格を持った人間だというのに！　腸《はらわた》が煮えくり返る思いでした。いちばんの問題は、自分がどこにいるのか、どうしてそこにいるのかまったくわからなかった点です。歩き方を忘れてしまったと思いました」

「あなたがどこにいるのか、誰も教えてくれなかったんですか？」

「どのみち耳が聞こえませんでした。聞こえるのは雑音だけで。一言も聞き取れませんでした」

＊

ケイトの話に私はぞっとした。そして、私たちが彼女をスキャンし、ファーストコンタクトを得たときのことを思い返した。振り返ってみれば、私たちが二〇年も前に信じられないほど重要な事実に出くわしたことは今や明らかだった。ケイトの一部はあいかわらずそこに残っていた。そして、それが私たちの初期のスキャンに反映されたのかもしれない。それから何週間も何か月も、ケイトは何度となくひどい目に遭わされた。だから、それを防ぐためにもっと手を打てたかもしれないと思わずにはいられなかった。誰もが彼女を人格を持った人間として扱うように、もっと頑張るべきだったのか？　もっと積極的になり、ケイトのような患者全員の担当職員や介護者に指示を出すべきだったのか？　あのときの私たちは今ほど事情がわかっていなかったし、そのようなかたちで警鐘を鳴らすのは時期尚早だっただろう。そうしていたら、ケイトの家族のような何千もの家族に現実離れした希望と期待を抱かせていたはずだ。当時の私たちがつかんでいたことと言えば、ケイトの脳のどこかの部位が依然として、脳損傷前と同じように機能しているというほんのかすかな手がかりだけだった。彼女が物事を認識できることをそれが意味しているかどうかはわからなかったし、そうだと決めてかかるのは不当でありまた非科学的だった。それでもなお、二〇年ののち、ケイトの苦しみを軽減するためにもっとできることがあったかもしれないという思いに、私はおおいに悩まされた。

ケイトは自分をグレイ・ゾーンに陥れた疾患について語った。「なんでそれにかかったのか、知りたくてたまりません。けっしてわからないだろうと言われています。自分が悪いに違いないと思うことがあります。神が私を罰していたんだ、と」

「あなたは信心深い人なんですか？」

「いいえ。でも、信じているものはあります。自分の頭脳を信頼しています。教会には行きません。以前も行っていませんでした。信心深かったことはありません。でも、信じる気持ちにはおおいに助けられてきたことがわかっています。頑張りつづけるのは辛いものです。だから理由が必要です。私の脳はぜったい諦めません。私は泣くことができません。涙を失いました。泣く能力を。身の毛のよだつことです。ほんとうに恐ろしいことです。最悪に思えることの一つです」

最初のころの電子メールで彼女が使った言葉の真意を尋ねた。彼女は、スキャンが彼女を「見つけた」と書いたのだ。

「スキャンは、中にいる私を見つけました。私は意識がありませんでした。眠りたくて仕方がなかったんだと思います。脳は見るために必死で働かなければならなかったから」。スキャナーの中で写真を見るように私に指示されていたときのことを言っているのかもしれないと思ったので、それについて訊いてみたい衝動に駆られたが、彼女の思考の流れを断ち切りたくはなかった。「今でも映画を見るのはとても大変です。最初の一時間か三〇分は見ていられますが、それから眠ってしまいます。『ブリジット・ジョーンズの日記』の新作を見るのが待ち遠しいです。キンドルが大好きです。数え切れないほど本を読みました。現代の本は読みません。古い作品を読みます。ジェイン・オースティンがとても気に入っています。彼女の小説の主人公たちにはうっとりします。現代の本を読むと、自分が失ったものを思い知らされます。私の脳は前に進みつづけます。回復できたのは脳のおかげです。もう諦めようかと思いましたが、脳はけっして諦めません。私は毎日脳と闘っています。私の思いどおりのことを、どうしてもしようとしません。頼んだこともしてくれないんです」

「それはどういう意味ですか?」

「脳は、私がしたくないことを体にさせるんです。たとえば、足が痙攣します。私のことが好きではないんです。脳は私が好きではないんです。ぜったい諦めません。私に不機嫌になります。こんなことになる前は、自分は一人の人間だと感じていましたが、今では二人になった気がします。病気になる前の古い私は、違う人間でした。自分が一度死んだみたいに思えます。そして今、また生きているんです」

この奇妙な二重性について、ケイトはかなりの時間をかけて話してくれた——今の自分はかつての自分とは違うという感覚について。ある意味で、それは完全に正しかった。彼女の生活の多くの面がすっかり変わってしまったが、それは主に身体的な変化だった。私は、心、つまり彼女を彼女たらしめている部分は変わっていないと言ってほしかった。グレイ・ゾーンから、いわば痣《あざ》ができた程度で、おおむね無傷で生還したと言ってほしかった。だが、ケイトにとっては正反対のようだった。自分の脳さえもが、彼女の意に反して働いていると感じていた。ケイトのどこかが変わってしまっていた。彼女のどこかがグレイ・ゾーンで失われてしまっていたのだ。

私が訊かなかったことで、何か言いたいことはないかと尋ねてみた。

「どうしても覚えておいてほしいことがあります。それは、私が先生とまったく同じで、一人の人間であること。そして、先生と同じで感情を持っているということです」

私はケイトのもとを辞して、家の前に待たせておいたタクシーに乗り込んだ。静かな郊外の通りを離れ、ケンブリッジの賑わいに向かって戻りはじめたとき、また激しい雨が降りだした。私はケイトから学んだことの一つひとつについて考えずにはいられなかった。グレイ・ゾーンは暗い場所だが、そこから戻ってくるのが可能であることを彼女は示してくれた。人間の脳は、自らを癒す驚異的な力を持っている。一人の人間の本質、私の中の「私」が最悪の時期さえも乗り切る可能性があることも、ケイトは教えてくれた。彼女は苦悩していたとはいえ、けっして意気をくじかれることはなかったのだ。

第三章　ユニット

アーサー王「ニシンで木を切れだと？　そんなことはできない」
――『モンティ・パイソン・アンド・ホーリー・グレイル』

一九九六年にモントリオールから戻ってケンブリッジに着いてまもなく、私は研究者仲間とユー・ジャンプ・ファーストというバンドを結成し、ケンブリッジのあちこちのパブで演奏しはじめた。私はベースを弾きながら歌ったが、それは大それたことだった。うまくやってのけた人はほとんどいない（スティングとポール・マッカートニー、その他数人ぐらいのものだろう）。私はさっさとアコースティック・ギターに転向し、バンドは自分たちらしいサウンドを見つけた。ケルト魂に満ちた、少しばかりブルース・スプリングスティーン風のポップロックだ。私たちは地元でもよそでも、バンドコンテストに出た。そうしたコンテストの一つは、イングランド南部のハートフォードという小さな町で開かれた。モーリーンの兄のフィルが住むセント・オールバンズからそう遠くない場所だ。フィルはコンピューター科学者で、３Ｃｏｍ社のためのソフトウェア開発の仕事をしていた。ほっそりした長身の彼を見ると、モーリーンが思い出された。二人はそっくりの歯をしていた。コンテストのときに声をかけると、応援に来てくれた。ステージを降りたあと、私はモーリーンのことを訊いてみた。

彼女は依然として、スコットランドのエディンバラに近い故郷のダルキースから数キロメートルのところに住んでいた。両親は近々、もっと自宅に近い看護施設に移すことを願っていた。それ以外には新たに知らせることはないとフィルは言った。モーリーンの脳損傷からほぼ二年が過ぎており、私は彼女がはたして回復するのかどうか、怪しく思いはじめていた。私はフィルにケイトについて話し、彼女のスキャンの結果と、それがモーリーンのような患者に対して示している可能性にどれほど胸を躍らせているかを伝えた。私たちは、その後も連絡をとり合うことを約束した。

＊

一九九八年にケイトの事例報告が『ランセット』誌に掲載されたのは、ケンブリッジ大学にとって画期的な出来事だったし、私にとっては科学に関する重大な方向転換でもあった。自分がどこに向かうことになるのか、私は見当もつかなかった。給料をもらっている以外に資金援助はなかったし、自分の研究室もなかった。オフィスとコンピューターが一台あるだけだ。まわりの人々の善意と研究助成金だけが頼みの綱だった。

そこへ、思わぬ幸運が舞い込んできた。医学研究協議会（ＭＲＣ）の応用心理学研究ユニットでの職を提示されたのだ。政府機関であるＭＲＣはイギリスでの医学研究に資金を提供しており、そうした医学研究からは今日まで三〇人のノーベル賞受賞者が誕生している。アデンブルックス病院での私の職は三年という期限付きで、それを過ぎると私の給与を賄うお金が尽き果てる運命にあった。ユニットとの雇用契約には期限がなく、常勤でいずれ終身在職権が得られる見込みだったので、その魅力には抗《あらが》いがたかった。

ユニットは一九四四年にケンブリッジ大学に設立され、半世紀以上にわたって心理学にいかにもイギリス風のやり方で影響を与えてきた。記憶、注意、情動、言語の理解における科学的大躍進を遂げるための日々の仕事は、毎日二回、談話室でのお茶と、天気が良ければ芝生でのクロッケー（ゲートボールの原型であるイギリス発祥の球技）で中断された。念の入ったことに、ユニットはブライアンという、腰が曲がり、白髪が薄くなりかけた高齢の紳士を雇っており、彼の主な仕事は紅茶とコーヒーを淹れることで、その紅茶とコーヒーは、「ティー・トロリー」という呼び名で誰からも知られている、これまた年代物のカートに載せて振る舞われた。誰かの誕生日のような特別の日にはクッキーも出されたが、たいていは午前中に一回と午後のなかばに一回、紅茶とコーヒーだけだった。午前と午後のティー・トロリー業務の合間にブライアンが何をしているのかは想像もつかなかったし、尋ねようと思ったこともなかった。飲み物が振る舞われる談話室は、以前はおそらく古い豪華な応接間だったらしく、その面影があり、使われなくなって久しい大きな暖炉や、凝った装飾を施した天井の廻り縁、半世紀前にシャンデリアを失ったらしく、寂しげな部屋中央の飾り天井が残っていた。ユニットのクリスマス・パントマイムは語り草になっていた。まさにイギリス的な伝統で、男性陣がありとあらゆる機会を捉えてドレスをまとい、口紅を塗り、かつらをかぶり、お気に入りの魅惑的な女性に変身した。私はその手の催しがありふれていたグレイヴセンド・グラマースクールという男子校で多感な少年時代を送ったので、ユニットに着任したときに少しでも異様に思えることは何一つなかった。

ユニットは、ケンブリッジ中心部のすぐ南にある、チョーサー・ロードという緑の多い静かな通りに面した、エドワード様式の大邸宅を本拠としていた。設立当初はケンブリッジ大学の実験心理学科の一部だった。だが一九五二年までには、三代目所長のノーマン・マックワースの見るところでは、学科内に確保できる空間に収まり切れなくなっていた。彼は広大な庭とクロッケーにもってこいの芝生のある、居心地の良いエドワード様式の大邸宅を町の外れに見つけ、自腹を切って購入し、ここをユニットの新拠点とすることをＭＲＣに告げた。きっと、こんなことはケンブリッジでしか起こらないだろう。

一九六〇年代なかばになると、ユニットでは身だしなみの良い科学者（当然ながら、ほぼ全員が男性）の所員たちが、ツイードのジャケットにアスコットタイという恰好で気取って歩きまわり、パイプをくゆらし、機器のつまみを回し、ときおりシェリー酒をたしなんでいた。いかにもイギリスらしい科学への取り組み方であり、一九六〇年代のケンブリッジほどイギリスらしい場所はなかっただろう。六〇年代末までにケンブリッジ大学からモンティ・パイソンのメンバーの半数が出たのは、少しも意外ではなかった。

ユニットでの仕事は、モンティ・パイソンの寸劇に似ていることがよくあった。私が行なったあるテストは、「固執」を計測するためのものだった。固執とは、注意にまつわる問題で、やめるように言われたときにさえ、同じことを繰り返してしまうというものだ。私の患者は前頭葉に損傷を負っていた。私は彼に、まずｆという字から、次にａという字から、さらにそのあとはｓという字から始まる単語を思いつくかぎり挙げるように言った。脳損傷のない人はたいてい、「face, field, fox, falcon, frost ……」という具合に、言えなくなるまで挙げていく。ところが私の患者は、「five, fifteen, fifty, five hundred」と始め、「five hundred and one, five hundred and two」と続ける。これではきりがない、と私は気づいた。「five hundred and three ―」

「ストップ！」と私は遮った。「別の字にしましょう。ｓをやってください」

間髪を入れずに彼は「簡単さ！」と言い切った。「Six, sixteen, sixty-six……」

＊

一九九七年までには、ユニットと実験心理学科とのあいだには、はっきりした隔たり（緊張関係に近かった）ができていた。実験心理学科と言えば、一九八八年から八九年にかけて、私が研究助手として勤務していた場所だ。どちらもケンブリッジ大学の有名な機関だが、興味の中心は大違いだった。ユニットでは、たとえば、私たちが一連の数字を記憶できるのはどういうわけかを研究する。たいていの人は五つか六つの数字を聴いて、正しく復唱できる。(1) そして、362785を362と785に分けるといった、「チャンキング」のようなテクニックを使えば、復唱できる数を増やせる。

また、繰り返しがあれば多くの数も簡単に覚えられる。497497497497のような並び方なら、一二個の数字でも簡単に復唱できる。497という並び方が四回繰り返されていることを覚えるだけでいいからだ。私たちの脳は、繰り返しを見つけたり、情報を覚えていられるパッケージにチャンキングしたりするのがとても得意で、どのように行なっているかを完全には認識していないこともよくある。繰り返しを見つけたりチャンキングを行なったりしていることは認識しているが、普通は知りさえしないうちに自動的にやっている。無意識のプロセスなので、認識することはできても、やったあとでの場合が多い。

私の教え子のダニエル・ボーは、この記憶の再符号化（あとで検索しやすくするために情報をパッケージし直して整理すること）が、IQ（知能指数）テストで計測する一般的知能（別名「g」）と関連づけられている脳領域でなされることを、ユニットでの一連の独創的な研究で示した。(2) 考えてみると、これは理にかなっている。「高い知能」を持つには、暗記だけではとうてい足りない。覚えたことを使って何をするか、覚えたことをさまざまなかたちでどう役立てるかが肝心だ。そして、それは記憶をどう保存し、整理し、分類するかで決まるし、その後どれほど効率的にその記憶を検索できるかにもかかっている。記憶の整理の仕方は認知機能のほぼすべての面に影響を及ぼし、認知機能に頼っている生活のほぼすべての面で、一部の人に競争上の優位性を与える。数字や文字のチャンキングは、このプロセスの最も単純化されたかたちだ。だが、それを身につければ、電話番号やナンバープレートの番号、住所など、じつにさまざまなものを覚えるのが上手になる。エラ・フィッツジェラルドがかつて歌ったとおり、「何をやるかではなくて、どうやるか」なのだ。

ユニットも実験心理学科も、私たちがどのように記憶を整理するかを研究していたが、アプローチの仕方が違った。実験心理学科では、ワーキングメモリーや、チャンキングのような現象を異なる角度から眺め、パーキンソン病患者の大脳基底核におけるドーパミンの減少がなぜワーキングメモリーを損なうかに注目したり、リタリンのような薬が健常者のワーキングメモリーをどうやって向上させうるのかを研究したりする可能性が高かった。

心理学的世界と神経科学的世界とでも呼べる、これら二つの世界は、私がユニットに着任した一九九七年には合わさって一つになろうとしていた。心理学、神経科学、生理学、コンピューター科学、哲学のさまざまな面を組み合わせた認知神経科学は、話題の新分野だった。認知神経科学は、医師となる訓練を受けていない専門家（私のような、医師免許非保持者）が、科学的知識を追求して多種多様な患者を研究できる正当な場を提供してくれた。

私はウルフソンとしっかりしたつながりがあったので、それを通してユニットが脳画像研究に乗り出す先鋒を務めるために雇われた。ユニットにはスキャナーがなかった。スキャナーは、アデンブルックス病院のウルフソン脳画像センターに設置されていた。だがユニットには、スキャナーを使い、人間の脳を徹底的に探るための疑問を投げかけたくてうずうずしている認知神経科学者の新世代がひしめいていた。そこで話がまとまった。ユニットがウルフソンにお金を払ってスキャナーの利用時間を確保する。スキャナーを予約し、時間を配分して、誰が利用でき、誰が利用できないかを決め、基本的には、万事が順調に進むよう取り計らうのが私の責務となる。というわけで、私は一九九七年七月、チョーサー・ロードの大邸宅に移り、多額の研究資金への直接のアクセスを得た。五年ごとに最大で二五〇〇万ポンドの資金が提供される。それで私たち全員の給料、経費、そして言うまでもなく、光熱費、ブライアンとトロリーの費用、クロッケー用の芝の手入れをする庭師たちの賃金が賄われていた。

　脳の機能の仕方を理解したい、そしてひょっとすると、こちらのほうが重要だったかもしれないが、神経科学の領域を広げるために、新しい高性能の道具のうち、手の届くものなら何でも使いたいという、共通の情熱を抱いている人々に、私はたちまち取り囲まれた。私たちはそうした新しい脳画像撮影装置の威力に酔いしれていた。私たちのそれぞれが何者であるかを決めているもの、私たちを私たちたらしめているものを、ほどなく世の中に伝えられるだろうとばかり思っていた！　これらいっさいに加えて、お茶とクランペット（マフィンに似た小ぶりのパン）とクロッケー。奇行と、イギリス人特有の、にこりともせずに控えめな言い回しで語る皮肉なユーモアにあふれたユニットは、私たちがケイトの次にどこに向かうかを見定めるには絶好の科学的環境だった。

　そして、そこへデビーが登場する。

第四章　最小意識状態

想念なんてどれも亡霊だ、亡霊が踊っているようなものだ。
――アラン・ムーア

デビーは三〇歳の銀行支店長で、正面衝突事故のあと、車の中に閉じ込められた。そのあいだ、脳に酸素が送られなかった。これは緊急事態だが、驚くほど頻繁に起こる。アデンブルックス病院の集中治療室に運び込まれたデビーは、瞳孔反応がなかった。第三脳神経と脳幹上部の損傷あるいは圧迫を示す、悪い徴候だ。

脳幹をわずかに損傷しただけでも、睡眠と覚醒の周期や心搏数、呼吸、意識そのものに支障をきたして、悲惨な結果を招きうる。聴覚や味覚、触覚、痛覚にかかわる感覚信号が、中心的な中継基地あるいはハブである視床《ししょう》にきちんと伝わらなくなる。人は脳幹を少しでも損傷すると、昏睡状態に陥りかねない。博士課程で学んでいたころに目にした多くの脳神経外科患者は、癲癇の症状を和らげたり、腫瘍を摘出したりするために、大脳皮質をごっそり（タンジェリンオレンジほどの大きさのこともある）手術で取り除かれていた。手術後、彼らの心的能力には微妙な影響しか見られなかった。脳の広範な部位が損傷を受けたり摘出されたりしても、最小限の障害しか起こらないこともありうるが、その一方で、脳幹や視床のような肝心なハブがわずかに損傷しただけで甚大な被害が出ることもある。

事故から一四週間たっても、デビーの瞳孔は開いたままで反応がなかった。彼女は排尿も排便も抑制できず、胃に差し込んだ樹脂製チューブで栄養を与えられ、二四時間体制の看護ケアを必要とし、まったく応答がなく、植物状態にあると宣告されていた。ところが家族は、デビーは十分な休養をとったときには応答すると感じていた。私たちは枕元にいても、応答しているという証拠は見つけられなかった。デビーは爪を圧迫されるといった、痛みを伴う刺激を受けると身を引いた。だが、そうした応答は反射的なもので、グレイ・ゾーンの患者にはよく見られ、認識能力があることを必ずしも示しているわけではない。

熱いストーブに誤って触れてしまった手を素早く引っ込める動きは自動的で即時のもので、脳ではなく脊髄のニューロンしかかかわっていない。「熱い！」というメッセージが腕から脊髄を伝って脳に届き、本人が手を動かすことを決め、それからそのメッセージを腕に戻すのでは、あまりに時間がかかりすぎるからだ。爪の圧迫や熱いストーブの触覚といった痛みを伴う刺激は、もともと組み込まれている自動的な応答を引き出す。そこからは、グレイ・ゾーンにいる患者についてはほとんど何もわからない。そうした応答は、脳が回復できないほどの損傷を負っていようといまいと起こるからだ。

私たちは二〇〇〇年にデビーを一二回スキャンした。どのスキャンも時間は九〇秒で、放射性トレーサー O-15（「酸素15」として知られる）が検知できなくなるほど低いレベルまで崩壊する前に、機能している脳の最善の画像を捉えるのに最適の長さだった。

O-15は、医療や研究に使われるたいていの放射性物質と同じで、粒子加速器の一種であるサイクロトロンで製造される。サイクロトロンはアデンブルックス病院にも一台あり、放射能を中に閉じ込め、人々を立ち入らせないように分厚いコンクリートの壁に囲まれた地下室に収まっていた。製造されたO-15は上の画像センターへポンプで送られ、スキャナーの中に横たわるデビーの腕に差し込まれた静脈ラインを通して注入された。

O-15の半減期は一二二・二四秒で、PETスキャン一回の長さよりもさほど長くはない[1]。だが、この方法を使うと、各スキャンから血流の画像が得られる。トレーサーが脳に入ってからの九〇秒間を平均したものだ。O-15は血流に入ると、心臓の右側に送られ、そこから今度は肺を経由して心臓の左側に戻り、そのあとようやく脳に行き着くので、このプロセスには一五秒から三〇秒かかる。そして、刻々と放射性崩壊を起こす流れが、脳の秘密を暴くことになる。

私たちはモントリオールで使っていたのと同じテクノロジーを利用していた。スキャンのあいだ、スキャンされている患者の思考や行動や情動しだいで、脳の部位のうちにはほかよりも一生懸命に働くところが出てくる。最も熱心に働いている脳領域は、ブドウ糖のかたちでエネルギーをたちまち使い果たすので、頑張りつづけるために補給が必要になる。脳は血液を通してそうした領域にブドウ糖をもっと送る。したがって、活発な領域にはより多くの血液が流れる。そして、血液には放射能でいわば付箋が貼ってあるので、どこに行くかがPETスキャナーで見て取れる。

私たちが何週間かかけて考えたことのうちで最も重要なのは、スキャンしているあいだにデビーに何をするか、だ。どうやって彼女の脳の活性化を試みるべきなのか？　私はデイヴィッド・メノンといっしょにケイトをスキャンした日のことを振り返り、一二回のスキャンのうち三回で彼女が目を閉じていて眠りに落ちてしまったらしいのが、隣のコントロールルームの窓から見えたのを思い出した。あれでは家族や友人の写真を見られたはずがない。幸い、残る九回のスキャンから、脳が応答していると納得できるだけの証拠が得られた。だが、もしケイトが一二回のほとんど、あるいは全部で眠ってしまっていたらどうなったただろう? わざと、あるいは偶然、目を閉じてしまっていたら? 私たちはケイトのような患者をスキャンする機会をふたたび得るために、三年間待ってきた。ケイトのような人には二度と出会えないのだろうか、と三年間問いつづけてきた。だから、このチャンスは胸が躍るようなものであると同時に、悩ましいものでもあった。失敗は許されない。

別の植物状態の患者をようやくスキャンするまでになぜ三年もかかったのかと、みなさんは不思議に思うかもしれない。まず、グレイ・ゾーンを探るために使うことになる方法の開発に時間がかかっていた。スキャナーの中の人に何をしてもらうのが適切なのか? そして、誰にも同じことをしてもらうべきなのか? この種の研究には資金援助が受けられなかったので、私はほとんどの時間をほかのプロジェクトに費やし、前頭葉がどのように機能するかや、パーキンソン病患者がなぜ認知障害を起こすのかを調べていた。また、ほかの病院から患者を回してもらうシステムがまだできていなかったので、適切な研究対象候補がたまたまアデンブルックス病院にやって来ないかぎり、そうした候補がいることすら、知りようがなかった。そして、仮にほかの病院の患者について知っていたとしても、私のもとまで搬送する費用をいったい誰が出してくれただろう?

デビーを対象にどんな実験をするべきかを突き止めようとしていたとき、私たちは迅速に動かなければならないことを承知していた。デビーは、亡くなったり、ふたたび昏睡状態に陥ったり、機械につながれてスキャンできなくなったりするかもしれなかったからだ。ケイトのときにしたように、視覚系を通してデビーの脳の活性化を試みるのは、危険に思えた。そこで、音を使うことを思いついた。人は目を閉じることはできても耳は閉じられない! 九〇秒のスキャンのうち六回のあいだ、録音しておいた一連の単語をヘッドホンでデビーに聞かせればいい。

ただし、ありきたりの単語ではなかった。ユニットでは、言語が専門の心理言語学者がそこらじゅうにいた。彼らは、自信を持って解釈できるような脳活動を生じさせるのに必要なのがどんな単語なのかを知っていた。入念に吟味されており、抽象的すぎないものの、心的表象を生じさせるのに多少の努力が必要な程度には抽象的な単語、あまりにありふれてはいないものの、内容に関連して記憶が呼び起こされる程度にはなじみのある単語だ。

新たに親しくなった心理言語学者たちは、言語と脳の関係や、脳のどの部位が言語のどの面を処理するかや、どんな種類の音声刺激が特定の脳活動パターンを生じさせるかについて知っていた。一度も聞いたことのない外国語で話しかけられたら、どんなふうに聞こえるだろう？　雑音に聞こえるか？　芝刈り機の音に聞こえるか？　もちろん、そんなふうには聞こえない！　理解不能の言語で話された言葉に聞こえる。だが、脳はどうしてそれがただの雑音ではなく音声だとわかるのか？

脳の側頭葉には特化したモジュールがあり、たとえなじみのない言語で表現されたときにも、何が音声で何がそうでないかを判断できる。だから私たちは、『ゲーム・オブ・スローンズ』のようなテレビ番組に出てくるでっち上げられた言語と、以前に出合ったことのない本物の言語とを区別することができない。どちらも言語のように聞こえるし、どちらも同じぐらいちんぷんかんぷんなので、脳は両方とも同じように分類する。だが、どちらも芝刈り機のようには聞こえない。脳にそれがわかるのは、側頭葉（脳の両側、下のほうにある大きな皮質領域）の上部に位置する、特化した「音声検知モジュール」のおかげだ。側頭葉の上部は、もっぱら音を処理する。だから、しばしば聴覚野と呼ばれる。そして、「側頭平面」という、聴覚野の中の特化した領域が、発話音声の処理を専門としている。この領域が音声を検知し、脳の残りの部分に、聞こえているのが音声であることを知らせる。

私たちがデビーに聞かせた単語は、カセットテープに録音してあった。「sofa（ソファー）」のように、すべて二音節からなる名詞で、通常の発話に出てくる頻度や、抽象度、それが表すものを想像するときの難易度が同じぐらいになるように、念入りに選んであった。たとえば、ソファーを思い浮かべるのは簡単だが、「uncertainty（不確かさ）」を視覚化するのははるかに難しい。どちらも一般的な名詞ではあるが。どの単語も、いつ読まれるか、どれほど大きな声で読まれるか、英語という言語でどれほど頻繁に使われるかなど、何から何まで、細心の注意を払って統一した。私はただ、デビーが音声を耳にしたときに、彼女の脳が活性化するかどうかが知りたかった。彼女に聞かせる単語はすべて二音節で、英語という言語で完全に同じ頻度で現れる必要があるのか？

だが心理言語学者たちによれば、これらはみな、今回の実験では「制御する」必要がある不可欠な要因とのことだった。単語が読み上げられるペースさえも、メトロノームで計測しなければならなかった。私の新しい友人たちは、ありとあらゆるものを制御しなければ気が済まなかった。だから、実験もモンティ・パイソンの寸劇のように思えてきた。幸い、ユニットで数年過ごしてきたおかげで、私はそういうことには慣れていた。とはいえ、制御しなければならないのは音声だけではなかった。一二回のスキャンのうちの六回で、デビーは短い雑音を繰り返し聞いた。その雑音もまた、ありきたりのものではなく、絶妙に制御され、入念に発生させた、「信号相関ノイズ（signal-correlated noise）」と呼ばれる突発的な雑音《バースト》で、古いラジオのダイヤルを回していて、局と局とのあいだで耳に飛び込んでくる空電雑音のように聞こえた。信号相関ノイズはみな似てはいるのだが、音声とちょうど同じで、音の大きさとスペクトル特性（どの瞬間であれ、そのときに再生されている周波数の組み合わせ）がまちまちだ。だから、まるでラジオの空電雑音が話しかけてくるように聞こえるのだが、何を言っているのかは聞き取りようがない。

ついに準備が整った。デビーはスキャナーに入れられ、腕に静脈注射用の針を差し込まれ、O－15が注入された。担当の技術者が、ほとんど無音のスキャナーを始動させた。デビーは動かない。何も変化はなかった。スキャン室にゆっくりと執拗な声が響くばかりだ。「ソファー……キャンドル……テーブル……レモン」。二秒間隔で単語が聞こえ、次に、注意深く調整された雑音のバーストが続く。デビーは神経集中治療室に戻され、私たちはデータの分析に取りかかった。

＊

当時はPETスキャンの結果を分析するのには、長いと一週間かかった。結果が出るのを辛抱強く待っているあいだには、思索とクロッケーをする時間がたっぷりあった。私たちは、チョーサー・ロードの大邸宅の芝生に腰を据え、お茶を飲み、デビーの脳を蘇らせることができたかどうか、そして、できたとしたら、それが何を意味するかを考えた。スキャンの結果が手に入るまでの一週間は、一年のようにも思えた。

ようやく結果が私のコンピューター画面に現れたときは、呆然となった。デビーは植物状態だという診断を受けていたにもかかわらず、脳はみなさんや私の脳とまさに同じように、音声と雑音のバーストに応答していたのだ。あまりに素晴らしい結果なので、にわかには信じられないほどだった。最初がケイトで、今度はデビーだ。二人の脳が両方とも、私たちの研究の一つに参加した健常で平均的なボランティアの脳であるかのように応答した。それにもかかわらず、二人とも見たところ植物状態にあった。彼らはけっして植物状態ではなく、物事を認識しており、現状を脱出しようと闘っているということが、ありうるだろうか？　そして、もしありうるなら、世界中でそういう状態にある人々にとって、それは何を意味するのか？

私たちはデビーに意識があるとは確信できなかったが、人間の音声が植物状態と言われている人の脳を活性化できることを示した。これはわくわくするような結果であり、ユニットは興奮で沸き返り、私たちはその反響を噛みしめた。親友で同僚のジョン・ダンカンは仰天していた。

「ぜったいうまくいかないと思っていたよ！」と彼は言った。

「ひょっとすると、まわりで起こっていることを一つ残らず理解しているかもしれないね」と私は応じた。

ユニットの所長のウィリアム・マーズレン＝ウィルソンは、そこまで楽観的ではなかった。「ただの自動的な応答だった可能性もある」

そのとおりだったが、それでもこの結果は、毎年恒例のクロッケーの夏季トーナメントが佳境に入るなか、私たちに検討課題をたっぷり提供してくれた。確実にわかっていることが一つあった。それは、どれだけ熟練した神経科医でも、どれほど頭の切れる神経学者でも、通常の臨床研究では知りようのなかった心の秘密を、私たちが明るみに出しはじめているということだ。私たちは科学と医学のあいだの完全に新しい接点の誕生に立ち会っているような心持ちだった。

*

その年のうちにデビーの事例について科学雑誌『ニューロケース』に書いたとき、私たちは断固として態度を保留した。[2] そうするしかなかった。まだわからないことが多すぎたからだ。

一つの可能性として、じつはデビーはスキャンのときには植物状態になく、回復の途上にあったかもしれないことを私たちは指摘した。傍《はた》から見ていても気づかないほどでも、ＰＥＴスキャナーの中で脳を活性化させられる程度まで回復していたかもしれない。植物状態という診断にもかかわらず、デビーは少なくとも部分的に物事を認識できたのかもしれない。デビーもまた、見たところ認識能力があるという証拠がないものの、脳機能の一部を断片的に見せる、植物状態の患者であるという第二の可能性についても私たちは論じた。

それは、ケイトについての論文が『ランセット』誌に掲載されてから一年ほどあとに『ジャーナル・オブ・コグニティブ・ニューロサイエンス』誌に発表された科学論文(3)の結果に応じる意味もあった。この論文の執筆者は、ニューヨークのマンハッタンのアッパーイーストサイドにある名高いワイル・コーネル・メディカル・カレッジのニコラス・シフ博士だった。

一九九八年、私たちの論文が『ランセット』誌に掲載される数週間前、シフ博士は恩師のフレッド・プラムに同行してケンブリッジにやって来た。プラムは脳損傷の分野の巨人で(4)、会ってみると、プラムとシフの関心と私たちの関心が密接に関連していることが明らかになった。二人は自分たちが扱っている患者について話してくれた。ケイトに似ている点もあったが、やはりまったく違っていた。グレイ・ゾーンの科学には奇妙なところがある。患者たちは植物状態のたぐいのカテゴリーに一まとめに分類されるので、みな何かとてもよく似ているという誤解を生むが、現実には、患者は一人ひとり完全に異なる。

シフとプラムは、四九歳のアメリカ人女性について話してくれた。彼女は脳深部の動静脈奇形から三度出血したあと、二〇年間意識を失っていた。この患者は（ケイトとは違い）、ときどき断片的な行動を見せた。身の回りで起こっていることとは無関係の言葉を、たまにぽつりと口にすることがあったのだ。ＰＥＴスキャンをしてみると、意識がない人に見込まれるよりもやや多い代謝が行なわれている箇所がところどころにあった。とくに、音声にかかわっていることが知られている領域がそうだった。シフとプラムは次のように結論した。「植物状態と診断された患者たちに、処理を行なっているモジュールが散在するからといって、それだけでいかなる程度の自己認識をも可能にすると考えることはできない」

二人も慎重に歩を進めながら、断固として態度を保留していた——私たちとまさに同じように。まだ黎明期だったのだ。それ以外、どうしようもないではないか。だが、「心を伴わない言葉」という二人の論文の題からは、大西洋のこちら側にいる私たちよりも、こうした初期の画像研究の結果に対してかなり楽観の度合いが低い見方をしていることがうかがえた。ケイトのスキャンの結果だけではなく、彼女の事例とその後の驚くべき回復に対する世間の関心もあったために、私たちはみな、希望と驚異の念に満たされていたのかもしれない。そして、わくわくするようなその期待と可能性の感覚を、デビーは募らせるばかりだった。

＊

一風変わった私たちケンブリッジの小グループと先陣争いを繰り広げていたのは、シフとプラムや彼らのワイル・コーネルの同僚たちだけではなかった。ベルギーの小さな大学都市リエージュでも、グレイ・ゾーンの科学の重要な研究が進められていた。スティーヴン・ローリーズという名の若い神経学者も、植物状態の患者の脳機能をＰＥＴを使って調べる可能性を検討しはじめていた。ローリーズのチームは初期の論文で、植物状態の患者四人のスキャン結果を説明している。彼らの脳は、健常な対照群の脳ほどしっかりと「接続」されていないようで、全体的な活動がまとまりを欠いたパターンや断片的なパターンを示していた。(5)

さらなる証拠だ。種類は異なるものの、証拠であることに変わりはない。ケンブリッジでは植物状態の患者たちが、意識があることを示す外面的な徴候は見せていないにもかかわらずスキャナーの中では正常に応答するところを、私たちは目にしていた。ニューヨークとベルギーでは、植物状態における断片的な行動と脳活動パターンが観察された。グレイ・ゾーンの科学が一つの分野として融合しはじめていた。そして、デビーについて私たちが論文を発表したその年に、最小意識状態を初めて記述する画期的な論文をジョー・ジアチーノ博士らが発表した。[6] その報告によれば、植物状態に見える多くの患者が、じつは最小意識状態にあり、認識機能を部分的に果たし、部分的に欠いており、弱まったとはいえ物事を認識する能力があることをときどき知らせられるが、それらの意識の断片を整理して外の世界と効果的に意思を疎通させることはけっしてできないという。

人は半分目覚め、半分眠っているとき、誰かに「私の手を握ってください」と言われたら、握るかもしれないし、握らないかもしれない。指示は聞こえても、応答する前に意識がなくなるかもしれない。あるいは、応答はするものの、次に誰かから「私の手を握ってください」と言われたときには、ぐっすり眠り込んでいて、完全に聞き落とすかもしれない。

最小意識状態にあるというのがそういう感じなのかはわからないが、臨床的には、患者はそのように振る舞う。認識能力を示しているときもあれば、完全に失っているときもある。それは奇妙な状態で、植物状態の患者が陥っている状態とも違う。それよりは一貫性がなく、もっと曖昧な状態で、光明と暗闇が入り混じっている。ジアチーノの新しい論文のおかげで、今や完全に新しい診断カテゴリーが出現した。それは、意識があって物事を認識できる状態と、植物状態のどちらでもなく、そのあいだの、最小意識状態から抜け出せなくなっている患者というカテゴリーだった。

デビーを調べるためにはもう一度スキャンする必要があったが、あいにく彼女はもう、放射線負荷の限度に達していた。再度のPETスキャンが直接デビーのためになるという確固たる根拠を示せないかぎり、地元の倫理委員会（どの科学研究に関しても、していいことといけないことを最終的に決める）は、彼女をさらに放射線にさらす許可を与えてくれないだろう。そして、私たちにはそうした根拠はなかった。何か重要なことがわかりかけているのは承知していたが、こうした実験が直接デビーのためになるとはとても主張できなかった。私たちの科学的探究は、まだ始まったばかりだ。臨床的な恩恵が得られる段階には程遠かった。

＊

驚くべきことに、スキャンの数か月後、デビーはケイトと同じように回復しはじめた。そしていくらもしないうちに、ジョー・ジアチーノらが導入した最小意識状態という新しい診断を受けた。だが、やはりケイトと同じように、デビーもさらに症状が改善した。スキャンの一年ばかりあとに会ったときには、彼女は重度の障害を抱えてはいたものの、急速に回復しており、ふたたび口を利いたり、手足を動かしたり、グレイ・ゾーンから帰還したりしはじめていた。椅子の上で自力で体を起こし、お気に入りのテレビ番組を見て笑い、私たちが話しかけるとこちらに目を向け、言葉を発作的に口からほとばしらせて応じた。よく聞き取れなかったが、だんだんはっきりしてきた。彼女が実家の近くにある長期リハビリテーション施設に移されてからは、音信が途絶え、回復ぶりを追うことができなくなった。

私はよくデビーのことを考える。私たちはこの世界へと彼女を連れ戻す道を見つけたのだろうか？　スキャンをし、それによって地元で注目を集めた結果、彼女の回復に何かしら役に立ったのか？　私たちのスキャンがあったから、人々はまずケイトの、続いて今度はデビーの扱い方を変えたのか？　そしてそれが、何かほかにも私たちが気づいていないかたちで二人の回復の助けとなったのか？　証拠が足りなくて確かなことは何も言えなかった。だが、二人の驚くべき回復は、ただの偶然以上のものに思えてきていた。

第五章　意識の土台

地獄の門は昼も夜も開いている。
そこへの下りは滑らかで、道ははかどる。
だが、引き返して、晴れやかな空を眺めるのは
辛い骨折りで、ひどく難儀する。
――ウェルギリウス

二〇〇二年が暮れ、二〇〇三年が明けるころ、私はあれこれ頭を悩ませはじめた。第一が、デビーと彼女の脳活動だ。得られた結果が何を意味するのかわからないというのは、いらだたしい。デビーに単語の録音を聞かせたら、彼女の脳は、みなさんや私の脳と同じように応答した。音声を検知し、ほかの雑音と混同しなかった。私は彼女の脳がこれらの単語の意味を理解したかどうか、知りたくてうずうずしていた。損傷し、意識がない脳は、発話の音声を認識するものの、その情報を使ってほとんど何もできない可能性はある。だが、意識がない人も依然として話し言葉を理解できるということがありうるだろうか？　その文脈では、「理解する」とはいったい何を意味しうるのか？

これは込み入った疑問だった。人は脳がどのレベルで機能しているときに意識があるのか？　その後数

年間、この分野に対する関心が爆発的に高まるなかで、その疑問はグレイ・ゾーンを探る私の旅の最重要課題だった。問題の一部は、意識についてのさまざまな疑問が科学ばかりでなく個人的な感覚にも結びついていることにあった。

子供を例にとろう。健常な一〇歳児は大人とほぼ同じかたちで自分やまわりの世界を意識しているということで、大方の人は意見が一致するだろう。一〇歳児は言語を理解し、決定を下し、質問に答え、記憶を保存し、保存された記憶に基づいて行動し、そのほか、大人の持つ認知能力の大半を、大人よりも基本的なかたちではあっても持っている。

では、二歳児は？　意識があるだろうか？　たいていの人は、ある、と言うだろう。二歳児も言語を理解し、決定を下す。複雑なものではないが、おもちゃの列車で遊ぶか、絵本を見るか、というのも決定だ。二歳児は単語を口にするし、まる一文を言うときもあるし、記憶を保存するし、時折その記憶に基づいて行動する（片づけてあったおもちゃの列車をまた取り出すのは、以前に保存した記憶に基づいた行動だ）。二歳児には、大人の意識の基本が多く見られる。

今度は生後一か月の赤ん坊について考えよう。もちろん、一か月の赤ん坊にも意識がある、とみなさんは言うだろう。だが、よく考えてほしい。一か月の赤ん坊は、言われたことを理解しているようには見えない。「おおっ！」とか「わあっ！」とか言えば、一瞬注意を引くことはできるだろうが。彼らに向かって大声を上げれば（そんなことは、してはならない）、泣きだすかもしれない。優しく歌いかけると落ち着き、ひょっとしたら、喉を鳴らして喜ぶかもしれない。だが、それがせいぜいだろう。

こうした「応答」のほとんどは、間違いなく自動的で、誕生時あるいはそれ以前から体に組み込まれている。それらの応答は複雑なものではなく、かなり固定的で、たとえば、何について歌うかには関係なく、優しく歌を歌えば赤ん坊は落ち着く。赤ん坊は指示を受けても適切な行動で応答しない。もっとも、まだ言葉がわからないのだから、それは大目に見ることにしよう。彼らは記憶を保存しているかもしれないし、していないかもしれない（生後一か月だったときのことを覚えているという人は、まずいない）。また、二歳児がするようなかたちで、思い出した情報に基づいて行動するようには見えない。新しいおもちゃがあれば、そちらのほうを向くかもしれないが、そのおもちゃが視界から消えると、彼らの世界からも消えてしまう。というわけで、生後一か月の子供には、意識があるのか？　彼らは、自分が人間として存在していることや、まわりには世界があって、それとかかわり合ったり、それに影響を与えたり、それから影響を受けたりしうることを「知って」いるのだろうか？　知っているとしたら、その「知識」はどのような形をとるのか？

ようするに、生後一か月の子供には意識があるかないかを判断するのはずっと難しく、驚くまでもないが、意見が分かれており、意識があると考えている人もいれば、確信が持てない人もいる。二〇一〇年、私はブラジルでこの問題をダグライ・ラマと討論し、私が神経科学の同業者と検討するときに返ってくるものと同じ答えをもらった。「何をもって意識と呼ぶかしだいです」。そこが問題なのだ！　どんな心的能力があれば、意識があると言えるのか？　デビーは音声を検知できたが、彼女に意識があると結論するには、それでは不十分だった――少なくとも私にとっては。

このロジックに誰もが同意するわけではない。みなさんも友人たちに訊いてみるといい。生後一か月の赤ん坊には意識があると確信している人がたちまち見つかるだろう（みなさん自身も、そう確信しているかもしれない）。だがそのときには、胎児はどうですか、と訊いてほしい。胎児には意識がありますか、と。一か月の赤ん坊には意識があると言って、頑として譲らない友人たちでさえ、疑問を抱きはじめるかもしれない。話をさらに進めてみよう。受精卵はどうなのか？　精子と卵子が結合してできた単細胞で、九か月ほどあとには赤ん坊の誕生につながる受精卵は？　受精卵には意識があるのか？　ほとんどの人は、意識がないことに同意するだろう。一つには、受精卵は赤ん坊が持っている能力をまったく持っていないからだ。それに、単細胞生物が意識を持ちうるとは思いがたい。

そこで興味深い疑問が起こる。それならば、受精卵から胎児、新生児、幼児、大人へという発達の道筋のいったいどの段階で意識が現れるのか？　生後一か月の赤ん坊には（いや、胎児にさえ）意識があると考えているかどうかは関係ない。単細胞の受精卵にはおそらく意識がないけれど、健常な大人にはあることに同意するなら、私たちはこれら二つの段階のあいだのどこかで、意識を持つようになるに違いない。だが、それはいつか？　誕生は明確で劇的な変化のときだが、今にも生まれようとしている九か月の胎児に意識がないのなら、子宮から出てきたばかりの赤ん坊が突如意識を持つとはとうてい思えない。

成長している生物（この場合には人間）が意識を持つようになる時点がいつなのかに関しては、合意が得られていない。一〇歳児には意識があり、受精卵にはないと判断するのはやさしい。だが、そのあいだは？　生後一か月の赤ん坊には、意識の徴候が見られる。意識を持つ潜在能力がうかがえる。とはいえ、重要な要素がいくつも欠けている。そして、デビーの場合も、その前のケイトの場合も、私たちはまさにその段階に直面していた。正常な意識の機能の一部（デビーは音声の認識、ケイトは顔の認識）が見られた。だが、二人のどちらも意識があると結論するには不十分だった。これは、控えめに言っても、はがゆい。

意識は最初いつ始まるかにまつわる疑問は、私たちの誰にも何らかのかたちで影響する。妊娠中絶や生きる権利についてしばしば提起される懸念を考えてほしい。私たちはみな、かつて胎児だったわけで、科学的な証拠よりも政界のロビイストや宗教界の熱狂的な信者によって簡単に動かされるように見えることの多い立法者たちの気まぐれのなすがままだったのだ。

命は受精の瞬間に始まると考えていたり、あらゆる人間の命は神聖であると信じていたり、その両方であったりするなら、意識がいつ現れるかという疑問には意味がない。だが、それ以外の人にとっては、妊娠中絶をめぐる論争について考えなければならない最大の問題は、胎児が発達段階の特定の時点で意識を持っており、したがって、何らかの意味で、自分の運命が「わかる」という可能性にまつわるものだ。それに関連した懸念には、次のようなものがある。胎児はもし意識を持っているのなら、痛みを「感じる」能力も持っているかもしれない。痛みを感じるというのは一つの経験だ。それは、温度のような外の世界の物理的性質ではなく、私たちの一人ひとりが共通の誘因に対して見せる応答だ。

指に棘が刺さったり、ホットプレートに手が触れたのに気づいたりしたとき、みなさんの経験は私の経験とは違うだろう。それは、これまでの痛みの経験や、心の状態、体と脳の内部の化学的環境しだいだ。痛みは意識的な経験であり、痛みを経験するには意識がなくてはならない。そうでなければ、プロポフォールのような麻酔薬が効かず、私たちは外科手術の痛みに耐えられないだろう。誘因（この場合には外科医のメス）には変わりはないが、ありがたいことに、意識的な経験が変化したのだ。

胎児の脳は、受精から三、四週間たたなければ、発達しはじめさえしないので、痛みの知覚の最も基本的な構成要素である意識の土台は、それ以前は存在しない。成人の脳の主要な部分はみな、妊娠後、四〜八週間で現れるが、およそ八週間してから初めて、大脳皮質は二つの別個の半球に分離する。一二週間すると、脳のさまざまな部位のあいだに基本的な神経接続が現れてくるが、それらは意識ある経験を支えるにはまだ不十分だ。

ダニエル・ボーが二〇一二年の名著『貪欲な脳（*The Ravenous Brain*）』[1]で主張したように、意識的認識が起こるために、健全で、機能していて、互いに連絡できる必要のある脳領域は、妊娠二九週ぐらいまではまだ整っていない。それらの領域が効果的に連絡をとり合えるようになるまでには、さらに一か月かかる。というわけで、科学に基づけば、痛みを経験する能力を含めて、どんなかたちの意識も、受精後約三三週より前に現れる可能性は非常に低い。

この見方を批判する人は、わずか一六週の胎児さえ、低周波の音や光に応答することを指摘する。たしかに、胎児は一九週までには、痛みを伴う刺激から尻込みしたり、手足を引っ込めたりする。それは説得力のある徴候で、意識が現れつつある証拠と見なされることが多いのもうなずける。とはいえ、ダニエルが著書で述べているように、そのような応答を引き起こすのは、意識とは無関係の、脳の最も原始的な部位であり、したがって、胎児に物事を認識する能力があることはまったく意味していない。私たちが目撃しているのは、一連の物理的な環境や状況に対する初期の反射で、おそらく原始的な脳幹と脊髄にもっぱら制御されているのだろう。宗教的志向のある人は、この見方は何が意識を生じさせるかを依然として説明していないことを指摘するかもしれない。それももっともだ。まるで、不思議なスイッチがパチンと入ったかのようですらある。このスイッチが、いつどのようにしてオンになるのかが完全にわかっていないからこそ、神の意志（神の壮大な構想）が説明としてしばしば引き合いに出されるのだ。

そのような理屈は、極限状態にある人々に意識があるかどうかを理解することに人生の多くを捧げてきた科学者としては、完全なまやかしにしか思えない。私たちは何が意識を生じさせるかをまだ知らない。だがそれは、この謎が物理的に説明できるかどうかとはまったく関係ない。それどころか、こうした謎が近い将来理解され、説明されるだろうことを、私はまったく疑っていない。近年、宇宙にまつわるほかの壮大な謎の多くが物理学によって説明されたのと同じだ。私たちは科学者だから、データを集め、仮説を立て、その仮説を検証する。問題を解決して何か新しいことを説明できる場合もあれば、そうできない場合もある。だが、今日その問題が解決できるかどうかは、それが解決可能かどうかとは関係ない。物理的な答えがまだ見つからないからというだけで超自然的な説明に頼るのは、非科学的で、非論理的で、私に言わせればばかげている。なにしろ、そんなことばかりしていたら、私たちは船で海に出るときにはあいかわらず、平らな地球の縁から落ちるのを避けようとしていることだろうから！

＊

私たちがケンブリッジで、デビーには意識があるかどうかという疑問に取り組み、いつ意識が始まるかを一生懸命に見極めようとしていたちょうどそのころ、大西洋の反対側では、いつ意識が終わるかが争点となり、一国全体が激しい争いに突入しそうに見えた。グレイ・ゾーンは突如としてアメリカの夜のトップニュースとなり、それが海のこちら側までたちまち伝わってきた。どういう巡り合わせか、恰好の患者、うってつけの家族、おあつらえ向きの意見の相違、それまではマスメディアがほとんど見向きもしなかった問題に対する世間の適度の関心というさまざまな条件がそろって、大騒ぎになったのだ。植物状態であるという宣告を受けて病院のベッドに横たわっている一人の女性をめぐって、生きる権利と死ぬ権利の擁護運動が対決していた。彼女は、国民の半分が自分に声援を送ってくれることになるとは、見たところ気づいてはいなかったが。テレサ・マリー・「テリ」・シャイボという その女性は、一九九〇年にフロリダ州の自宅で心停止になり、長時間の酸素欠乏のために広範に及ぶ脳損傷を負った。一九九八年に夫のマイケルは、栄養チューブを外して妻が死ねるようにしてほしいと、州の裁判所に申し立てをした。テリの両親のロバート・シンドラーとメアリー・シンドラーは、娘には意識があると主張してマイケルに反対した。

ケンブリッジの私たちは固唾を呑んで見守った。書籍の出版契約が結ばれ、ドキュメンタリーが撮影され、家族がテレビのリアリティ番組に出演し、訴訟が起こされ、生きる権利と死ぬ権利の擁護運動の双方の活動家が街頭に繰り出してデモを行ない、報道が過熱した。私たちイギリス人にしてみれば、常識外れもはなはだしかった。お茶を飲みながら、あるいはクロッケーをしながら、こんな会話が交わされるところが頭に浮かぶ。

「まあ、少なくとも大統領まで首を突っ込んだりはしていないから」

「おっと！　大統領も絡んでいるよ」

モニカ・ルインスキーとビル・クリントンの不祥事やO・J・シンプソン裁判がやっと片づいたばかりだったので、私たちはアメリカの法律制度はよくても予測不能で、ときとして滑稽だと思うようになっていたのだ。

まるで両国の違いを際立たせるかのように、イギリスはシャイボと同じような事例から立ち直りかけていた。その事例は、フロリダの騒々しい見世物のような雰囲気を伴ってはいなかったとはいえ、やはり胸の痛むものだった。リヴァプールのサッカーチームのサポーターで二二歳のアンソニー・ブランドは、一九八九年に九六人が亡くなったヒルズバラ・スタジアムでの群衆事故で負傷した。ブランドの事例に国中が何か月も夢中になり、裁判が何年も続いた。ファンは警察を責め、警察はファンを非難した。ブランドは深刻な脳損傷を負い、植物状態になった。病院は彼の両親の後押しを受け、彼に「尊厳を持って死ぬ」ことを許す裁判所命令を申請した。

判事のサー・スティーヴン・ブラウンはイギリスの法廷では初めて、経管栄養法は医療措置であり、医療措置を中止するのは適切な医療行為と言えるという判断を下した。ただちに反対の声が上がったが、いかにもイギリスらしいかたちをとった。公認事務弁護士によってブランドの代理人に指名された弁護士は、ブランドに対する栄養補給の停止は故意の殺人に等しいと主張し、判決を不服として上訴したが、上院に却下された。

ブランドは一九九三年、栄養と水分を含め、延命措置の停止を通して死ぬことを裁判所によって許された、イギリスの法律史上初の患者となった。異議は比較的少なく、たいした騒ぎは起こらず、マスメディアもかなり厳粛に扱うだけで、時代が変わったこと、「希望がない」場合には、患者は死ぬ権利の行使を許されるべきであることを指摘した。

これはイギリス独特の物事の進め方だった。丁重で、哀調を帯びており、ストイックで、標準的な手順から少しばかり外れる程度だ。一九九四年四月、生きる権利を擁護する運動家のジェイムズ・モロウ神父が、アンソニー・ブランドへの栄養補給と薬の投与を停止した医師を殺人罪に問おうとしたが、その訴えは高等法院によってたちまち却下された。

アメリカでの雰囲気や態度はまったく違い、騒ぎは最高潮に達していた。二〇〇三年、フロリダ州で「テリ法」が成立し、ジェブ・ブッシュ知事がこの件に介入する権限を得た。ブッシュは、一週間前に抜き取られたシャイボの栄養チューブをただちに再挿入するよう命じた。

シンドラー夫妻は、娘を生かしておくために陳情活動を行ない、さらに話題を呼んだ。二人は生きる権利を擁護する著名な活動家のランドール・テリーをスポークスマンに選び、法律上実行可能な選択肢を追求しつづけた。狂乱はエスカレートした。この事例は、マイクと口を持っている人全員の注意を引いた。

ようやく二〇〇五年、ある裁判所がシャイボの夫のマイケルに、栄養チューブを恒久的に抜くことを許可した。この事例に関する訴訟などを数え上げると以下のとおり。フロリダ州での一四回の上訴と、無数の申請や申し立てや審問。連邦地方裁判所での五回の訴訟。フロリダ州議会やジェブ・ブッシュ知事、連邦議会、ジョージ・W・ブッシュ大統領による強力な政治介入。合衆国最高裁判所による四回の裁量上訴の却下。法律専門家のデイヴィッド・ギャロウが『ボルティモア・サン』紙に書いているように、「アメリカ史上最もよく検討され、最も多く訴訟に持ち込まれた死」の幕が下りた。

死後解剖の結果、シャイボの脳は広範な損傷を受け、主要な皮質領域が著しく萎縮していることがわかった。損傷のあと、あるいは長い時間酸素が欠乏したあと、脳細胞が死に、新しい細胞に取って代わられないことがよくある。これは「アポトーシス」と呼ばれ、植物状態の患者に一般的なパターンだ。思考や計画、理解、意思決定といった認知の高次の面に不可欠なシャイボの皮質の部位が負っていた損傷を考えると、彼女が認識能力を完全に失っていたことは明らかだ。認知の基本的な構成要素、すなわち、私たちの意識を支える土台が破壊されていたのだ。

テリ・シャイボに意識があったかどうかを理解するのは、生後一か月の赤ん坊に意識があるかどうかを理解するのとは違う。一か月の赤ん坊たちの行動は紛らわしいが、意識があろうとなかろうと、意識が存在するのに必要な神経組織を彼らは間違いなく持っている。一方、シャイボにはそのような組織がないばかりか、それを持つ潜在能力もなかった。彼女はグレイ・ゾーンにはいなかった。ペンシルヴェニア州モンゴメリー郡でテレサ・マリー・シンドラーとして生まれ、初恋の人マイケル・シャイボと結婚した内気な女性は、もう存在しなかったし、二度と存在することもなかった。何がその人に取って代わったのか？　何とも言いがたい。ただ、テリ・シャイボがとうの昔にいなくなっていたことは、議論の余地もないほど明白だった。

シャイボの事例のおかげで、グレイ・ゾーンに対する世間の認識が具体的な形をとった。この事例で、脳損傷と科学が初めて大々的に法廷に持ち込まれ、科学、法律、哲学、医学、倫理、宗教の興奮の渦を巻き起こした。自分たちはグレイ・ゾーンを調べながらも、じつは、生きているとはどういうことかを調べているのだと、私は気づいた。私たちは生と死の境を探っていた。肉体と、人格を持った人間との違いや、脳と心との違いを突き止めるための核心に位置していた。物理学者で分子生物学者の偉人フランシス・クリックが、一九九四年の独創的な著書『DNAに魂はあるか』[2]で「驚くべき仮説」として書いているように、「『あなた』というもの、つまりあなたの喜びと悲しみも、記憶と野心も、個人的アイデンティティと自由意志の感覚も、じつは厖大な数の神経細胞の集まりとそれに関連した分子の振る舞いにすぎない」のだ。ほんの数年後、私たちは人間の頭の中にある一三〇〇グラムほどの灰白質と白質の塊が、私たちが持つ思考、感情、計画、意図、経験のいっさいをどのように生み出すかを解明しはじめることになる。

第六章　言語と意識

私の言語の限界は、私の世界の限界を意味する。
——ルートヴィヒ・ヴィトゲンシュタイン

「生きる権利」と「死ぬ権利」の争いが二つの国を引き裂いていたころ、私たちはテリ・シャイボやアンソニー・ブランドのような人の心を理解するのに役立つ証拠をせっせと集めていた。より多くの証拠、より信頼できる証拠が必要だった。議論の余地がない証拠がほしかった。シャイボの事例をめぐる大騒ぎで、それが嫌というほどよくわかった。私は、自分たちの研究の結果がなおさら大きな重みを持つだろうことを承知していた。もし、デビーやケイトの脳が私たちの「刺激」に応答するのを可能にしているものが何かを突き止められれば、意識そのものの秘密を解き明かす道を歩みはじめたことになる。

次のステップは、デビーやケイトのような患者には言語を理解する能力があると結論できるような実験を企画することだった。彼らの脳が音声を処理できることはわかっていたが、彼ら、つまり脳の中の人間は、その音声が実際には何を意味するのか、理解できるのだろうか？

ユニットでまさにこの問題に取り組んでいたのが、イングリッド・ジョンズリュードと同僚のジェニー・ロッドとマット・デイヴィスで、彼らは脳のどの部位が話し言葉の理解を司っているかを特定しようとしていた。彼らが行なった実験の一つの背後にある理屈は、簡潔かつ的確で、ユニットの伝統にたがわず少しばかり奇抜だった。もし音声を空電雑音に埋没させれば、言語理解を司る脳の部位は、聞こえてくるものから意味を引き出すためにいつもより一生懸命働かなければならないので、PETスキャン画像にはっきりと映る。ジョンズリュードらが企画していた実験は、自動車のラジオでまともな電波を探して周波数ダイヤルを回すのに似ていた。とても興味深いことを誰かが話している局にたまたま出くわしたのに、受信状況がひどくて、何を言っているのかほとんどわからないことがある。話題に惹かれるので聴きつづけるが、背景雑音から会話の内容を区別して捉えるためには、そうとう努力しなければならない。

イングリッドらは、まさにそれとそっくりの状況をPETスキャナーの中に作り出し、健常なボランティアたちに聞かせた。さまざまな明瞭さの文を聞かせたのだ。明瞭な音声に加える雑音の量が調整されていたので、簡単に理解できる文もあれば、少し努力しないとわからない文や、ほとんど理解不能の文もあった。文を聞き取るのが難しくなるにつれて、脳の左側にある側頭葉皮質の一領域での活動が盛んになった。理解するのが難しい文のときほどこの脳領域が一生懸命働き、使い果たされたエネルギーを補給するためにこの領域へと放射性の血液がどんどん流れたので、それがPETのスキャン画像に表れた。

私の心理言語学者の友人たちはこうして突破口を開き、音声を理解している脳と、たんに経験しているだけの脳とを区別する方法を見つけた。[1] これが答えということがありうるだろうか？　これが意識ある心の謎を解くカギなのだろうか？　その疑問に答えるためには、新たな患者が必要だった。

＊

二〇〇三年六月、ケンブリッジ出身の五三歳のバス運転手のケヴィンがひどい頭痛で倒れ、すぐにうとうとしはじめた。翌日、彼は反応が鈍り、体の片側が麻痺し、目の勝手な動きを止められなかった。アデンブルックス病院に入院してＭＲＩでスキャンすると、脳幹と視床で重篤な脳卒中を起こしていたことがわかった。意識にとって究極のダブルパンチだ。

すでに見たとおり、睡眠と覚醒の周期や心拍数、呼吸、意識など、脳の最も本質的な機能の多くは、脳幹に頼っている。脳幹はまた、聴覚や味覚、触覚、痛覚についての多数の感覚信号を視床に送る。視床は、さまざまな脳領域を、連絡し合うニューロンの信じられないほど複雑なネットワークで結ぶ、中心的な中継基地あるいはハブだ。脳幹と視床の関係は、すべてをまとめ、意識を保ち、私たちを生かしておくうえで欠かせない。まさに、ここが肝心かなめなのだ。

アデンブルックス病院に入院したあと、ケヴィンの覚醒レベルは不規則に上下したが、やがてまったく応答がない状態に落ち着いた。その後三週間、経過観察が行なわれたが、容体に変化はなく、彼は植物状態にあると宣告された。倒れてから四か月後の二〇〇三年一〇月、容体が十分安定しているのでスキャンできるという判断がなされたため、イングリッドたちが開発した新しいテストを試すことにした。空電雑音に埋没させた文の録音を聞かせながらケヴィンをスキャンし、理解できるかどうかを突き止めることを試みるのだ。成功の見込みはほとんどなかったが、試す価値はあった。

ケヴィンのスキャンが始まると、私は思った。ケイトとデビーに続いて三度も幸運に恵まれるだろうか？　ところが、驚いた。今度もうまくいった！　発話音声の処理を専門とするケヴィンの脳領域に強い応答が見られたのだ。これには胸が躍った。だがこれはけっして新しい結果ではない。比較用の信号相関ノイズとともに単独の単語を聞かせたときデビーの脳で見られたものと、ほぼ完全に同じだった。だが、デビーの場合と同じで、ケヴィンは損傷を負う前にしていたとおりに、依然として音声を処理していることがわかった。

デビーのときは、そこで行き詰まりになった。発話音声と非発話音声だけでテストし、そのあいだがなかったので、それ以上問いようがなかったからだ。そのため、彼女の脳が音声を理解できるかどうかという疑問は未解決になった。だがケヴィンの場合には、もっと多くがわかった。簡単に理解できる文と、少し努力しないと理解できない文と、意味をつかむのが難しい文を聞かせたときに彼の脳で何が起こるかを、私たちは注意深く比べた。

信じがたい話だが、ケヴィンの脳の左側頭葉にある上部と中部の隆起部で脳活動が起こっていることがわかった。それは、健常な実験参加者が空電雑音に埋没した文の意味をつかむために少し骨を折らなければならないときに活性化する脳の部位と同じだった。簡単に言えば、言語の理解は健常な参加者の左側頭葉での脳活動と強い関連がある。四か月にわたって植物状態にあるはずのケヴィンも、文をしだいに理解しにくくしたとき、それと同じ脳の部位の活動が変化した。これは、ケヴィンの脳がただ音声を聞いているだけではなく、理解している重要な証拠に間違いなかった！

＊

ケヴィンを最初にスキャンしてから九か月たっても、何一つ変わっていなかった。彼は依然として植物状態にあり、あいかわらず身体的な応答をまったく見せず、入院したままだった。私たちは、もう一度スキャンすることにした。結果は最初のときと瓜二つだった。前と同じ文を聞かせると脳が活性化した。文が空電雑音に埋没していて、理解するのが難しいときには、その活動が盛んになった。スキャンごとに活性化する脳領域は、九か月前に活性化した領域とほぼ完璧なまでに一致していた。私たちは自らの結果を再現できたのだ。ケヴィンの脳が意味を処理していることには、ほとんど疑いの余地がなかった。[2]

研究結果を再現できたことには満足だったが、いらだちもあった。ほんとうに知りたかったのは、今のケヴィンであるのがどのような感じなのか、そして、もし彼が少しでも痛みを経験しているのであれば、それを和らげられないか、だった。彼はケイトが感じたのと同じ激しい渇きを覚えているのだろうか？息を止めて自分の命に終止符を打とうとしただろうか？　あらゆる会話に耳を傾けているのか、それとも、この世界を離れて、悪夢と化した自分の人生から自らを切り離してしまったのか？　私たちにスキャンされたことを認識しているのか？　私たちが接触しようとしたことを知っているのか？　そもそも、そうしたことを気にしているのか？

これらの疑問には強く興味を掻き立てられたが、それに答えるためには、この研究に注意を向けつづけ、一歩一歩進み、科学的データを一つ残らず取り上げ、精査し、それからそれを使ってケヴィンの世界で何が起こっているかを想像していかなければならないことは承知していた。仮に、彼の世界というものがあるとすれば、だが。

＊

私たちはケヴィンとデビーの両方の事例で、言語と意識がどう関連しているかを依然として理解しようとしていた。前進はしたものの、意識にまつわる昔ながらの厄介な疑問がたくさん残っていた。ケヴィンの脳は文の意味を理解できた。「その男性は自分の新車で仕事に出かけた」といった文を聞いたとき、ケヴィンはその様子を心の目で経験するということなのだろうか？　彼はすっかり肉付けされた心象の流れを心の中で眺め、それについて考えたり、それに潤色したりさえできるのだろうか？　それとも、彼の応答はもっと低い、もっと自動的なレベルのもので、じっくり考えることができるような経験ではなく、単語と意味とのもっと単純な関連付けで、その文から浮かぶ心象は男性と自動車ぐらいのものなのか？「男性」「自動車」「仕事」はどれもありふれた名詞で、脳という装置にとってはおなじみなので認識できたが、ケヴィン（や彼に似たほかの人々）の場合は、完全に意識のある経験のかなめである詳細や心象を欠いているかもしれない。

　音声を理解する能力さえも含め、人間のとりわけ複雑な脳プロセスの多くは、私たちが完全に物事を認識できる状態にないときにさえ機能しつづけうる。眠っているとき（ぐっすり眠ってはいないかもしれないが、それでも眠っているとき）、近くの人がみなさんの名前をささやいたら、みなさんは目を覚ますかもしれない。それなのに、その人が誰か別の人の名前、とくに、みなさんにとって重要ではない人の名前を口に出しても、みなさんは眠りつづける可能性がある。

　これら二つの状況に対する応答の仕方が違うことから、脳は認識する能力が低下しているあいだも、周囲の音声の内容をモニターしてそれについて決定を下していることが裏づけられる。どういうわけか、脳には本人の名前は「聞こえる」のにほかの名前は「聞こえない」などということが、あるはずがない。なぜなら、もし「聞こえない」名前があったなら、脳はそれが本人の名前かどうか、知りようがないからだ。脳はすべての名前を認識しているに違いない。

　このロジックをさらに一歩進めよう。みなさんが眠っているとき、脳はまわりの音声を、いや、まわりのあらゆる音をモニターし、処理しているに違いない。そうしなければ、それがみなさんの名前か、誰か別の人の名前か、まったく名前ではないか、遠くの芝刈り機の音かを「判断」できない。みなさんは、その間のほとんどで眠っていて、自分のまわりで何が起こっているかや、それを脳がどう処理しているかを認識していない。これが当てはまるのは人間だけではない。飼い猫や飼い犬を見ているといい。大きいけれどなじみ深い音（たとえば、芝刈り機の音）が聞こえるなかで、平気でぐっすり眠っているのに、もっと小さいけれどずっと興味深い音（たとえば、ネズミが食器棚の中で何かを引っ掻いている音）が聞こえたら目を開ける。なぜそうなのかを理解するのは難しくない。それが生存に不可欠で、おそらく太古の昔から私たちの注意能力のレパートリーに入っていたからだ。何か潜在的に危険なもの（あるいは餌になりそうなもの）が音を立てたときには、私たちはみな目覚める必要がある。だが、もしあらゆる音にそれと同じ効果があったらどうなるか想像してほしい。私たちは一晩中、寝たり覚めたりを繰り返す羽目になる！

それでは、ケヴィンの頭の中の活動は、どう解釈するべきなのか？　彼の頭には意識があるのか、それとも、脳が務めを果たしているだけで、ケヴィンという人間は何も認識しないままなのか？

はっきりした答えはなかった。さらに探ってみなければならない。私はケヴィンの脳活動が一つの徴候であることを願った――彼は依然として物事を認識しており、今の状態を脱することを望み、私たちが彼を見つけて、私にはひどく苦しい状態としか想像できないものから救い出すのを待っていることを告げる、ささやかなメッセージであることを。だが、私の中には、その考えに身震いする部分もあった。ケヴィンは物事を認識する能力を持っていて、私たちがスキャンしたことを認識しているが、彼の脳活動が実際には何を意味するのか考えているうちに私たちが行き詰まってしまったことも認識している可能性を思うと、ぞっとした。なにしろ、もしほんとうに意識があるなら、ケヴィンは私たちが彼のもとで交わした会話をすべて聞いており、スキャンしたときに私たちが彼の心と接触しようとしていたことも知っているだろうし、私たちが結果をどう解釈したらいいのか見当もつかないでいるのも承知していることになる。彼は無人島に漂着した遭難者のようなもので、私たちという船がはるか沖合を通過してしまい、取り残された彼はいらだち、まごついているのだろうか？　私たちは、彼の悲惨な状況を、なおさら悲惨にしてしまったのだろうか？　私は、それについては考えまいとした。

ケヴィンが何を経験していたかはともかく、彼と出会って、彼の脳と接触した私は、またしてもモーリーンの苦境についてつくづく考え、二人の状況に共通性はないかと思いを巡らせた。たしかに脳損傷の原因は大違いだったが、その結果、つまり覚醒した無応答状態は、おおむね同一だった。ケヴィンが物事を認識しているのなら、モーリーンも認識していることがありうるだろうか？

＊

その後、すべてが変わった。

ウルフソンは関係筋を何か月もせっついたり甘言を弄したりした挙句、ようやく機能的磁気共鳴画像法（ｆＭＲＩ）スキャナーを手に入れた。一九九〇年代初期に人間用に開発されたこの驚異のテクノロジーは、まったく新しい可能性の世界を切り拓き、グレイ・ゾーンの科学の発展に革命を起こした。

ｆＭＲＩはＰＥＴとは完全に異なる技術的アプローチで脳画像を撮影するが、結果（思考と感情と意図に関連する脳活動の検知）はほぼ同じだった。脳へ酸素を運ぶ血液は、すでに酸素を届け終えた血液とは、磁場の中での振る舞い方が違う。言い換えると、酸素を豊富に含んだ血液と、酸素が乏しい血液とでは磁気的特性が異なるのだ。脳の中で活動が盛んな領域へは、酸素を豊富に含んだ血液が多く流れる。ｆＭＲＩスキャナーはそれを検知して、その活動がどこで起こっているかを特定できる。だがＰＥＴとは違い、ｆＭＲＩには「放射線負荷」の限度がない。それどころか、ｆＭＲＩには有害な影響が少しもないので、患者を何度でもスキャンできる。有望な結果が出はじめたら、スキャンを続け、何が起こっているのかを正確に突き止められる。行き詰まりになることはない。

ｆＭＲＩには、ほかにもっと重大な長所がある。ＰＥＴを使った場合にはいつもそうだったように、数分という時間幅ではなく、刻々と脳活動をモニターできる。これには大きな意義がある。そのうちでもとくに重要なのは、話し言葉を使う研究にとっての意義だ。私たちが言語を理解することを可能にする脳のプロセスは、分単位ではなく秒単位で作動するからだ。

普通、このページに書かれた文章を読んで理解するには、およそ一分かかる。ＰＥＴスキャンの一回分ほどの時間だ。だが、ページの終わりに来たときには、脳はすでに多くの異なる文を解読して理解している。人はページの終わりに行き着くまで待ってから内容を咀嚼したりはしない。それどころか、たとえそうしようとしても、できない。

言語の理解は継続的な作業で、脳は文章の書かれたページを分解し、一文一文、まとまりを処理して全体の意味を捉える。じつは、まもなく見るように、意味の理解はそれよりもなお低いレベルで起こる。だが、ｆＭＲＩで調べられる情報の塊の大きさ（「時間分解能」）は、私たちがどのように一文を処理するかを解明するのに十分だと言っておけば、とりあえず事足りる。ＰＥＴスキャンの時間分解能は秒単位ではなく分単位だった。ＰＥＴでは、脳がまる一ページにどう応答するかを調べるのが精いっぱいだったのに対して、ｆＭＲＩでは、個々の文がどう処理され、理解されているかを調べることができる。

これはきわめて重要な進展だった。なぜなら私たちは、ケヴィンが何を理解できるかを正確に突き止めることができずにいたからだ。彼は大きな概念や、一般的なテーマ、起こっていることの大まかな要点をつかんでいるだけかもしれない。それとも彼は、みなさんや私とちょうど同じように、話し言葉の内容を一文ごと、単語ごとに識別できるのだろうか？

＊

文章を読むのと似て、母国語の明瞭な音声を理解するのは、普通はあまりに楽なので、それがほんとうはどれだけ複雑な作業かを私たちは認識していない。文を理解するためには、一つひとつの単語をすべて識別するだけではなく、それらの単語の意味を検索し、それを適切に組み合わせなければならない。

厄介なのは、英語の単語の多く（およそ八割）が曖昧な点だ。同音同綴異義語《どうおんどうてついぎご》は、「bark」のように綴りと発音が同じで意味が異なる（「bark」には「吠え声」や「樹皮」などの意味がある）。同音異綴異義語《どうおんいてついぎご》は、「knight」と「night」のように、発音が同じだが綴りと意味が異なる。「The boy was frightened by the loud bark」という文を聞いたら、「bark」という曖昧な単語が樹木の外側の皮ではなく犬が出した声であることを理解しなければならない。脳は文の残りの部分が提供してくれる文脈を利用して、そうする。ｆＭＲＩを使えば、「The boy was frightened by the loud bark」のような単文の正しい意味を脳が数ミリ秒で解読するところを見ることができる。(3)

イングリッド・ジョンズリュードらは、意味の曖昧さを活用して、健常者の脳が話し言葉をどう理解するかを突き止めようとした。彼女らが行なったｆＭＲＩ研究では、健常な参加者がスキャナーの中に横たわり、「The shell was fired toward the tank」のような、複数の意味を持つ単語をいくつか含む文を聞いた（「shell」「fired」「tank」は、みな複数の意味を持っている）。参加者たちは、「Her secrets were written in her diary」のように、曖昧な単語が一つも含まれていない文も聞いた。二つの種類の文はみな、心理言語学的に重要な点の数々で十分釣り合いがとれているので、曖昧な単語を含んだ文のほうが、識別して文脈にふさわしい意味を選ぶとき、脳は処理するのに手間がかかるだろうというのが、イングリッドたちの推測だった。はたして、曖昧な単語を含む文を聞かせたときのほうが、脳の左側頭葉と、両方の前頭葉下部の脳活動が増加した。これら二つの領域が、話された文の意味を理解するのに重要だということだ。

　これは、ケヴィンのＰＥＴスキャンの結果と、彼の言語理解が実際にはどのようなものかを私たちが考えるうえで、決定的に重要な情報だった。スキャナーの中に横たわって二つの異なる種類の文を聞くという単純な課題を人に与えれば、その人の脳が文の残りの部分の文脈（あるいは「意味」）にその単語を結びつけることによって、曖昧な単語の持つ意味の可能性のうちの一つを選べるかどうかを明らかにできるようだった。これはたしかに、最高レベルの言語理解ではないか？　言語を理解するのに、これ以上のことがあるだろうか？　これ以上難しくなりようがあるだろうか？　私たちはもう、単語とその意味とのあいだの、一般的で、ことによると自動的なつながり（私は「犬」がある種の「動物」であることを知っている）のような、あやふやで不完全な意味合いで言語理解について語っているのではなかった。今や私たちが語っているのは、文全体、曖昧な文全体の理解であり、それは、個々の単語の複数の意味が記憶から引き出され、文の残りの部分が提供する文脈情報に対する個々の単語の関係に基づいて適切な意味が選ばれたとしか考えようがないかたちでなされていたのだ。

　言語理解が意識のカギかもしれないことに、私たちは気づきはじめていた。言語イコール意識という意味ではなく、ある人が言語を最も複雑なレベルで理解していることを示せれば、その人には意識がある可能性が高いということだ。哲学者なら、アップルのＳｉｒｉ（シリ）のような、音声をテキストに変換する装置は、何らかの意味で言語を理解すると主張するかもしれないが、Ｓｉｒｉのたぐいには意識がないという点には、彼らもおそらく同意するだろう。とはいえ、先ほど説明したものとまさに同じような、意味の曖昧さを伴う状況でこそ、機械は対応できなくなる（人間にはできる）。ニール・アームストロングとバズ・オールドリンが月面を歩いたのは五〇年近く前だが、地球上の最高の頭脳をもってしても、人間の発話を間違えずに理解する機械は、依然として作れないようだ。

それはなぜか？　問題の一つは、人間の発話は、個々の単語が曖昧ではないときにさえ、曖昧さだらけである点に帰せられる。「He fed her cat food」という文を考えてほしい。彼は女友達の猫に餌をやったのか、それとも、キャットフードを女友達に食べさせたのか？　この一文だけに基づいて判断することはできない。文が曖昧だからだ。私たちの脳は普通、文脈を考慮に入れることによって、こうした曖昧さに対処する。この文が口にされたとき、彼の女友達の猫について話していたのか？　それとも、女友達の奇妙な食習慣について話していたのか？　機械やソフトウェアは、どうしたらその区別をつけることができるだろうか？　それは無理だ（いや、少なくとも、たいていの場合は無理だ）。なぜなら、機械やソフトウェアは発話を耳にした人とは違い、その人にその瞬間や、その日、先週、そのほか人生のあらゆる時点でも起こったことを、すべて「認識」しているわけではないからだ。発話を耳にした人は、それらの情報から文脈を提供してもらい、「He fed her cat food」という文が持ちうる二つの意味のうち、どちらがこの時点にふさわしいかを理解できる。

ここで繰り返しておく価値があるのだが、イングリッドたちは、二か所の脳領域（左側頭葉の後部底面寄りと、前頭葉の下部）が、口に出された文の意味を理解するのに重要であることを示した。曖昧さがあるときには、これらの領域がそれを解決しようとする。だが、事はさらに込み入ってくる。話し言葉の理解には、脳の記憶のネットワークも欠かせない。もし例の女友達は猫を飼っていないことを私たちが思い出せば、「He fed her cat food」の解釈としては、彼女が猫用のペットフードを食べた可能性が高まる。キャッとはいえ私たちは、人が普通キャットフードは食べないことを、これまでの記憶から知っている。キャットフードを食べるのは猫だ。だから、こうした脳のプロセスがすべて、徐々に協力して言語の曖昧さの問題を解決する。

ここに言語と意識のつながりがある。単語の曖昧さの解消、文脈の解読、長期記憶からの情報の引き出し、社会規範の正しい認識（大多数の人はキャットフードを食べない）といった、じつに多くの複雑な認知的プロセスが、言語の意味の理解には必要なので、脳がそれをすべて効果的にこなしていることが示せれば、脳が無意識であるはずがないように思えてきていた。私たちは言語を通して、人間の意識の基本構成要素が何であるかを、一つずつ、だんだんと解明しつつあった。

＊

ｆＭＲＩは、グレイ・ゾーンの科学の発展に途方もなく重要な役割を果たすことになる驚異の新テクノロジーだった。そのｆＭＲＩスキャナーの中に入ってもらった患者の第一号がケヴィンだ。スキャナーの長いトンネルからは、ソックスを履いた彼の足が突き出ていた。スキャナーは、ブーンという音とドンという鈍い音を立てて始動した。電波が一気に放射され、ｆＭＲＩ特有の（そして、非常に大きな）、ピッ……ピッ……ピッという音が聞こえはじめた。

ケヴィンは知ってか知らずか、グレイ・ゾーンの科学の発展に貢献し、意識があるとはどういうことかを理解するのを助けていた。とはいえ、私たちの実験に参加しても、おそらく彼個人には何の恩恵もないだろう。このスキャンは、グレイ・ゾーンの科学というジグソーパズルの重要なピースではあったが、私たちは患者を救えるような措置の開発には程遠かった。それでもケヴィンが、パズルを急速に埋めつつある多くのピースの一つであり、彼に続いてグレイ・ゾーンに陥るだろうほかの患者に、いずれ臨床的な恩

曖昧な単語を含む文の例：

There were *dates* and *pears* in the fruit bowl.

対照する文の例：

There was beer and cider on the kitchen shelf.

ケヴィンの fMRI 実験では 59 通りのこのような文章の組み合わせを用いて脳の応答の詳細を調べた。少し努力しないと理解できない文には，両義的な語（*dates* のように異なる二つの意味がある単語や，*pears* / *pairs* のように発音からは二つの語のどちらか聞き分けられない単語）が二つ以上含まれている．二つの文は，シラブルの数，読んだときの長さのほか，言語学的に意味のあるさまざまな要素が慎重に調整されている．詳しくは註 4 の文献を参照されたい．

恵がもたらされる見込みがあると思うと、元気が出た。

曖昧な単語を含む文をケヴィンに聞かせると、健常なボランティアの場合とまったく同じように、彼の側頭葉が活性化した。脳の下寄りで後部に近い部分での左半球の集中的な活動は、意味の処理に重要であることが、それまでの研究からわかっていた。ケヴィンは植物状態にあると診断されていたにもかかわらず、曖昧な単語を含む複雑な文を理解するために、脳が依然として活性化し、文脈にふさわしい単語の意味を選んでまとめていた。

この種の実験は、それまで一度も行なわれたことがなかった[4]が、非常に手の込んだ心理言語学的な文によって、言語理解の最も複雑な面を司る脳領域に、とても鋭敏な変化が生み出された。ケヴィンの脳は依然として、複雑な文を処理し、何らかの意味を引き出しているようだった。

*

ケヴィンのｆＭＲＩスキャンの数か月後、私はケンブリッジで開かれた臨床職員と看護職員の大切な集まりで、この結果を興奮ぎみに発表した。ケヴィンについてや、彼のような患者ができることについて、新事実を自分たちが突き止めたと感じていたからだ。新たな地平を切り拓いているのだ、と。だが、聴衆の反応には屈辱を味わうと同時に、目を開かれる思いだった。私たちが示したこと、すなわち、非常に手の込んだ曖昧な文に対してケヴィンの脳が応答したことだけでは、不十分だったのだ。聴衆は、私が胸に手を当てて、「スキャンの結果は、ケヴィンには間違いなく意識があることを確証しています」と言えることを望んでいた。心理学的な刺激がどれほど複雑であろうと、テクノロジーがどれほど進んでいようと、私たちがどれほど自分は賢いと思っていようと、ケヴィンには意識があるという、議論の余地のない証拠を提供できないかぎり、ほんとうに彼に意識があるとは、誰も信じてくれない。彼に意識があるかもしれないとすら、信じてはくれないのだった。

＊

ケヴィンのスキャンの件で科学的ないらだちを覚えていたからかどうかはわからないが、私は二〇〇四年に、一息入れる必要があると判断した。前の年、前頭葉の機能とパーキンソン病にまつわる自分の研究について基調講演をするため、オーストラリアのシドニーに招かれ、ニューサウスウェールズ大学の精神医学分野の学者数人と知り合った。彼らは新しいｆＭＲＩスキャナーを手に入れたばかりで、またここへ来てもっと長く滞在し、画像研究プログラムを始めるのを手伝ってほしいと誘ってくれた。

渡りに船とばかりに私はオーストラリアを訪れ、クージービーチにアパートを借り、素晴らしい四か月を過ごした。サーフィンの聖地であるボンダイビーチから二つばかり入り江を隔てて南にあたる場所で、黄金色の砂、容姿端麗な人々、絶え間なく降り注ぐ日差しという取り合わせは、イギリス人にとってはこれ以上ないほど天の楽園に近かった。午前中はビーチで過ごしたり、美しい崖の小道を散歩したりした。独りきりだった。そして、考える時間はたっぷりあった。

モーリーンの事故から八年になる。モーリーンのあと一年もしないうちにケイトが続いた。それから、デビーとケヴィンだ。シャイボ騒動は収束に向かっていた。彼女は数か月のうちに亡くなる。私の科学的関心は、キャリアの大半を通じて携わってきた研究（前頭葉の機能と、パーキンソン病のような異常とその機能との関連）から、グレイ・ゾーンに閉じ込められた患者の意識の研究という新興分野へと、少しずつ移っていた。

この新しい分野は無視できなかった。刺激的で、元気が湧くし、（奇妙な、科学的な意味で）魅惑的だった。それは、目的ある脳画像研究だ。もう、たんなる科学のための科学ではない。現実の問題を抱えた生身の人間、モーリーンのような現実の人間のためになるだろう結果が得られる明白な見込みを持った、科学的探究の旅だ。どうやってその結果に行き着くのか、はっきりとはわからなかった。実験をするたびに、得られる答えと同じぐらい多くの疑問が生まれたが、新たな疑問のどれもが、解決した疑問に少しも劣らぬほど好奇心をそそる。

唯一の問題は、その疑問をどこに持っていけばいいのかがわからないことだった。次のステップは何か？　理解を深めるために私たちが次に投げかけるべき疑問は何か？　私は行き詰まっていた。だがそのとき、閃いた。答えは鼻先にあった。私の研究の、一見するとつながりのない二つの道筋は、けっきょくそれほど無関係ではなかった。それどころか、両者はほんとうに緊密に関連していたのだ。研究の進路は目の前に延びていた。ただそれまで、目に入らなかっただけのことだ。

第七章　意志と意識

どんな松明《たいまつ》に火をつけようと、それがどれだけの空間を照らし出そうと、
私たちの地平はいつも夜の深みに取り囲まれている。
――アルトゥル・ショーペンハウアー

ケヴィンについて最後に聞いたのは、彼が脳卒中を起こしてから二年以上たった二〇〇五年だった。そのころには容体が安定し、入所型の介護施設で過ごしていたが、植物状態という診断に変わりはなかった。私たちが接触しようとしたことを知っているかどうかが気になった。介護ホームの職員はケヴィンの実験結果を知っていたが、それで彼の日常に違いが出ているか？　扱われ方が違っているか？　彼は言葉が理解できるかもしれないから、職員は話しかけるか？　読み聞かせをするか？　私はおそらくその答えを知ることはないだろう。それははがゆくはあったが、どうしようもなかった。

ケヴィンをスキャンしたのと同じころ、私は指導しているポスドクの一人、アンジャ・ダヴと、あるfMRIのプロジェクトに取り組み、前頭葉が記憶にどう寄与するかを調べていた。私たちは、はっきりした意図を持って記憶を保存するとき、つまり、これは覚えておく必要があると自分に言い聞かせるときには、前頭葉が重要なのではないかと直感的に思っていた。前頭葉は、「自動的」記憶とでも呼べるものに

とっては不可欠ではない。「自動的」記憶とは、自分の車がどんな外見をしているかや、自宅でどうやってバスルームを見つけるかといった、日常生活を送るあいだに、望むと望まざるとにかかわらず、何の努力もせずに覚える詳細や事実だ。前頭葉が絡んでくるのは、わざわざ書き留めるまでもないほど短い電話番号や住所や買い物リストを自ら進んで覚えようとするときだ。両者の区別は、私の頭の中で形をとりつつあった研究にとって重要だった。それは、傍目《はため》には植物状態にあるように見える人の少なくとも一部には意識があることを示す研究だ。私たちがスキャナーの中で提示した刺激に対してそういう人が見せた応答は、自動的で無意識のものだと主張する人が多かった。

クージービーチに打ち寄せる波を眺めているうちに、さまざまな思考の断片が結びつき、一つにまとまりはじめた。やがて、まったく予想していなかったときにだけ訪れる、霊感を受けたかのような瞬間に恵まれ、意図と意識が分かちがたく結びついていることに私は思い至った。意図の存在を実証できれば、意識も存在すると推定できる。そして、意図は、前頭葉の記憶の実験を通して、私たちがすでに探究していた認知の形態にほかならなかった。これを理解するには、もう少し説明が必要だ。

美術館の中を見てまわっているところを想像してほしい。一時間ほどのあいだに何百点という絵画を目にする。ユニークで際立ったものもあれば、色や題材や表現様式の点で似たものもある。みなさんはどれも、覚えようと特別の努力はしていないとする。ずっとのちに、その美術館をふたたび訪れることがあったら、たしかに見た記憶のある絵と、そうでない絵があるだろう。見覚えがあるような気がするけれど、ほんとうに見たかどうか自信が持てない作品もあるだろう。この絵は前回見たと思っていても、じつは以前に見た似通った絵と混同しているかもしれない。

ほとんどの記憶とはそういうものだ。まわりの世界には覚えるべき情報が山ほどある。そして、実生活は記憶テストとはわけが違うから、私たちは経験する物事をいちいち努力して意識的に記憶しようとはしない。ただ経験するままに生きている。頭に残る事物もあれば、残らないものもある。一般に、頭に残るのはユニークで際立った事物で、残らないのは経験済みのほかの情報に似ていて、その分だけ混同しやすい情報だ。

だからといって、私たちはぼうっとした状態で歩きまわっているわけではない――少なくともほとんどの時間は。私たちはたいてい、（一部の認知神経科学者の言葉を借りれば）「注意のスポットライト」を照らしている。このスポットライトが当たっている事物は、私たちが好むと好まざるとにかかわらず、記憶にとどまる可能性がかなりある。私たちが何かの対象に注意を向けると、脳の中に表象が形成される。それは、その対象の大きさや形、それがどのように聞こえたり、見えたり、感じられたりするか、何に似ているか、前に見たことがあるかどうかに応答して発火するニューロンの群れだ。物理的な性質から、位置、同時にそこに存在するものや頭の中に存在するもの（たとえば、以前の記憶）との関連性まで、注意のスポットライトが当たっている対象のあらゆる面が、ニューロンの発火によって「表象」される。それが記憶の生理学的基盤であり、自分が目にしている対象のような、物理的な世界にある事物を、脳の中の、発火するニューロンのネットワークへと表象しなおすことだ。特定のネットワークを構成するニューロンがいっしょに発火するので、それが記憶（後日検索できる、継続的で安定した表象）として保存される可能性が高まる。二〇世紀の有名なカナダの神経心理学者ドナルド・ヘッブの言葉を言い換えれば、「いっしょに発火するニューロンはつながる」のだ。[1] ヘッブが言おうとしていたのは、以下のようなことだ。私たちの経験や思考、感情、身体的感覚はみな、何千ものニューロンを活性化し、それがその経験の神経ネットワーク、すなわち「表象」を形成する。その経験が繰り返されるたびに、それらのニューロンのあいだの接続が強まり、その「表象」は脳の中の「記憶」として定着していく。

掛け算表のように、人が自ら意図して覚えようとする種類の記憶とは違い、この種の記憶は脳の側頭葉で行なわれる。どちらかと言うと、すべてが自動的で、意識の制御の外にある。心理学者はそれを「再認記憶」と呼ぶ。私たちがその記憶を認識するのは、以前に経験した事物を自然に「再認する」ときだけであることが多いからだ。再認記憶には前頭葉は必要ない。私はモーリーンとともにロンドンで過ごしていた日々に、脳の前部に広範に及ぶ損傷を負った患者が以前、束の間しか目にしていない写真でさえあいかわらず再認できることを示した。[2] それに対して、側頭葉の手術を受けた患者は、わずか数秒前に目にした写真を再認するのにもひどく苦労した。前頭葉が力を発揮するのは、私たちが何か具体的なことを記憶したいと実際に望むとき、すなわち、何かを記憶に刻みつけるという意識的な願望あるいは考えを持っているときに限られる。

なぜこの二通りの記憶保存法があるのかは不明だが、この仕組みはとても強力で、意識とおおいに関係がある。もし、意図的に覚えることにした事物しか記憶できないとしたら、四六時中、困ったことになるだろう。義母に初めて会ったときに、顔を覚えておかなければならないことを忘れてしまったらどうなるか、想像してほしい。翌日出会ったときに相手が誰だかわからなかったら、どれほどばつの悪い思いをすることか。脳はそうした事物を自動的に覚えてくれるのだからありがたい。おかげで私たちは、毎回自分で覚えるように気をつけていなくても済む。私たちが覚えることの多く、さらには、覚える必要があることの多くさえもが、意識的かつ入念に学習する必要がないので、この仕組みは効率的だ。また義母に会ったときにだけ再認できれば、それで十分なのだ。

とはいえ、記憶全体がつねに自動操縦になっているのも望ましくない。何が最も重要なので覚えておくべきかを判断する能力も、ある程度はほしい。義母に紹介されたときに、同時に、大勢のやかましいおばや遠い親戚にも紹介されたとしたら、義母の名前に意識を集中して、それを覚えておく必要がある。将来、その名前を忘れたときの報いが最大であることに疑いの余地はないからだ。注意のスポットライトを少しばかり義母に向けるだけでは足りない。しばらく意識的な思考に自分を向かわせ、前頭葉の記憶システムを起動し、ほかの何よりもその名前を覚えるために、特別の意図的な努力をする必要がある。意識が本領を発揮するのが、まさにこのときだ。

この意図を持つこと、すなわち、何を覚えておき、何を忘れるかを側頭葉の気まぐれな記憶システムに任せておくかわりに、物事を記憶に刻みつける意図的決定を下すことは、意識的な行為だ。掛け算表を覚えるのと同じで、義母の名前を覚えると将来役立つので、意識的なエネルギーを投資する価値がある。

私はクージービーチで気づきはじめた。記憶が自動的に保存されるか意図的に保存されるかを理解するのが、植物状態の脳の中の応答が意識的なものかどうかを理解するカギかもしれない。もし意図的であることが示せれば、それは間違いなく意識的だ。逆に自動的なら、意識的ではないかもしれない。

それをはっきりさせるには、また美術館にいるところを想像するといい。展示作品を見てまわりながら、ある絵を、これだけは覚えておきたいと思ったら、みなさんはその絵を記憶する意識的な決定を下し、意図的に（承知のうえで）その絵を記憶に刻みつける。ずっとあとでふたたび美術館を訪れたとき、その絵を覚えている可能性は高く、ほかの絵を覚えている可能性は低い。それはなぜか？　なぜならみなさんは前頭葉を使って、その芸術作品に特別の重要性を持たせ、意図的に、努力して覚えようとしたからだ。

毎日どこに車を停めたかを覚えておくというのも、前頭葉がどう働くかを示す恰好の例になっている。この場合、みなさんは自分のワーキングメモリーの中で、今日停めた場所に特別の重要性を持たせ、一日の終わりにもう必要なくなる（車に戻る）までだけ、そこにとどめておく。だが、これは長期記憶にも当てはまる。美術館を訪れて後日また訪れたり、義母の名前を覚えておいたりするときだ。みなさんが望めば、前頭葉は記憶の痕跡を強め、あとでうまく引き出す可能性を高めることができる。

おばや遠い親戚たちの名前に圧倒されているときには、取って置きの手を使わざるをえないかもしれない。「背外側前頭皮質《はいがいそくぜんとうひしつ》」と呼ばれる、前頭葉の中央上部にある領域を活用するのだ。[3] 脳のこの領域は、見出しをつけて分類するのが得意だ。多くの名前を与えられ、みなさんの脳の中でそれらが注意を得ようと競い合っているが、特別な重要性を持たせたい名前（義母の名前）はそのうちの一つか、ほんのいくつかにすぎない場合にこの皮質が活躍する。この領域は、記憶の検索をより正確にする（義母はジョーと呼ばれることを望んでいるのか、それともジョゼフィーンと呼ばれたがっているのか）ための特別な機能も果たすことができる。また、頭に焼きつけられた執拗な記憶を、必要に応じて無効にすることもできる（過去にサリーと三〇年にわたって結婚生活を送った人は、今の妻の名前がペネロペであることを思い出すためには、いくらか特別な骨折りをし、背外側前頭皮質に献身的な情報提供をしてもらう必要があるかもしれない）。前頭葉は、よりいっそうの制御能力を与えるという、このためにこそ進化したらしい。そのおかげで私たちは、自分こそが決定を下している、采配を振っている、人格を持った人間である、自己であるという、よりいっそうの感覚、何者かであるという感覚が得られるようだ。

それならば、脳のこの領域が、一般的知能（g）のさまざまな面やIQテストの成績とも結びつけられてきたのも、驚くにあたらないはずだ。[4] 論理的に考えたり、複雑な問題を解いたり、事前に計画を立てたりする能力はすべて前頭葉に頼っている。これらは、私たちが人生でどれだけ成功するかを決める、きわめて重要な認知能力だ。たとえば、学業成績はgのテストの点数と相関があることが繰り返し立証されている。gの点数は前頭葉に依存しており、前頭葉は、さまざまな状況で私たちの役に立つような賢いかたちで記憶を扱う能力を決めているからららしい。この場合も、事実を学習するだけでは足りない。大事なのは、学んだ事実をどうするか、なのだ。

＊

前頭葉と側頭葉による記憶の扱い方の関係における微妙な点について、今なら語れるが、アンジャと私がその問題に取り組んでいた二〇〇四年には、両者の相互作用はあまりよくわかっていなかった。私たちはいかにもユニットらしい流儀を踏襲し、fMRIスキャナーの中に美術館を現出させ、仮説を検証した。大勢の健常な参加者に、前に見たことがない（したがって、以前の経験から思い出すことがない）と思ってよさそうな無名の絵画を何百枚も見せながら、脳をスキャンした。スキャンのあいだ、ときどき参加者に合図して、次の絵を記憶にとどめるために特別努力するように指示した。それ以外には、そうした合図も、特別な指示も出さなかった。

私たちの仮説は正確そのものだった。実験に参加してくれたボランティアたちが明確な指示なしに芸術作品を見ていると、側頭葉の皮質の活動は盛んになったが、前頭葉の皮質の活動に変化はなかった。絵のうちには、あとで思い出されるものもあれば、思い出されないものもあった。参加者に特定の絵を覚えておくように指示すると、予想どおり前頭葉の活動が盛んになったが、側頭葉の活動が増えることはなかった。

さらに重要なことがあった。スキャンのあとも、スキャン中に積極的に覚えようとした絵はほかの絵よりもずっとよく記憶されていたのだ。それ自体が興味深いことで、アンジャと私が二年後に『ニューロイメージ』誌に発表すると、[5] 前頭葉機能に関する科学文献にささやかな影響を与えた。だが、二〇〇四年にシドニーのビーチに座っていたときにはその結果をすでに知っていたし、ケヴィンのことを考えると、その結果はまったく異なる種類の意味を持ちはじめた。

前頭葉の活動を引き起こす条件と起こさない条件の違いは、それぞれの絵を見る前に与えた指示だけだったから、観察された脳活動は、外の世界の性質が何か変わった結果ではなく、ボランティアの意図（記憶された指示に基づくもの）を反映しているとしか考えられなかった。つまり、参加者が覚えておくように言われた（そして、その後、よく覚えていた）絵と、指示を与えられなかった絵とは、物理的に何の違いもなかった。指示のあった絵のほうが覚えるのが簡単だったわけではない。唯一の違いは、参加者が絵を見たときにしたこと（つまり、絵を覚えようとしたこと）であり、それは彼らの意識的な意図、あるいは「意志」に基づいていた。

みなさんは、私が事実を偽っている、覚えるか覚えないかの決定は参加者が与えられた指示の結果だと思うかもしれない。指示の結果だというのは正しいが、正しいと言っても部分的であり、それだけの話ではない。

美術館の話に戻ろう。私がみなさんに、どれか絵を一枚選び、それを特別よく覚えておくように指示したとする。アンジャとfMRIスキャナーで行なった実験のときとちょうど同じように、私はみなさんに明確な指示を出した。だが、みなさんはその指示を実行に移すだろうか？　どれか一枚の絵を選んでそれを覚えておくという、特別の努力をするだろうか？　さまざま理由から、そうしないかもしれない。美しさに酔いしれ、どれであれ一枚に特別の注意を向けることなしに美術館をあとにするかもしれない。あるいは、たんに私に従わないことにするかもしれない。私は指示を出すが、みなさんはそれを無視することを選ぶわけだ。どの作品もとくに覚えておこうとせずに美術館の中を歩きまわるのは、造作もない。努力してどれかを覚えておくようにという、まさにそんな指示を受けていたとしても、だ。ようするに、スキャナーの中の参加者に指示を出すことはできても、それを実行するかどうかは参加者の意志にかかっている。彼らの、意識的な意志に。彼らは指示に従うことを無意識のうちに忘れかねないが、もし従ったとしたら、それは意識的な行為であり、意図であり、主観的意志の行為だ。大おばや遠い親戚たちはみな犠牲にしても義母の名前を覚えておくために特別の努力をする決定とちょうど同じで、これも、ただ偶然起こることではない。本人がそうすると決定しなくてはならない。

私はシドニーのビーチで気づいた。絵をただ「見る」のではなく「覚えておく」という決定は、前頭葉が記憶にどう貢献しているかについての研究でアンジャと私がスキャンした健常なボランティアには意識があるという明白な証拠だ、と。当時、私たちは参加者に意識があるかどうかには関心がなかった。彼らは健常なボランティアなので、明らかに意識があったからだ。だが、ケヴィンのような人で同じ結果が得られたら、それは何を意味するのかを私は想像しはじめた。ケヴィンにたくさんの絵を見せ、そのうちほんのいくつかだけを覚えておくように言い、それらの絵のときにだけ前頭葉が応答しているのが見られたら、それは何を意味するのか？　それは彼に意識があることの絶対的な証拠になりはしないか？　それらの絵のときだけケヴィンの前頭葉が急に活動を始めるとしたら、彼は私たちの指示を覚えていて、それを実行に移すことを意識的に選んでいるとしか考えられないのではないか？

これだ、と思った。私は思いがけず、答えを見つけたのだ。植物状態の患者に、指示に応答させればいい。意識的な決定を下さなければできないことをするように求める指示に。自動的にできることではなく、するかしないかを選べることをするように求める指示に。彼らがその指示に従えば、疑い深い人たちを黙らせるのに必要な証拠が手に入る。

グレイ・ゾーンに入る道、私たちがあれほど断固として探し求めてきた、捉え所のない内なる世界へと続く道を、私は見つけたのだ。内からの信号が万一伝わってくることがあれば、それが、生き、考えている人間、自分自身と世界とその世界における自分の居場所の感覚を持ち合わせている人間の存在を反映していると、確信を持つための道を。それが意味するものは計り知れないほど大きかった。意識的な決定がなされている証拠さえあれば、意識があることを証明できる。それがすべてのカギだった。もしこの実験が成功し、応答がない患者が、ｆＭＲＩスキャナーで検知できる意識的な決定を下せることを示せれば、その患者には意識があることが明確になる。いったんその扉を突破すれば、可能性は無限に見えた。向こう側に続く新しい鍵穴のおかげで、私たちはそのような患者たちの心と接触できるだろうか？　そちら側にいるのはどのような感じなのか、尋ねられるだろうか？　彼らは自分の望みを私たちに伝えられるだろうか？　自分の運命について知っていることや、どのようにしてその状態に至ったかや、時間の経過を認識していることを、私たちに語れるだろうか？　好き嫌いや、どうすればもっと快適になれるかを表現できるだろうか？　生きたいか死にたいかを語ることさえできるだろうか？　グレイ・ゾーンに踏み込むことは、かつては不可能と思われていたが、今や私たちは、たった一つ実験が成功すれば、そこに踏み込んだときにどうするかを考えなくてはならなくなる段階までたどり着いていた。

こうして帰国する時が来た。

第八章　テニスをしませんか？

ラケットに語ってもらうことにする。
——ジョン・マッケンロー

私はケンブリッジに戻り、二〇〇四年六月、スティーヴン・ローリーズが計画した国際意識科学会第八回年次会議で講演するために、列車で海峡トンネルを通ってアントワープに行った。

会場に着くと、アントワープ大学の講堂を探し当てた。窓がない、床の傾斜がきつい場所で、数百人の出席者が着席していた。私の番が来たので、重要な三人の患者全員について順番に熱心に説明した。ケヴィンの話で三〇分の講演を締めくくったのは、科学的な意味で私たちが今どこにいるかを、彼の事例がいちばんよく示しているからだ。ケヴィンの事例は私たちにとって、まったく応答のない患者の脳が文の意味を解読できることの最初の証拠だった。だが、これはケヴィンに意識があることを意味するのか？　私はその疑問には、答えずじまいにした。そうするのがふさわしい場だった。意識を調べている哲学者、神経科学者、麻酔医、そのほかの臨床家からなる聴衆の多くは、意識そのものではなく、意識に問題が生じたときに何が起こるかを中心にまとまりはじめていた。「意識障害」という分野は、ようやく形をとりだしたところだったが、ニコラス・シフ、ジョー・ジアチーノ、そしてもちろん、スティーヴン本人といった、この分野の主だった先導者はみな出席していた。

アントワープの美しいブランティザー・レストランで催されたレセプションでは、喧噪を押し分けるように響いてくる、たった一つのチェロの忘れがたい音色に、私は気もそぞろだった。ディナーの席に着くと、メラニー・ボウリーというベルギー人が私の隣に座った。神経科医になるために研修中の人で、チェロを弾いていたのが彼女だった。私はたちまち強烈な印象を受けた。彼女はカリスマ的で、才気煥発で、これほど早口の人にはお目にかかったことがなかった。私たちは音楽と科学について話し合った。彼女は心理学の専門知識を深めたがっていたので、ケンブリッジを訪れればちょうどいいということになり、翌年の五月と六月に客員研究員として私の研究室で働く話をスティーヴンとまとめた。メラニーはこの分野を前進させるのを手伝ってもらう候補として最適だったので、スティーヴンは費用を出すことに喜んで同意してくれた。翌朝、私は楽観的な気分を新たにして、イギリスに戻る列車に乗り込んだ。しなければならないことはわかっていた。あらゆるピースがぴったりとはまりはじめていた。

*

というわけで二〇〇五年の春、陽気が良くなるころ、メラニーと私は、前頭葉と、それが意図と意志に果たす役割についてわかっていることを、身体的応答のない患者の意識を識別するための実行可能な解決策に変える方法の考案に取りかかった。私は、「能動的課題」（患者の何らかの意図的な心的活動を伴う課題）を使うという考えの虜になっていた。私たちはユニットの庭の古い木のベンチに腰掛け、アイデアを交換した。芝生の中央には枝先の垂れ下がったクワの木が立っており、初夏の日差しをちょうどうまい具合に遮ってくれた。

メラニーと私が必要としたのは、助けたり促したりしなくても患者が三〇秒ほど専念できるような心的課題を見つけることだった。最初に思いついたアイデアは、童謡だった。脳活動の一貫したパターンを生み出すように、患者に頭の中で童謡を歌わせることはできるだろうか？　童謡はよく知られているし、独りで三〇秒間歌いつづけるのも比較的簡単だ。

第二のアイデアは、患者に愛する人の顔を想像するよう指示するというものだった。ケイトの脳は家族や友人の写真に応答して盛んに活性化したから、愛する人の顔を想像するだけでも、同じように信頼できる脳活動のパターンを生み出せるかもしれないと考えても、それほど無理はないように思えた。

第三のアイデアは、患者に自宅のようなよく知っている環境の中を動きまわるところを想像するように指示するというものだった。どの瞬間にも自分がどこにいるかまで正確に知りながら、一つの場所から別の場所へと移動するというのは、複雑なことではあるが、苦もなくやってのけられる。海馬《かいば》（脳の奥にあるタツノオトシゴのような形をした組織）には、「場所細胞」と呼ばれる特化したニューロンがある。この細胞は、神経科学者のジョン・オキーフとその共同研究者たちによって一九七一年に初めてラットで発見された[1]（オキーフはこの発見を評価されて二〇一四年にノーベル賞を受賞している）。

ラットの脳の場所細胞は、ラットが環境の中のどこにいるかを「知っている」ように見えることを、オキーフは発見した。また、海馬のさまざまな部位の場所細胞が、ラットがどこに行くかしだいで異なるときに発火し、この発火するニューロンのネットワーク全体がラットの環境の心象「地図」を構築していることも、彼は発見した。驚くべきことに、ラットが別の場所に移されても同じ場所細胞が発火するが、新しい場所を反映する、前とは違う配置で発火するのだった。この研究が重要だったのは、一つには、場所細胞に類するものがそれまではまったく発見されていなかったからであり、また、海馬が脳の「認知地図」のありかであることを実証するのちの研究の基礎を築いたからでもある。この認知地図の機能は、私たちがまわりの世界をうまく動きまわるのを可能にすることだけではなく、記憶と経験をすべて載せておける一種の足場あるいは土台の役割を果たすことでもある。

自宅のようなよく知っている環境の中をどう移動してベッドルームに行くかを考えてほしい。どうしたら、着いたことがわかるのか？ ベッドやクローゼット、化粧台など、自分が目にすることを見込んでいた物が目に入るからだと、みなさんは思うかもしれない。だが、それが正しいはずがない。正しかったとしたら、私たちは目的地にたまたま行き当たるまで歩きまわることに人生の大半を費やす羽目になるだろう。私たちはそんなことはしない。目的の場所には、たいてい直行する。自分がどこにいて、行きたい場所と自分がどういう位置関係にあるかという、よくできた心象地図を持っているからだ。目的の場所にうまく行き着くには、記憶と、環境の中で自分がどこにいるかを理解する能力が緊密に連携している必要がある。

みなさんが目を閉じ、自宅でベッドルームに行くところを想像すれば、この心象地図がどういうものか、感じがつかめるだろう。それができるのは、脳が空間地図をしっかり用意している証拠だ。私たちは、その地図の現物を目にできなくても参照できる。それどころか、大多数の人は目をつぶったままでも自宅で自分のベッドルームを難なく見つけられる。時間はかかるかもしれないが、そこに行き着くことができる。海馬こそが、これを可能にする脳の部位だ。海馬は、自分がどこにいるかをみなさんが知るために、みなさんの環境を文字どおり地図にしてくれる。

実際には事はもう少し複雑で、海馬はたしかに大切ではあるものの、心象地図にとって最重要ではない。海馬の近くの、「海馬傍回《かいばぼうかい》」と呼ばれる皮質領域には、風景や都市景観、部屋といった場所の写真を人が眺めたときに活動が非常に盛んになる脳組織がある。[2] この組織は、よく知っている環境で動きまわることについて人が考えるときにはいつも必ず活性化する。

メラニーと私は、頭の中で歌う、顔を想像する、空間ナビゲーションを行なうという三つの課題を思いついた。思いつくアイデアがすべてうまくいくことはないのはわかっていた（全部うまくいくことなど、めったにない）が、そのうちの一つか二つは、探していたもの、すなわち、ほとんどの人がこの上なく単純な指示を受けて「頭の中で行なう」ことができる、信頼性の高い課題であることを願っていた。

メラニーは進んで実験に参加してくれる人を一二人見つけ、三つの課題を試してみた。結果はばらばらだった。空間ナビゲーション課題はうまくいった。自宅を歩きまわるところは、簡単に想像できた。ｆＭＲＩスキャナーで、一人を除いて全員の海馬傍回の活動が見られた。童謡を歌う課題のスキャン結果は一貫していなかった。脳が活性化した人もいれば、しなかった人もいた。そして、活性化した人のあいだでも、脳活動が起こった場所は完全に違っていることが多かった。愛する人の顔を想像するように指示したときのスキャン結果も期待外れだったが、それは別の理由からだった。実験参加者のあいだで、脳活動はかなり一貫して起こったが、想像するのはあまりに難しすぎると報告する人が多かった。愛する人の顔を簡単に想像できないというわけではなく、私たちがスキャナーで捉えられるほど長く顔を頭に浮かべつづけるのが不可能だったのだ。

こうして、三つの課題のうち、一つが患者に使えることがわかった。だが、それでは不十分だった。何か別の課題が必要だ。誰が対象でもいつもうまくいく、絶対的な課題が。メラニーといっしょに私のオフィスに戻り、外の美しい芝生を見渡しながら考えた。メラニーは、心象についての科学文献をずっと調べているけれど、複雑な課題のほうが単純な課題よりもうまくいくようだと言った。複雑ではあるが簡単に想像できるものが私たちには必要なのだ。そして、そのとき私の頭に答えが閃いた。最近メラニーがそのときのことを思い出して言ったとおり、私は突然、「テニスはどうだ⁉」と叫んでいた。

このアイデアを思いついたのは、それが六月下旬で、ウィンブルドンのテニス選手権大会の真っ最中だったからかもしれない。毎年夏になるとユニットの人々は、クロッケー用の芝生でのお茶の合間に、そこからわずか一二〇キロメートルほどの南ロンドンにあるコートでの試合のラジオ中継に耳を傾けたものだ。あるいは、テニスのアイデアを思いついたのは、ただの偶然の幸運だったかもしれない。だが、それが決定的な瞬間であり、転機であり、すべてが変わった節目だった。一〇年近くかけて積み重ねてきた思考が絶頂に達し、ケイトやデビーやケヴィンのような患者の心を解明することが、ついに可能になったのだ。

植物状態の人にテニスをするところをスキャナーの中で想像してもらうという発想に、メラニーと私は笑ってしまった。それは、なんともおかしなアイデアだったからだ。ユニットという風変わりな場所の基準に照らしてさえも。それから二人で、実際の実験の具体的な企画に取りかかった。実験はとんでもないほど単純だった。テニスの仕方は誰もが知っている。正確には、誰もが実際にテニスをするわけではないが、テニスをするとはどういうことかは知っている。ラケットを手にして立ち、空中で腕を振ってボールを打とうとする。こんな説明ではジョン・マッケンローに叱られるかもしれないが、テニスを煎じ詰めれば、だいたいそうなる。空中で腕を振ることだ。そして、私たちにはそれで十分だった。簡単に伝えられる（「テニスをしているところを想像してください」）が、その結果、人々は似たような、それでいて複雑な一連の動きを想像する。

これは、魔法のようにうまくいった。メラニーは実験に参加してくれる人をさらに一二人見つけ、そのあと三週間かけて、テニスをしているところをスキャナーの中で想像してもらい、結果が信頼できて一貫していることを突き止めた。参加者全員が、「運動前野」という脳の上部の一領域を活性化させた。参加者が一人残らずそうした。みな、まったく同じだった。(3)

一二人の健常な参加者全員に右手を挙げるように指示していたとしても、これ以上信頼できる応答を得ることは望むべくもなかった。実際、私はこれまで何度となく、自分の講演のときに聴衆に右手を挙げるように言ったが、左右の区別がつかない人がいるので、じつは結果はテニスの実験よりも一貫性が低い。考えてもみてほしい。テニスの試合をしているところを想像しているときのほうが、私がみなさんに右手を挙げるように言ったときよりも確実に、脳の特定の部位を活性化させるのだ。それはなぜか？　脳には、テニスをするところを想像するのが専門の部位があるのか？

もちろん、そんな部位はないが、この課題がこれほどうまくいくのは、テニスというスポーツとおおいに関係がある。たとえば、両手にそれぞれ櫂《かい》のような器具を持って、飛行機を到着ゲートに誘導するなど、参加者たちには、空中で腕を振る動作を含むことを何でも指示することができた。原理上、それでも同じようにうまくいっただろうが、そのような作業はテニスほど誰にとってもおなじみのものだとは思えない。

ほかのスポーツはどうか？　サッカーはテニスよりも人気があり、したがって、よく知っている人も多い可能性が高い。問題は、サッカーの仕方に関しては、じつにさまざまな想像ができる点にある。私はストライカーで、フィールドを突進して、ボールをゴールに蹴り込むのか？　キーパーで、右へ、左へと飛び込んで、敵のシュートからゴールを守るのか？　恐れ知らずのディフェンダーで、果敢なスライドでタックルするのか？　多種多様な動きが想像でき、そのどれもが、非常に異なる脳活動のパターンを生み出す。

テニスには基本的な違いが一つある。サッカーと同じで、プレイの仕方には多くの異なる面がある（サーブ、ボレー、スマッシュ！）が、そのすべてに、腕を勢い良く振る動作が含まれる。この共通性があるから、テニスをしているところを想像するのがこれほどうってつけなのだ——一貫性と共通性があるから。そして、テニスの想像にはもう一つ大きな強みがある。いったん始めると、しっかりスキャンするのに必要とされる三〇秒間にわたって、簡単に続けられる。私は最初の実験参加者の一人に、テニスをしているところをスキャナーの中で想像するのはどんな感じか尋ねたときのことを覚えている。彼は即答した。

「楽しかったですよ。三セット対二セットで勝ちましたから」

もちろん、うまく指示に従うためには、テニスについて少しは知っていなければならない。テニスというスポーツのことを一度も聞いたことがなければ、「テニスをしているところを想像してください」という指示は意味を成さず、識別できるような脳活動を引き起こさない。だが、テニスが上手でなくてもかまわない。私たちは、テニスをしない人や、初心者、セミプロをスキャンしたが、彼らはほとんど例外なく、運動前野を活性化させた。

＊

こうして必要なものが手に入った。テニスをしているところを思い浮かべるものと、自宅で部屋から部屋へと移動しているところを想像するものという、信頼性が高い二つのｆＭＲＩ心象課題を発見したのだ。テニスをしているところを想像すると、運動前野が盛んに活動する様子がｆＭＲＩスキャナーで捉えられ、自宅を歩きまわっているところを想像すると、海馬傍回というまったく別の脳領域が活性化した。

次に起こったことを理解するためには、運動前野が脳のどこにあり、何をするかについて少し知っておくことが重要だ。手を頭のてっぺんに置いてほしい。運動前野は、ちょうどそこにある。運動野の前方にあるこの脳領域は、人が行動のための計画を立て、動作を始めるたびに働きだす。ドアを開けるつもりで近づき、ノブを回すために手を伸ばすときに何が起こるか、考えてほしい。おおむね無意識に行なうこの動作のあいだに、一連の運動プログラムが脳によって調整されている。みなさんはドアに近づき、手がドアノブに届くような、ちょうど良い瞬間に腕を伸ばす。ドアノブをつかむのにふさわしい形に手を丸める（ドアにノブではなくレバーがついていたら、まったく違うことをするだろう）。それから、ちょうど良い圧力をかけながら、「回して押す」動作を同時に行ない、ドアを開ける。圧力が弱すぎるとドアは開かないし、強すぎると、部屋の中に転げ込んで恥をかきかねない。

この動作は滑らかで自動的であり、それは毎日、運動前野が計画して導く、同様の無数の動きにしても同じだ。運動前野はこうした一連の動きを計画するのも助けているので、私たちがその動きを実際に行なうかどうかにかかわらず活性化する。それどころか、動きを想像するだけでも活性化する。目の前のテーブルにコーヒーカップを置いてほしい。そのカップを取り上げようとしたときに、どんな感じがするか考えてみよう。今度は目を閉じて、カップを取り上げるところを想像する。同じような感じがするだろう。なぜなら、ある行動を計画するときには、その行動を想像するときと同じような感じがするからで、運動前野がそのどちらにも応答して活性化するためだ。

＊

ケイトのような患者に、新しいｆＭＲＩ課題を試す準備が整った。準備に何年もかかったので、（少なくとも原理上は）この課題を実施できることがわかったスリルと、課題をしてもらうのにぴったりの患者が現れるまでにどれだけ待たなければならないかわからないという覚束なさが相まって、金縛りにあったような心持ちだった。

次に起こったことは、科学のおとぎ話さながらだった。ケンブリッジ近郊の町の医師が、二三歳の既婚女性のキャロルを私たちに紹介してきた。二〇〇五年七月、キャロルは往来の激しい通りを渡っているときに二台の車にはねられて外傷性脳損傷を負い、近くの病院に運ばれた。CTスキャンをすると、脳が腫《は》れ、前頭葉がかなり損傷していることがわかった。両足にも複数の骨折が見られた。緊急医療が必要で、両前頭頭蓋骨局部切除減圧手術が行なわれた。この思い切った手術では、腫れた脳が頭骨の内壁で押しつぶされずに膨らめるように、頭骨の一部が取り除かれた。この種の手術で取り除かれる頭骨の部分は「骨《こつ》弁《べん》」と呼ばれ、たいてい保存される。患者が十分回復し、脳の腫れが治まれば、「頭蓋形成術」という処置で、ずっとあとに元の場所に戻すことができるからだ。二〇〇五年九月までには容体が安定したように思われたので、キャロルは実家に程近いリハビリテーション病院に移された。

初めてキャロルに会ったとき、彼女の様子には衝撃を受けた。外傷性脳損傷を受けた人にはけっして気安く会えないものだが、キャロルは事故からまだそれほど日を経ていなかったので、目を背けたくなるようなありさまだった。頭蓋骨局部切除減圧手術は命を救ってくれるかもしれないが、一度見たら忘れられないような痕跡を残す。キャロルのような患者は、頭の一部が陥没したかのように見える。頭蓋を切除した部分は、脳の表面に薄い皮膚が軽く載った、浅い窪みになっている。私はこれまで、学生たちが外傷を負った人に初めて会う前に、こうした光景を目にするときの心の準備をさせなければならなかったが、実際に目にしたあと、完全には立ちなおれない人が多いのではないかと思う。私はキャロルがかわいそうでならなかった。何が起ころうと、たとえ完全に回復したとしても、彼女の人生はけっして元どおりにはならない。ほんの一瞬、あの恐ろしい瞬間、二台の車の前で束の間注意が散漫になったばかりに、彼女の残りの人生が一変してしまった。人間とはいかに弱いものか、どれほど短いあいだに人生が変わりうるかを、彼女は衝撃的なかたちで思い知らせてくれた。

キャロルはまったく応答もせず、頭の中で物事を認識しているというわずかな徴候も見せないまま、何か月も病院のベッドに横たわっていた。当時私たちがふだんから目にしていた患者たちと比べて、彼女がとくに目立つことはなかった。彼女は経験豊富な神経科医たちの検査を何度も受け、植物状態という診断を受けていた。私たちが彼女を選んだのは、fMRIスキャナーに入ってもらうための条件をすべて満たす次の患者の候補が、たまたま彼女だったからにすぎない。

私たちのしていることは、少しずつ認められはじめていた。ケイトの事例で世間の注目を浴びたおかげで国中で関心が高まり、ケイトとデビーとケヴィンについて発表した科学論文がほかのいくつかの病院の注意を引き、途切れることなく患者を紹介してもらえるようになった。月に一人か二人ということもあり、救急車でケンブリッジに運ばれてくると、私たちのチームがスキャンしていた。だが、まったく違うことをする準備がようやく整った。キャロルには特定のことをしてくれるように頼むのだ。そのためには彼女に指示を出す必要があった。何をしてもらいたいかと、いつそうしてもらいたいかを伝えなくてはいけない。それまではいつも、顔の画像を見せたり、単語や文の録音を聞かせたりというように、患者に対して、何かをしているだけだった。患者はただそこに横たわり、私たちが伝えようとしていることを（願わくは）理解するだけでよかった。だがキャロルには、指示に従ってもらいたかった。その指示に応答して、特定のかたちで脳を活性化してもらえることを願っていた。

キャロルには、テニスをしているところを想像するように言った。腕を前後に振り、こちらへボレーをし、あちらへドロップショットを放ち、ときおりスマッシュを打つところさえ考えるように頼んだ。こうした指示を五回繰り返した。人生がかかっているかのようにテニスをしているところを想像してほしかった。ウィンブルドンの決勝戦で、センターコートでマッチポイントを奪うためにプレイしているかのように！

内部通話装置《インターコム》で最終回の指示を読み上げたときには、コントロールルームには張り詰めた空気が漂っていた。これは意味のあることなのか？　狂気の極みという気がしないでもなかった。植物状態の患者にテニスの試合をしているところを想像するように指示していたのだから！　だが、スキャナーの中では驚くべきことが起こっていた。テニスをしているところを想像するように言われるたびに、キャロルは健常なボランティアとまったく同じように運動前野を活性化させるのだった！　やめる（ただリラックスして、「頭を空っぽにする」）ように言うと、運動前野の活動は消えた。どんなに控えめに言っても、驚くべきことだ！

そのあと、自宅を歩きまわっているところを想像するように言った。またしても、そうするように五回頼んだ。彼女に、事故の前に毎日の人生を送っていた場所に自分を連れ戻してもらいたかった。自宅の間取りについて考え、家具や飾ってある写真、ドア、壁を目に浮かべながら、部屋から部屋へと移動してほしかった。

ずいぶん多くを求めていることは承知していたが、キャロルがこの課題をこなせることは明らかだった。部屋から部屋へと歩きまわるように指示された彼女の脳活動のパターンは、健常なボランティアの脳活動パターンとそっくりだった。頭を空っぽにするように指示されると、彼女はたちまちそうした。安っぽい医療ドラマで、医師が患者に、「この声が聞こえるなら、私の手を握りしめてください」と言う場面が思い出された。だが、キャロルには私たちの手を握りしめるように頼んでいるわけではない。脳を活性化するように求めていた。そして、彼女はまさにそうしていた！「脳スキャンを続けてください。まるで魔法のようでした。スキャンが私を見つけてくれたのです」というケイトの言葉が頭の中に響き渡った。この実験は、ほんとうに魔法のようだった。私たちはキャロルを見つけた。彼女は断じて植物状態ではなかった。私たちに応答し、指示されたことをすべて行なっていた。

私は有頂天になった。キャロルには意識がある。そして、私たちにはそれがわかったのだ！

このスリリングな発見の瞬間は、実験を重ね、改善を加え、調整し、考えに考え、ひたすら掘り下げ、問題をこつこつと解決し、答えがいつもこの曲がり角の先にあることを願いながら何年も過ごしてきたあとに、ようやく訪れた。私たちはついに行き着いた！　貴重な鉱脈を発見したのだ。

そのまま猛然と突き進み、連日キャロルをスキャンし、彼女の世界がどのようなものかを突き止め、生活の質を向上させたりしなかったのは、奇妙に思えるかもしれない。あいにく、科学とはそんなふうにはいかないものだ。私たちにとって科学を前進させる唯一の方法は、倫理委員会とともに事前に定めてあった厳密な手順にあくまで従うことだった。その手順は、いずれキャロルの事例が科学雑誌に発表されたときに、より広範な科学界によって精査され、是認される。キャロルの場合、私たちが明確に規定した目的は意識の検知であり、彼女と無計画にやりとりすることではなかった。ここまで行き着くため、そして、この分野を前進させるために、厖大な資金とエネルギー（科学的資本と呼んでもいい）を注ぎ込んできた。これは息の長い取り組みなのだ。キャロルをはじめとする初期の患者は先駆者であり、彼らのおかげで、意識そのものの本質に新たな光を当てることはもとより、同じような状況にいる人々の心と接触することも、やがて可能になるのだ。

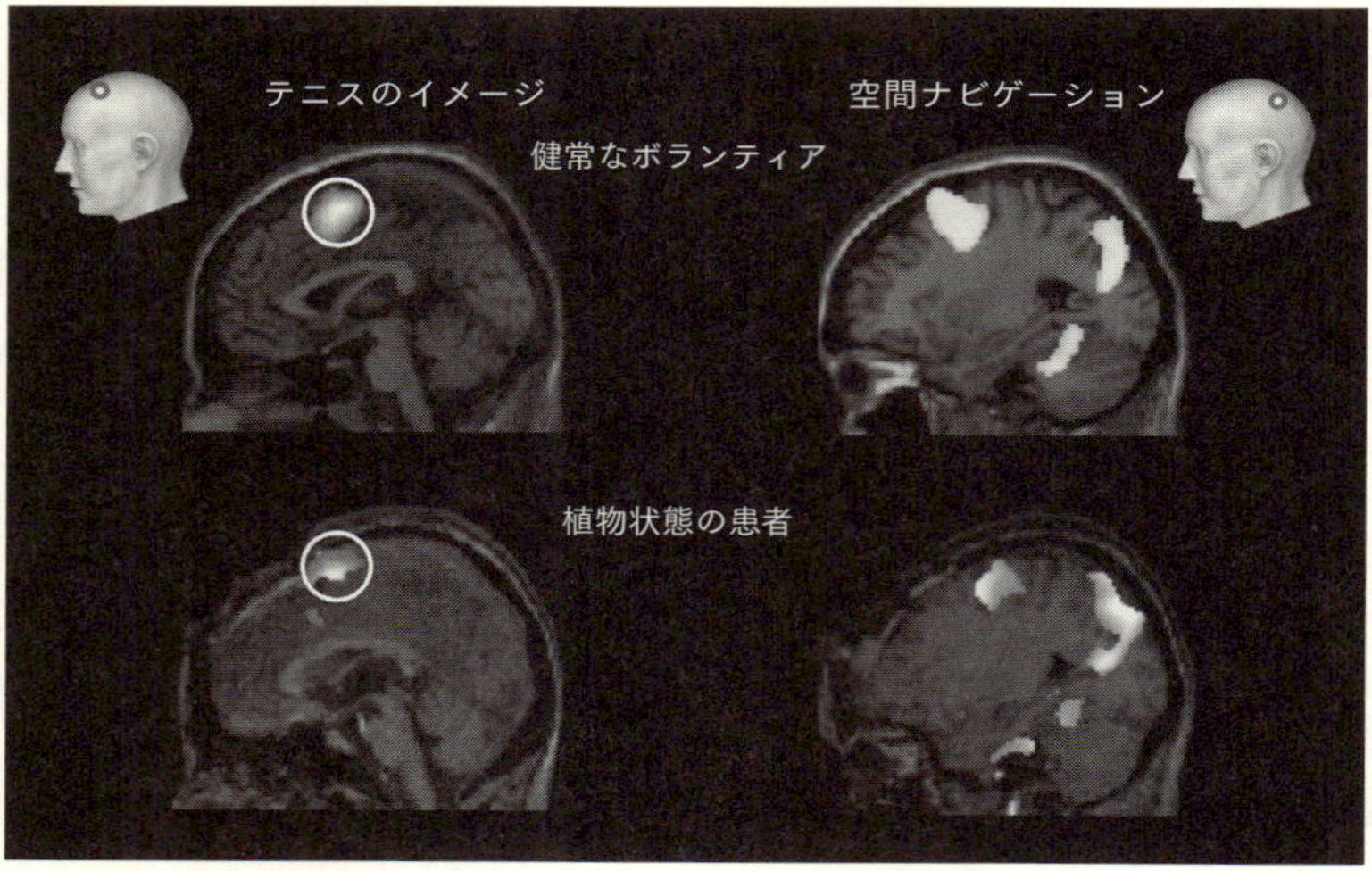

植物状態の患者（キャロル）と12人の健常なボランティアのいずれの場合も，テニスのイメージ課題では運動前野の活性化が見られ，空間ナビゲーションの課題では海馬傍回，後部頭頂葉，外側運動前野の活性化が見られた．詳細は註4の文献を参照されたい．

皮肉な話かもしれないが、キャロルの中に意識ある心が検知された事実は、家族にははっきりと伝えることができなかった。伝えたくはあったのだが、その準備がまったくできていなかったからだ。この研究の実施を倫理委員会に申請したとき、キャロルに意識があることをこれほど明確に発見する可能性と、発見した場合にどうするかは、考えてさえいなかった。個々の患者をスキャンする回数といった、手順のわずかな変更さえも、事前に倫理委員会の許可が必要になる。キャロルの場合には、手順の変更どころではなく、完全に新しい事態になっていた！　この規則の核心にある原理、すなわち、どの調査研究も公平な倫理委員会に事前に精査されることは、当時の私にはいらだたしかったとはいえ、正しい。たとえば、こんなことを想像してほしい。キャロルは意識があって自分の体の中に閉じ込められていることを告げたら、母親がひどく嘆き悲しんで自殺してしまったとしたらどうするのか？　キャロルの夫がかんかんに腹を立てて、五か月前にキャロルをはねた車のうちの一台の運転手を殺害してしまったらどうするのか？　これが大げさで、ありそうもない成り行きなのは確かだが、万一そうなったら、誰が責任をとるのか？　もっと現実的な筋書きとしては、キャロルに対する家族の態度が変わることが想定できるので、この展開についても事前に慎重に考えておく必要がある。意識があっても回復の可能性が大きくなるとはかぎらないことを、家族は理解するだろうか？　彼らはむなしい希望を抱いてしまうのではないか？　私たちはキャロルと接触して彼女に意識があることを立証したとはいえ、現時点ではそれが精一杯であることに、気づいてもらえるだろうか？　治療法もなければ解決策もなく、常時キャロルと意思を疎通させるすべもなかった。こうしたことのどれ一つとして、私たちはじっくり考えていなかった。まったく応答のない患者に意識があることを発見した場合に問題が生じるとは思ってもみなかったからだ。

＊

けっきょく、私に決められることではなかった。私はたんに、科学的な疑問を投げかけ、それからそれに答える方法を考え出した人間にすぎない。倫理委員会に承認された手順では、スキャンは認められていたが、キャロルのような患者が見つかったときに家族に何を告げるかは定められていなかった。キャロルの将来の治療は臨床的な問題であり、私にはそれに干渉する権限はなかった。家族に告げるとすれば、それは彼女の担当医の役目であり、その医師は、家族に告げてもキャロルには臨床的恩恵をもたらさないと判断した。本人は意識もあれば物事を認識する能力もありながら自分の思いを表現できないでいるのを家族が知っていることの重荷は、それをまったく知らない、あるいは、キャロルは精神が活動していないと思っていることの重荷よりも苛酷だと、その医師は感じたのだろう。あるいは、キャロルの事例が引き起こす厄介な倫理的問題は、対処する価値がない、彼女の病状が安定を保つようにすることほど緊急を要さないと感じたのかもしれない。私の考えは違った。ケイトとデビーが思い出された。二人とも、家族がスキャンの結果を知らされてから容体がいくぶん改善したから、キャロルとその家族にも同じことが起こるかどうかを考えずにはいられなかった。だが、担当医を納得させるとなると、それだけでは不十分だった。胸が張り裂ける思いだった。

それでも、キャロルのおかげで私は、彼女のような患者たちを対象とする科学研究の倫理的な複雑さや法的問題に関心を抱くようになった。そして、これらの問題の複雑さを理解している哲学者や倫理学者と接触することで、キャロルの事例が提起した問題の一部に挑む決意を固めた。このような状況に二度と陥らないようにするために、私にできることと言えば、せいぜいそれぐらいだった。キャロルは生まれ故郷に戻され、私は二度と彼女に会うことはなかった。会う意味がなかった。私たちは彼女を見つけたが、当時、それ以上何もできなかった。彼女は二〇一一年、けがの長期合併症で亡くなった。皮肉にも、それを知らせてくれたのは彼女の担当医だった。

＊

二〇〇六年九月、私たちの研究結果をまとめた一ページの論文が『サイエンス』誌に掲載された。[4]「物事を認識でき、自分の体に閉じ込められていることが判明した植物状態の患者」について、マスメディアが騒然となった。だが、キャロルはこの研究の匿名の主人公でありつづけた。そのため、不信と疑念を招いた。私たちは思考を行なっている人の心と接触した。テニスをしているところと、自宅を歩きまわっているところを想像することができる人の心と接触した。キャロルには想像や記憶が可能だと私は確信していた。依然として希望を持ったり夢を見たりすることが可能だと、私は確信していた。

掲載予定日に、イギリスの三大テレビ局がインタビューのためにそろってユニットに現れ、私たちはあらゆるチャンネルで夜のニュースに登場した。国内の主要紙すべてと、『ニューヨーク・タイムズ』紙をはじめ、何百という海外の新聞の一面に載った。ロンドンにある医学研究協議会（ＭＲＣ）の本部から私のためにメディア担当者が一人派遣され、かかってくる電話に応対し、どれに答えるかを選んでくれた。大変な騒ぎで、それが何週間も続いた。ＣＮＮのアンダーソン・クーパーがアフリカでの取材の帰りに訪ねてきて、アメリカの報道番組『シックスティミニッツ』の特集のために私にインタビューした。彼はスキャンしてほしいと言うので、私たちはそうした。スキャナーの中の彼にテニスをしているところを想像するように頼むと、キャロルのときとまったく同じように運動前野がたちまち活性化した。私は何か月間か、電話で、あるいはカメラに向かって話す以外、ほとんど何もできなかった。

だがそこには、マスメディアにこれほど脚光を浴びる以上に深いものがあり、けっきょくはそのほうが感動的で、より大きな科学的達成感をもたらした。それは、私たちが見つけた、人格を持った人間にまつわるものだった。キャロルはあれほどの目に遭っていながら、理解しようのないあの不完全な状態にあっても、進んで働きかけようとしていた。身体的損傷のヴェールの向こうに、物事を認識できる人間がいて、接触すること、意思を疎通させること、「私はここにいます」「私は存在しています」「私は今もなお私です」と言うことを望んでいるのだ。

キャロルは、体が言うことを聞かないせいで絶望的なまでに不利な境遇に置かれていたが、それにもかかわらず、依然として物事を認識していた。彼女の人格、態度、信念、道徳の羅針盤《モラルコンパス》、記憶、希望、恐れ、夢、情動が、まだそこにあった。そして、これがいちばん感動的かもしれないが、彼女は応答し、働きかけ、聞き届けてもらおうという意志を持っていた。キャロルは私たちに働きかけてきた。そして、私たちは彼女を見つけた。

*

その後の数か月間、仲間や、関心を持って見守っている人、まったく知らない人から電子メールが押し寄せてきた。おおまかに言うと、すべて、「これは驚異的だ！」か、「この女性に意識があるなどと、どうして言うことができるのか？」のどちらかだった。

この疑い深い態度に、私は戸惑うとともに興味をそそられた。内なる世界に向かって「そこにいますか？」という明確な信号を送り、「はい、ここにいます」という明瞭で声高な答えが返ってきたことを、私は承知していた。キャロルに意識があること、言うことを聞かない体に閉じ込められてはいても、彼女が考え、感じる人間であることを、私はまったく疑っていなかった。それに異議を唱えうる人など、どうしているだろう？　だが、いたのだ。

最大の異議は単純だった。キャロルは植物状態にあり、何一つ認識していないが、「テニスをしているところを想像してください」という私たちの指示が、どういうわけか運動前野で自動的な応答を引き起こし、それを私たちが、彼女は意識を持っていて進んで指示に従っているという徴候だと誤解した、というのだ。

この説明のほうが私たちの説明よりも望ましいと思っている人がいる理由は、今でも簡単に見て取れる。植物状態だと誰もが思っている患者が、じつは意識を持っていて自分の体に閉じ込められていると考えると、ぞっとするからだ。あまりに恐ろしいので、多くの人にとってその考えは完全に理解を超えている。その可能性を頭が受けつけないのだ。とはいえ、それこそ私たちが発見した真実であり、私たちは好むと好まざるとにかかわらず、そのために闘わなければならなかった。突然、私たちはほかの誰も知らないことを知った。だから私は、それを世界中に伝える責任をひしひしと感じた。患者たちの全員が見かけどおりとはかぎらない！　少なくともその何人かは、考え、感じる人間なのだ！

何千もの患者とその家族、モーリーンやケイトやキャロルの家族のような人々が直面している厳しい現実が、その瞬間、その場で、くっきりと見えてきた。そのような患者の多くが、心的機能を注意深く評価する専門知識を欠いた環境に何年にもわたって放り込まれた状態にある。そして今、彼らの一部にはずっと意識があった可能性が高いことがわかった。それを思うと、今でも言いようのないほどいたたまれない気持ちになる。みなさんの多くにしても、きっと同じだろう。私は何かせずにはいられなかった。モーリーンや、私たちがスキャンした患者たちのためにだけではなく、スキャナーに入って内なる声を聞いてもらう機会をまだ得ていない、無数の声なき人々のためにも。

*

キャロルと意思を疎通させる試みの成功にまつわるマスメディアの取材熱がようやく冷めはじめたところで、私はこの科学的研究の結果の正当性を立証することに的を絞った。批判者の主張の最大の問題は、人間の身体にその主張どおりのことができるという証拠をいっさい欠いている点にあった。意識がない脳が具体的な命令に対してタイミング良く自動的な応答を生み出せることを立証した人は、まだいない。たしかに脳は四六時中、自動的に応答している。鳥の鳴き声が聞こえると、みなさんが好むと好まざるとにかかわらず、聴覚野が活性化する。暗い晩にまばゆい光が見えると、みなさんがそれを認識しさえしないうちに視覚野が刺激される。群衆の中に友人の顔が見えると、紡錘状回でたちまち再認が起こる。だが、キャロルの応答はそれらとは違った。運動前野は、「テニスをしているところを想像してください」と言われたときに、自動的に活性化したりはしない。ありていに言えば、運動前野は私たちが活性化させたいときにだけ活性化するのだ。

この点を立証するために、私たちは別の実験を行なった。これほどばからしい実験はおそらくしたことがなかったが、ユニットの奇矯な気風には、まさにふさわしいものだった。私たちは六人の健常な参加者をスキャナーに入れ、こう告げた。「これから、さまざまなものを想像するように言います。どうか、その指示を無視してください」。それから、スキャナーを作動させ、キャロルのときと同じ手順を開始した。

参加者たちに、「テニスをしているところを想像してください」と頼み、どうなるか待ち受けた。応答はなかった。誰一人、運動前野に何の活動も見せなかった！　六人とも、キャロルの場合とまったく同じように、テニスをしているところを想像するように明確に指示されたにもかかわらず、どんな指示を受けてもそれに従わないように前もって言われていたために、想像しなかったからだ。

　これは、「テニスをしているところを想像してください」と求められるだけでは、脳の自動的な応答を引き起こすには不十分で、ましてや、予想されるまさにその場所、すなわち運動前野が活性化することなどないという、揺るぎない証拠だった。キャロルの脳があのような応答を見せたのは、彼女がそうしたかったからだ。彼女は、意識があったからこそ応答したのだ。

　私はこのばからしい実験が誇らしかった。私たちの結論を否定する主張は、ほかにも多くの理由からとうてい擁護できなかったが。第一に、キャロルの応答に関して最も注目に値するのは、しっかりスキャンするのに必要な三〇秒という時間のあいだずっと、彼女がその応答を維持できた点だ。キャロルは「テニスをしているところを想像してください」という言葉を耳にしたとき、それ以外には何の指示も催促も受けなかったにもかかわらず、運動前野を活性化させ、まる三〇秒間その状態を保った。私たちが知っている、脳のあらゆる「自動的」な応答（たとえば、光景や音に対するもの）のうち、さらなる刺激なしに持続するものは一つもない。みなさんが一発の銃声を耳にすると、聴覚野はただちに応答する。だが三〇秒後には、その応答はもう跡形もなく消えている。それに対して、キャロルの応答は彼女が自ら心象を生み出すというものだったのだし、人は三〇秒以上、中断することなく「頭の中でテニスができる」ことがわかっているから、持続的応答を生み出すことができたキャロルには、意識があったとしか考えられない。

　キャロルの脳活動に関する私たちの解釈に疑いを挟む人に対する、最後の反論は、もっと哲学的なものだ。重度の脳損傷のあと、手あるいは指を動かすようにと指示したときに、適切な運動応答が見られれば、物事を認識できる表れと見なされる。そこから類推するなら、手を動かすところを想像することによって運動前野を活性化させるようにと指示したときに、適切な脳の応答が見られれば、その応答にも同じ重みを与えるべきではないか？

疑い深い人は、どういうわけか脳の応答は運動による応答ほど身体的ではない、信頼できない、直接的ではないと主張するかもしれない。だが、運動による応答の場合と同じで、こうした主張も注意深い計測や再現、客観的検証によって退けられる。たとえば、もし物事を認識できないと思われている人が、命令に応答してたった一度手を挙げただけなら、認識する能力に関していくらか疑問が残る。手の動きは、指示と同時に起こった偶然の出来事だったかもしれない。とはいえ、その人が一〇回、別々の折に、この命令にこの応答を繰り返したら、物事を認識する能力があることに疑問の余地はほとんど残らない。それと同じで、その人が（テニスをしているところを想像するように言われて）命令に応答して運動前野を活性化でき、一〇回の試行で一回残らずそうできたら、その人には認識能力があることを受け入れなくてはならないのではないか？

私たちにとっては幸いにも、キャロルの脳活動は一度かぎりのものではなかった。彼女はスキャンされているあいだに複数回、テニスをしているところを想像するように求められると運動前野を活性化させ、自宅を動きまわっているところを想像するように求められたときには海馬傍回を活性化させた。これで一件落着だ。キャロルには意識があった。

＊

キャロルはグレイ・ゾーンの植物状態という概念を根底から覆し、世界中の医師に新しい重大な難題を突きつけた。どこの医師も、自分が担当している患者たちについて考えなおしはじめた。自分は正しい診断を下したのだろうか？　自分の患者の一人が、キャロルのように依然として物事を認識する能力を持っている可能性があるだろうか？　いっさいの外見とは裏腹に？　思いもよらない方面から次々に問い合わせがあった。これは医療保険にとって何を意味するのか？　そういう事態に対して、どういう保険で備えればいいのか？　生命維持治療に関する法的判断についてはどうなのか？　サッカースタジアムでの群衆事故で負傷したイギリスのアンソニー・ブランドが、もしテニスをしているところを想像できたら、今日も生きていただろうか？　テリ・シャイボは？

　植物状態にあるように見える患者の一部が身の回りの世界をすべて認識していて、求められれば一連の応答を生み出せるかもしれないことを、キャロルは否定のしようがないまでにはっきりさせた。これもまた、グレイ・ゾーンの状態の一形態なのか？　そうかもしれないし、そうでないかもしれない。彼らは閉じ込められた状態の人生のうち、まったく何も認識せずに過ごす時期もあれば、完全に意識があって、周囲で起こっていることを何から何まで認識して過ごす時期もあるのか？　それはわからなかったが、私たちは認知の基本構成要素――一部の患者では、散発的に発火したり、ふたたび発火しようとしたり、ひょっとすると、瀕死《ひんし》の脳の中で新しい道筋を根気強く作ったりしている、いわば臨界量のかすかな活動、か細い神経接続――に狙いを定めはじめていた。

＊

私はモーリーンの兄のフィルと連絡を保っており、その後の年月のあいだに、さらに何度かいっしょにコンサートに出かけた。会うたびに、モーリーンの容体には変わりがないことを告げられた。両親のイサとフィリップは、一日ずつ日々を受け止めようとしているそうだ。

二〇〇七年、フィルと私はケンブリッジのコーン・エクスチェンジ（元は穀物取引所で現在はコンサートなどのイベント会場として使われている）で開かれたザ・ウォーターボーイズの公演を見に行った。このときは、とりわけほろ苦い思いを味わった。このバンドが初めて広く認められるきっかけとなった「フィッシャーマンズ・ブルース」というアルバムは、モーリーンと私が恋に落ちた年に発売され、私たちの抑え切れない激情と、諍《いさか》いのサウンドトラックとなったからだ。

このころ、モーリーンの父親のフィリップから手紙が届いた。担当医が、モーリーンを鎮静剤のゾルピデム（商品名はアンビエン）の臨床試験に参加させることに同意したという。ゾルピデムは、主に不眠症の治療に使われる。三年間植物状態にあった若い男性が、ゾルピデムを投与されてから三〇分以内に「目覚めた」という症例報告が、二〇〇〇年に『サウス・アフリカン・メディカル・ジャーナル』誌に掲載された。[5] フィリップがモーリーンにその薬を試してみると、担当医は効果があったと確信したそうだ。「以前より表情が和らぎ、物事をもっと認識しているように見える」と医師は述べた。

フィリップはそこまで楽観的ではなかった。「彼［モーリーンの担当医］が目にした手の動きや、手／指を握りしめる動作は、そうするように言われなくてもモーリーンがやることだと言っても、納得してもらえないでいる」

私はモーリーンの父親が科学者であることを思い出し、その判断に間違いがないと考えた。モーリーンの担当医は、毎週わずかな時間しか彼女と過ごしてはいないのに対して、フィリップは毎日彼女を見守ることで、信頼できるデータを集める機会をはるかに多く得ていた。

私はフィリップに、ゾルピデムを服用したときとそうでないときのモーリーンの様子を録画して送ってくれるように頼んだ。ほどなく私の郵便受けに届いた。これは科学だった。研究室での科学ではなく、現実の世界での科学だ。私は一本目のテープをビデオデッキに差し込んだ。モーリーンが現れた。かつて知っていた、そして愛していた、あの女性が。両親がどれだけ手をかけ、毎日マッサージをし、非の打ちどころのないまでに身だしなみを整えてあげているかは、フィリップから聞いていたが、それがはっきり見て取れた。痙攣はまったくなく、外見にも変わりはなかった。何一つ悪いところはないかのようで、昔のままに見えた。栗色の豊かな髪は私の記憶よりも短かったが、枕の上にふわっと載り、よく笑ったり強硬な意見を吐いたりした愛らしい顔は、つやつやとして屈託がなかった。

私は二本のテープを最初から最後まで注意深く見た。それからもう一度見てみた。交互に再生して、どちらがどちらか、見分けようとした。だが、できなかった。薬による容体の改善をどれだけ必死に捉えようとしても、見つからなかった。少なくとも、居心地の良い自分のリビングルームで「制御された盲検研究」を慎重に行なったときには、見つからなかった。

私はフィリップとモーリーンの担当医の両方に電子メールを送った。「ビデオをじっくり見るとともに、モーリーンについてのあなたの詳しい所見にも目を通しました。結果は、まったく有望ではありませんでした。さまざまな患者でゾルピデムを試したほかの臨床医たちともやりとりをしましたが、圧倒的多数が期待外れです。観察された応答のほとんどはごく些細で束の間であり、このような試行が概して引き起こす家族からの励ましや刺激の増加がいかにも招きそうな結果と、区別するのが難しい場合があります」

モーリーンが負傷してから一〇年ほどになるのだから、イングランド人らしい私の控えめな物言いは、おそらくあれでまったく適切だったのだろう。南アフリカの事例がきっかけで、ゾルピデムを使った実験が何度となく行なわれたが、植物状態の患者で一貫した結果が得られたものはほとんどなかった。ベルギーのリエージュにいる友人で同業のスティーヴン・ローリーズが行なったばかりの広範囲の研究でも、この薬を試した意識障害の患者六〇人のうち、容体が改善した人は一人として見つからなかった。(6)

次に会ったときフィルは、テニス実験とキャロルの結果を公表したあと、私がBBCに出演したことについて、「神経をすり減らすような思いだったことだろう！」と言った。

私は、マスメディアに注目されるのには慣れてきたし、モーリーンのような人に対する意識を高めるためには重要だと思っていると答えた。彼はお礼を言い、話題が変わった。だが私は、そのときの短いやりとりを頭の中で反芻《はんすう》しつづけた。グレイ・ゾーンを探究することで、私はモーリーンとの関係を正そうとしているのだろうか？　自分は、許しと理解に行き着く必要があるのか？　二人の争いに満ちた関係で未解決になっているものに、私はずっと駆り立てられてきたのか？

第九章　イエスですか、ノーですか？

全天が鐘になったように
そして、存在は一つの耳になったかのように
そして私と静寂が、奇妙な人種のように
難破し、独りぼっちで、ここに——
——エミリー・ディキンソン

私たちはテニスの手法が確実にうまくいくかどうかを調べ、改善するために、できるかぎり多くの患者に試した。ローリーズと協力し、二〇一〇年までに、五四人の患者がテニスの課題と空間ナビゲーションの課題に取り組むところをスキャンした。何千ドルもの研究費を投入し、何週間も何か月もかけ、患者を見つけて検査し、再現と確認を重ねるほど大がかりだったとはいえ、五四回も首尾良くスキャンできたのはどんな基準に照らしても信じられないほどの成果だった。患者のうちの二三人は、徹底的な神経学的検査で植物状態だと繰り返し診断されていた。それにもかかわらず、この二三人のうち四人が、十分に信憑性のある応答をｆＭＲＩスキャナーの中で見せた。

一〇年以上前にケイトの事例で始まった長い探究の旅は、ついに正当性が証明されるにいたったと言え

る。私がずっと思っていたとおり、患者の一部には意識があったのだ。それも、誰もが夜眠りに落ちるときに経験するたぐいの、曖昧でぼんやりした夢うつつの意識ではなく、指示に耳を傾け、その指示をたっぷり三〇秒にわたって、意図的でかなり手の込んだ想像上の活動に変えられるだけの意識であり、その活動が一連の脳の応答を生じさせ、私たちの強力な新世代のｆＭＲＩスキャナーがそれを検知することができた。彼らは、みなさんや私とまったく同じように認識能力を持っていた。物を眺め、耳を傾けており、目覚めていて、しかも物事を認識していた。ところがなぜか、みなさんや私とは違い、彼らはグレイ・ゾーンにはまり込み、閉じ込められ、内なる世界に呑み込まれ、私たちのスキャナーの中にたどり着いた少数の幸運な人以外は、そこから脱出できずにいた。

私は、運に恵まれなかった人について考えはじめた。そういう人はどのぐらいいるのか？　想像するだけで恐ろしかった。どれだけの数の植物状態の患者がいるか、正確にはわからない。それは主に、看護施設の記録がお粗末だからだ。アメリカでは一万五〇〇〇人から四万人と、推定値に幅がある。私たちの研究結果からは、自分のまわりで起こっていることをじつはすべて認識している人が、多ければ七〇〇〇人にのぼるかもしれないことがうかがわれる[1]。

私たちの研究結果に声高に異を唱える人々がいた。私たちが調べた植物状態の患者のうち四人がスキャナーの中で応答したものの、最小意識状態にある三一人の患者のうち、同じような応答を見せた人はわずか一人だったことを彼らは指摘した。最小意識状態にあるように見える患者は一般に、植物状態にあるように見える患者ほど脳損傷の度合いが大きくない。それならばなぜ、彼らのほうがスキャナーの中で応答する割合が小さいのか？　筋が通らないではないか。彼らのほうが応答しやすくて当然だろう。

六年後にはこの疑問の答えがわかるのだが、当時、これは謎だった[2]。じつは、最小意識状態の患者の大半には、見た目のとおり、最小意識しかない。それがいったい何を意味するかは、不確かなことが多い。そもそも、意識とは何か、科学者たちの意見を一致させるのは難しい。まして「最小意識」の意味など、簡単に定義できるはずがない。だが、最小意識状態にあるとは、物事を認識しているときと、認識していないときと、そのあいだのどこかで立ち往生しているときが混在していることを意味するとだけ言っておこう。いずれにしても、指を動かすなど、かすかな合図をして認識能力があることを伝えるのがせいぜいだ。最悪の場合には、それすらできない。私たちが調べた最小意識状態の患者のほとんどが、fMRIスキャナーの中でテニスの試合をしているところを想像するように言われても、その実行に必要な一連の複雑な心的曲芸へとその指示を変換できなかったのも、意外ではない。どうしてできるはずがあるだろう？ほとんどの時間、指の一本さえ確実に動かせないのだから、どうしてテニスをしているところが想像できるだろうか？　やはりテニスをしているところが想像できなかった植物状態の患者一九人にとっても状況は似ていたが、もっと悪かった。彼らは目覚めておらず、何の認識もなく横たわっていた。グレイ・ゾーンのうちでもとりわけ遠くて暗い位置にいるので、自分に認識能力が残っていることを本人さえ知らない。当然、テニスをしているところなど想像できない。考えることすらできないのだ！

だが、あの驚くべき四人は？　植物状態にあるように見えたのに、それでもスキャナーの中で驚異的な心的偉業を成し遂げることができた、あの四人は？　彼らはまったく違っていた。完全に別格だった。じつは、断じて植物状態ではなかった。最小意識状態ですらなかった。彼らはグレイ・ゾーンの一部である、まだ名前がついていない状態にあった。そして、グレイ・ゾーンのその部分では、人は完全に覚醒していられ、完全に物事を認識できるが、それなのに、身体的にはまったく応答できない。瞬きもできなければ、眉を吊り上げることも、筋肉一つ動かすこともできない。あの四人の患者がテニスをしているところを想像できたのは、私には少しも意外ではなかった。みなさんや私ができるのと同じで、少しも驚くべきことではなかった。

私たちの研究結果は、それよりもなお興味深い可能性を提起したので、私はすでに興奮しはじめていた。それも、激しく。今や、演算処理テクノロジーにおける最新の進歩のおかげで、応答できない体の中で送る生活を明らかにできるスキャナーが登場し、脳とコンピューターをつなぐ真のブレイン・コンピューター・インターフェイスが実現する可能性が出てきていた。グレイ・ゾーンと外の世界とのあいだに橋を架けられる機械だ。患者にテニスをしているところを想像することで応答するように求めるのも一つの方法だが、格段に優れた新しい道具を使って、彼らと実際に意思を疎通させられないだろうか?

私たちは、ユニットで私が指導している聡明で自信に満ちたポスドクの一人であるマーティン・モンティと協力し、双方向コミュニケーションを可能にする方法を工夫した。私たちはいつもどおり、健常なボランティア(今回は、私)を対象に、一連の突飛な実験をするところから始めた。マーティンはイタリア系でユダヤ系で、イタリアで育ち、アメリカでも教育を受けた。この尋常でない組み合わせは、数年後、おおいに役立った。イスラエルのアリエル・シャロン首相の、政治色の濃い事例について、私が専門的な助言を求められたときだ。シャロンは二〇〇六年に脳卒中を起こし、二〇一四年に亡くなるまで八年間、生命維持装置につながれていた。

シャロンが寝たきりになっているあいだに、彼の部下の一人が私のイスラエル人の同僚を通して連絡をとってきた。イスラエルを訪れ、傍目には応答がないシャロンが物事を認識する能力を維持しているかどうか、スキャンして調べてほしいという。私は喜んで引き受けた。だが、どれほど頼んでも、私のチームの誰一人同行してくれようとしなかった。

「身近な患者たちを差し置いて、どうしてシャロンに私たちの時間と注意を向ける価値があるのですか？」というのが彼らの言い分だった。もっともな話だ。違いと言えば、シャロンは、毎日毎日私たちが目にしている患者よりも有名で、イスラエルの元首相であるだけにすぎない。それだけの違いで、どういうわけか彼の命のほうが大きな価値を持つことになるのか？　彼の容体は、私たちの患者よりも重要になるのか？　イスラエルまで行くには、私たちの時間と人的・物的資源や資金にかなりの負担がかかる。それなら、それを地元の患者に使ったほうがよくないだろうか？　だが、そこにはそれ以上の意味合いがあると私は思った。

「有名な人物を検査すれば、この研究室の認知度を上げることができ、この種の患者と彼らの苦境に注意を集められる」と私は言った。私は日頃からかなりの時間を意識障害の人について人前で話すことに費やしており、指導している学生やポスドクたちに、マスメディアと良好な関係を維持することがもたらす恩恵について、どうしても教えておきたかったのだ。

「その人が戦争犯罪人の場合は違うでしょう」という言葉が返ってきた。

私はグーグルでアリエル・シャロンを調べてみた。はたして、シャロンは戦犯であると主張するページが山ほど見つかった。それを否定するページも大量にあったが、政治的な意見に自分の研究室を二分させるわけにはいかなかった。

私はマーティンに連絡をとった。彼はカリフォルニア大学ロサンジェルス校の心理学科で准教授の職に就いており、二〇一二年にイスラエルに出向いて、シャロンをスキャンした。マーティンの返事によると、シャロンのスキャン結果はごく基本的な応答を見せており、けっして高いレベルの応答はなかったという。マーティンは、テニスをしているところや自宅の部屋から部屋へと歩きまわっているところを想像するようにシャロンに求めた。そのときにマーティンが報道陣に語ったとおり、「外の世界からの情報はシャロン氏の脳の適切な部位に伝わっています。とはいえ、シャロン氏がその情報を意識的に知覚しているかどうかは、それほどはっきりしません」。

実際、結果は決定的ではなかった。マーティンはこう言っている。「彼は最小意識状態にあるかもしれませんが、この結果は不十分で、慎重に解釈しなければなりません」。シャロンは私たちが過去何年ものあいだに目にした患者の多くと同じで、応答しているという証拠がいくらかあるものの、意識があるという明確な証拠はなかった。ケヴィンやデビー、ケイトとちょうど同じだ。だが、一つ違いがあった。ケヴィンとデビーとケイトをスキャンしたときには、意識があったとしても、それを確実に検知する方法を私たちは知らなかった。単語や文、顔を示したときに目にしたかなり基本的な応答が、ひょっとしたら隠された意識を反映しているかどうか、判断しなければならなかった。だがシャロンの場合には、マーティンは厳密な試験を行なった。まったく応答のない体の中に残っている意識を検知できることが今やわかっているテストだ。そして、意識はないという結果が出た。シャロンはテニスをしているところを想像できなかった――少なくとも、マーティンが決定的な結論を引き出せるようなかたちでは。「この結果は……慎重に解釈しなければなりません」。担当医や、ひどく動揺した家族に対して、私は何度そう言わなければならなかったか、もう数え切れない。

シャロンの事例によって多くの難問が提起された。たとえば、彼は寝たきりになっているあいだに、腎臓の感染症を治療するために手術を受けた。人々は、重度の意識障害を抱えている人に対しては過剰な医療的ケアだと感じて異議を唱えた。

ユダヤ教は、人命はすべて神聖で、事実上どんな代償を払っても守らなければならないとしている。ラビ（ユダヤ教の指導者）のジャック・アブラモウィッツが二〇一四年に、このテーマに関する興味深いブログに書いているように、「もし誰かが贖罪の日《ヨム・キップル》の断食で死んでしまいそうなら、その人は食べてもいいだけではなく、食べる義務がある。同様に、命を脅かされている状況では安息日《シャバット》の掟を破って、救急車を呼んだり、当人を病院に連れていったりしなければならない(3)」。

ここからユダヤ教には「生活の質」という概念がないという、面白い原理が導かれる。最小意識状態にある患者よりも健常な人のほうが、優先して腎臓手術を受ける資格があるわけではないのだ。これは興味深い見方だが、私はあまり感心しない。たしかに、下すのが難しい判断というものがある。たとえば、どちらか一人を選ばなければならない状況で、癌にかかったティーンエイジャーのほうが、省エネルギー電球を開発している会社を経営する、頭に重傷を負った若いビジネスマンよりも治療を受けるに値するかどうかを判断するのは難しい。この種の議論のせいで、哲学を専攻する多くの大学院生が眠れぬ夜を過ごしてきた。だが極端な場合には、私にはずっと単純に思える。癌にかかったティーンエイジャーと、最小意識状態にあり、腎臓機能を失いつつある八五歳の患者のどちらを選ぶか？　私にとって、その判断を下すのは難しくはないだろう。とはいえ、現実の世界はそのような二者択一ではない。誰かが治療を受けたら、どこか別の場所で誰かが治療を受けられなくなるということは普通はない。だがあるレベルで、二者択一というのは正しいに違いない。今日私たちが下す決断は、はるかな時間と空間を隔てて、ほかの人々に影響する。ほとんどの人が気づいてさえいない影響を。

私たちはみな、一人ひとり違うし、各自の境遇が重要な役割を果たす。もし選択を迫られれば、アリエル・シャロンの家族は、名も知らない癌のティーンエイジャーよりもシャロンの命を重んじるかもしれない。もっともなことだ。それならば、誰にでも当てはまる基準がないとき、そうした決定をどう下せばいいいか決めるうえで、社会や宗教はどんな役割を果たすべきなのか？　功利主義よりも良い対処法があるのだろうか？　そのような状況では、絶対的な社会的利益を判断することはできるのだろうか？　そもそも、社会的要因を絡ませるべきなのか？　ひょっとすると、ユダヤ教はそう考えていないから、功利主義をばっさり切り捨て、その種の判断や決定は人間の領域の外にあると言っているのかもしれない。それでも人間はそのような判断や決定を下すのだから、ユダヤ教の立場が実際的な意味でどれほど役に立つか、私はまったく自信が持てない。

*

アリエル・シャロンがスキャナーに入るずっと前の、二〇一〇年のユニットに戻ろう。マーティンと私は、ｆＭＲＩを使って意思を疎通させる単純な方法を考え出そうと、昼も夜も知恵を絞っていた。ｆＭＲＩで双方向の意思疎通が可能だと以前から確信していたが、けっきょく、自ら試すことにした。科学的な疑問のうちには、あまりに根本的で、基本的なものがある。それに関しては、自分を実験台にするほうが、何十人も参加者を募り、何時間もスキャンし、大量の事務処理を行なうような実験が実現するのを待つよりも簡単だ。それほどの手間をかけるだけの価値がないのだ。このときは、私がｆＭＲＩスキャナーの中で自分の脳活動パターンを変えることによって外の世界と意思を疎通させられるかどうかがわかりさえすればよかった。私は質問をいくつも走り書きした紙をマーティンに手渡した。彼が答えを知るはずもない質問だ。彼は私を知っていたが、「私の母はまだ生きているか？」とか、「私の父の名前はテリーか？」とかいった質問の答えがわかるほどよく知ってはいなかった。質問の中身はどうでもよかった。ただ、マーティンがまだ答えを知らないほどわかりにくく、それでいて、私がただイエスかノーで答えられるほど単純であればいい。

　私が横になって目を閉じ、聞き耳を立てていると、ウィーンという音がしてスキャナーのベッドがｆＭＲＩの中にゆっくりと引き込まれた。中は暗く、暖かかった。内部、つまり装置の中央を貫く長い管は、私の身長がすっぽり収まるが、幅は六〇センチメートルもなかった。両肘が当たりそうなほどだ。足にはウールの毛布が掛けられ、頭は担当の技術者が頭骨とヘッドコイルのあいだに詰め込んだ小さなスポンジクッションで固定されていた。「ヘッドコイル」は鳥籠に似ていなくもない。それに頭を突っ込む。外は見えるが、顔のすぐ前に配置された「バー」の隙間を通して覗かなくてはならない。スキャナーのベッドに上がるときには、その鳥籠が貝のように開いている。横たわって、開いている鳥籠の片側に頭を置くと、技術者がもう一方の側を顔にかぶせるようにして閉じ、頭をその中に完全に封じ込める。この鳥籠は、ｆＭＲＩテクノロジーのかなめである、無線周波数信号の送受信機だ。頭の近くに来るようにできている。近いほうが画質が大幅に向上するからだ。

　私は技術者が必要な手順を終えるまでに一〇分ほど時間があるのを知っていた。暗闇の中に横たわっているうちに考えはじめた。これまでにもスキャナーの中に入ったことはある。何度も。実際、スキャナーが自分の人生にとってこれほど根本的な部分になるとは夢にも思わなかった遠い昔から、多くのスキャナーの中に入ってきた。私は一四歳のとき、ホジキン病の診断を受けた。そして、二年間のほとんどをスキャナーに出入りして過ごした。ＭＲＩ、ＣＴ、超音波、Ｘ線と、何でもやった。一九八一年には七週間にわたって毎日数分、線形加速器の中で過ごした。線形加速器は一部屋を埋めるほど巨大な機械で、私の胸に放射線療法を施してくれた。治療と、最終的には回復に間違いなく役立ったとはいえ、当時これらの機械は怖かった。その私が、スキャナーの中やまわりでこれほど多くの時間を費やす職業人生を選ぶとは、不思議なものだ。

ホジキン病は今では治すことが十分可能だが、当時は状況が違った。自分が死ぬと思ったことがあったかどうかはわからないが、死にかけていると感じることは何度もあったのを覚えている。放射線療法に加えて化学療法も繰り返し受けた。病状は一時治まったが、また悪化し、私は注射と薬と嘔吐という毎日に戻った。それが果てしなく続くように思えた。髪の毛が抜け、体重の半分近くを失い、このまま体を丸めて死にたいと願うこともときどきあった。親友の数人が、ほんとうにそうして死んだ。とうとう私の十二指腸（胃のすぐ先にある、小腸の最初の部分）が、薬に耐えられなくなってすっかり機能を停止してしまった。そのときの痛みは我慢できなかった。私はヘロインやモルヒネと同じ種類のアヘン様物質であるペチジンという鎮痛薬を投与された。

四時間ごとに薬が静脈を満たし、苦痛を取り除く温かい快適な波となって腕を上っていくと、私は意識のない恍惚状態に陥るのだった。それから時計で測ったように三時間後、目が覚め、上半身を真っ直ぐに起こし、また一時間激痛に耐えると、次の甘い救いの時間が巡ってくる。やがて私は幻覚を経験しはじめた。小人や妖精といっしょに踊りながら野原を抜け、手に乗せた鳥たちが甘美な歌を歌う。ペチジンの投与はたちまち中止され、私は恐ろしくて汗みどろの、痛みと混乱の霞を抜けてこの世に戻ってきた。

そのころ、自分が生と死の狭間にいると感じることがよくあった。完全に認識能力があるわけでも、完全にその能力がないわけでもない、私独自のグレイ・ゾーンだ。行ったり来たり、出たり入ったり、進んだり戻ったりした。認識能力がある側ではなく、ない側にいたかった。グレイ・ゾーンでは、痛みから逃れ、混乱の中を寝て過ごすことができるからだ。この世に戻ってくるたびに、つまりグレイ・ゾーンを出て現実に戻ってくるたびに、私は聞くに堪えない悪態をつくのだった。するとやがて、親切な看護師が助けにきてくれて、またあの快適な場所に送り届けてくれた。

私はあれほど恐ろしい思いをしたものの、あの時期を通して、一種の勇気と愛に取り囲まれていた。そしてその勇気と愛は、それ以来ずっと、私とともにある。母は二年間、毎日枕元にいて、快活に新聞を読み聞かせ、最新の家族の話題を伝え、おおむね私という船が浮かんでいられるようにしてくれた。父は毎日、朝は病院に新聞を届けてくれ、昼にはいっしょにケーキを食べたり冗談を交わしたりし、夜はよく眠れるようにと声をかけてから遅い列車に乗って帰宅するのだった。兄と妹はそれぞれティーンエイジャーの暮らしを、最善を尽くしながらこなしていかなければならなかった。あの苦しい日々を二人がどうやって生き抜いたのか、想像もつかない。

何年もしてからようやく気づいたのだが、家族みんなにとって、あれがどれほど耐えがたい時期だったことか。当時はすべて私、私、私だった。病気にかかっていたのが私、苦しんでいたのも私、将来が見えないのも私だった。だが現実には、けっしてそうではない。命にかかわる病気は、私たち全員に影響を与える。その影響が及ぶ範囲には、事実上際限がない。バタフライ効果と同じで、緊密な家族の一人が倒れると、動揺の波紋が、じつにさまざまな予測不能のかたちで外に向かって広がっていく。万事の中心にいる人が結果的に生きようが死のうが、緊密な家族がばらばらになってしまうことがよくある。幸い、私の家族はそうならず、私はこうして生き延びてこの話を語っている。

あれから四〇年近くたった今、グレイ・ゾーンにいる人々の母親や父親、兄弟姉妹、子供たちの顔を見て、その全員にある種の親近感を覚える。愛する人の命が危険にさらされているときに、家族にとってそれがどのようなものかを知っている、という感覚だ。

スキャナーの中に横たわって子供時代の病気のことを思い返しているうちに、自分の人生で行なったさまざまな選択や、私がこういうことをするようになったのは、どういうわけかみな必然だった可能性について考えはじめていた。私は無神論者で、運命というものを信じていない。だが、私たちが進む道は、自分が行なった選択によって決まると信じてはいるし、そうした選択は自分の経験に基づいて行なわれるとも思っている。私は子供のころ重い病気にかかり、現代医学という有効な仕組みによって回復した。薬と、スキャナーと、私を生かしておくために一生懸命働いてくれた人々のおかげで助かった。科学者や医師、看護師、病院の移動・運搬係——まったく先行きが見えないなか、私が頑張りつづけられるように、直接あるいは間接的に力を貸してくれた何百もの人々のおかげで。そして今、私は彼らの側に回った。自分は何かお返しをしようとしているのだろうか？　私は現代医学の最前線で、次世代の脳スキャナーを開発している技師や、複雑な神経変性疾患の謎を解明している神経科学者や、子供から老人まで、人々を死の瀬戸際から連れ戻すために日夜働いている神経集中治療の専門家たちの傍らで仕事をすることを選んだ。これはみな、偶然の結果だなどということがあるだろうか？　それに、モーリーンの事故はどうなのか？植物状態やそれに類似した状態に初めて私の興味を掻き立てたのがあの事故であることは、間違いないのではないか？　そして、ケイトは？　彼女が応答していなかったら、今ここに、こうしてスキャナーの中に横たわって、マーティンと意思を疎通させようとはしていなかっただろう。私がここに行き着いたのは、やはり必然だったのかもしれない。

＊

「よし。準備ができました。それでは、今度は？」外の世界との唯一の連絡手段である原始的な内部通話装置《インターコム》を通して、ヘッドホンの中でマーティンの声が響いた。

「質問の一つをして。答えがイエスだったらテニスをしているところを想像するし、ノーだったら自宅を歩きまわっているところを想像するから」

一〇秒後、カチッ、バーン、ビーッなどと音を立ててスキャナーが始動するのがわかった。物理学的な仕組みは複雑だが、脳内での陽子のスピンを頼りにしている。私がスキャナーの中に収まったとき、頭の上とまわりの恐ろしく強力な磁石が、脳内の陽子のスピンの向きを全部そろえた（ありがたいことに、そのとき私はそんなことには少しも気づかなかった）。それから、頭の周りの鳥籠からさっと電波が発せられて、すべての陽子のスピンの向きを乱した。電波の照射が終わると、巨大な磁石が、また全部の陽子のスピンの向きをそろえた。血液中の陽子が引っくり返されたあとにまた向きがそろうまでにかかる時間は、血液中の酸素化レベルしだいで、そのとき生じる信号をスキャナーは捉えることができる。信じられないテクノロジーであり、信じられない科学ではないか。

fMRIスキャナーの中にいるというのは、じつに奇妙なものだ。途方もなくうるさい。耳栓をしたうえに、道路をドリルで掘り返している人がつけているような一種の防音用の耳覆いをつけていないと、聴力が損なわれるほどうるさい。私は鳥籠に頭を閉じ込められ、ジェット機が耳元を飛んでいるほどの騒音に包まれ、子供時代の病気についてじっくり考えながら、六〇〇〇万ドルもする繭《まゆ》の中に横たわり、そこにいた。そんな状況で、マーティンが「先生のお母さんはまだ生きていますか？」と訊くのを耳にするのは、どこか現実離れしていた。私はさっさと頭を働かせなくてはならない。するべきことはわかっていたが、時間は三〇秒しかなかった。答えはノーで、母はもう生きてはいない。だから、ノーと伝えるには、そう、自宅を歩きまわっているところを想像しなければならない。

私は、ケンブリッジの中心近くにある自分の小さな家の正面のドアを抜けて、玄関に入るところを素早く考えた。コートと靴だらけの玄関を思い浮かべた。ダイニングルームへとさらに足を進める。一年前にＩＫＥＡで買ったガラスのテーブルがある。テーブルとセットになった、うんざりするほど座り心地の悪い椅子が目に留まる。キッチンを見遣る。一〇〇年前に造られた出入口が歪んでいる。中に入り、右側の冷蔵庫と、左側の、パティオに続くドアを通り過ぎる。正面には、裏手の窓を通して庭が見える。庭に出るには、左に曲がって裏のドアを抜け、その年に自分で石を敷き詰めたパティオを通り、草の上に下りなければならない。頭の中でそこに向かっていた。

「さあ、リラックスして、頭を空っぽにしてください」

その言葉で思考の流れが中断され、私は途中で急に立ち止まった。それから急いで自宅から注意を逸らした。それまで何度となく、参加者に「リラックスして、頭を空っぽにしてください」と言ってきたが、その瞬間、それがどれほど無茶な要求か悟った。頭を空っぽにするとは、いったい何を意味するのか？「頭を空っぽにする」ことができる人などいるのか？　リラックスすると、私の頭は、明日の計画や、しなければならない買い物、出席しなければならない会議のことでいっぱいになる。

「私たちは脳の一〇パーセントしか使っていないというのはほんとうですか？」と、何度訊かれたか知れないことが思い出される。そのばかげた考えがどこから出てきたか想像もつかないが、それはたわごとだ。それにもかかわらず、聞いたことがある人があまりに多いので、私はしょっちゅうこの質問を受ける（世の神経科学者全員がそうなのではないか）。だが、ＰＥＴスキャン画像、それも、「フルオロデオキシグルコース（ＦＤＧ）」スキャンと呼ばれる種類のＰＥＴスキャン（安静時の脳の基準活動値を計測する）の画像を見ると、脳全体がつねに活動していることがわかる。何かを考えたり行なったりすると、活動がさらに盛んになる部分もある（それこそが、Ｏ－15ＰＥＴスキャンやｆＭＲＩの拠り所だ）が、ただ「リラックスして頭を空っぽにする」ときも、脳の全体が依然として活動している。

どんな意味合いでも、脳の一〇パーセントしか使わないことなどないし、同様に、リラックスしたときに頭が「空っぽ」になることもない。だが私は、スキャナーの中に横たわってマーティンの声に耳を傾けながら、まさにそうしようとしなければならなかった。

私はシドニーを思い出し、ボンダイビーチに目を閉じて横たわっているところを想像した。顔に当たる日差しの暖かさを想像し、心を集中させたままにしようとした——無に集中させたままに。数秒間、何も考えまいとしてみてほしい。そうすれば、それがどれほど難しいかわかるだろう。私たちの頭はハチドリさながら、一つの考えから別の考えへと絶え間なく飛びまわっており、ブレーキをかけて虚ろにするのはほぼ不可能だ。植物状態とはどのようなものなのかを想像するのが誰にとってもこれほど難しいのは、このせいかもしれないと、しばしば思ってきた。何についても考えないというのは、どんな感じなのか？　私たちはそれを一度も経験したことがないから、知りようがない。そして、これからもけっして経験できない。ともかく、グレイ・ゾーンのこちら側にいるあいだは。

「先生のお母さんはまだ生きていますか？」というマーティンの声で、私はボンダイから引き戻された。その言葉をふたたび耳にできてほっとした。ケンブリッジの自宅に戻ることができる。三〇秒前にあとにした場所に。あのときは、キッチンに立ち、どうやって庭に出るかを考えていた。何も想像しないよりも何かを想像するほうがはるかにたやすいというのは、奇妙なパラドックスだ。現実の世界では、何もしないよりも何かをするほうがはるかに骨が折れる。だが、頭の中ではその逆だ。私たちはいつもスイッチが入っていて、まわりの世界をモニターし、注意を向けるべきものを探し、避けるべき状況がないかスキャンしている。それが初期設定になっている。スイッチを切るのには努力が必要だ。

私は、母に関する質問に答えてはビーチでリラックスするというこの手順を五回繰り返した。きっかり五分かかり、スキャンは終わった。突然静寂が戻り、私は救われる思いだった。だが、気がかりだった。うまくいっただろうか？　脳だけを使って、外の世界と意思を疎通させることができたのか？　私はスキャナーから出るのが待ち切れなかった。

「答えはわかったか？」誰かが聴いていることを願いながら、私は出し抜けに言った。知りたくて仕方なかった。だが、コントロールルームで起こっていることからは完全に切り離され、まだ鳥籠の中に頭を入れたまま、閉じ込められていた。返事はなかった。不安が募り、耐えがたかった。

「うまくいった？」と私は怒鳴った。

あいかわらず静寂が続く。それから、インターコムから声がした。「先生のお母さんは、もう生きていません」

私は耳を疑った。「それは確かか？」

「一〇〇パーセント確かです！　ばっちりです。脳画像で、先生の海馬傍回がまるでクリスマスツリーみたいに明るくなりました。家の中を歩きまわっているところを想像していたということです。つまり、ノーと言っていたんですよね？　先生のお母さんは、もう生きていません」

そのときまでは、「先生のお母さんは、もう生きていません」という言葉を耳にして嬉しくなるような筋書きは、逆立ちしても想像できなかっただろう。今や私は狂喜していた。

「もう一度やろう！」と私はわめいた。「別の質問をしてくれ！」

＊

検査が終わるまでに私は三つの質問を受け、脳だけを使って首尾良く全問に答えることができた。「先生のお父さんの名前はクリスですか？」と訊かれたときにも、自宅を部屋から部屋へと歩きまわるところを想像した。答えがノーだったからだ。父の名前はクリスではない。クリスは兄の名前だ。だが、「先生のお父さんの名前はテリーですか？」と訊かれたときには、まったく違うことをした。テニスをしているところを想像し、架空の相手に向かってネット越しにボールを打ち込んだ。イエスというメッセージを伝えるためには、そうしなければならないことを承知していたからだ。父の名前はほんとうにテリーであり、テニスの試合をしているところを想像することによって、スキャナーの外の、隣のコントロールルームにいるマーティンにそれを知らせた。脳の中の活動パターンを変えるだけで、父の名前を彼に伝えたのだ。

この魔法のようなテクノロジーを使った離れ業によって、マーティンは私の思考を読むことができた。テレパシーを使ったわけではない。少なくとも、文字どおりの意味では。私が考えていたことは、脳活動のパターンとしてコード化しなおされ、それをｆＭＲＩスキャナーが捉えて、マーティンが「読む」ことのできるような、鮮やかな色のついた点の集合としてコンピューター画面に映し出した。彼は私の心を読んだのだ。

実験は成功した！　私たちは、スキャナーの中に閉じ込められた人と、ｆＭＲＩを使って双方向で意思を疎通させられることを立証したのだった。質問をし、相手の脳の中で起こっていることを見てみるだけで、答えを解読することができた。笑ってしまうほど単純だが、まさに必要としていたものがそれで得られた。

＊

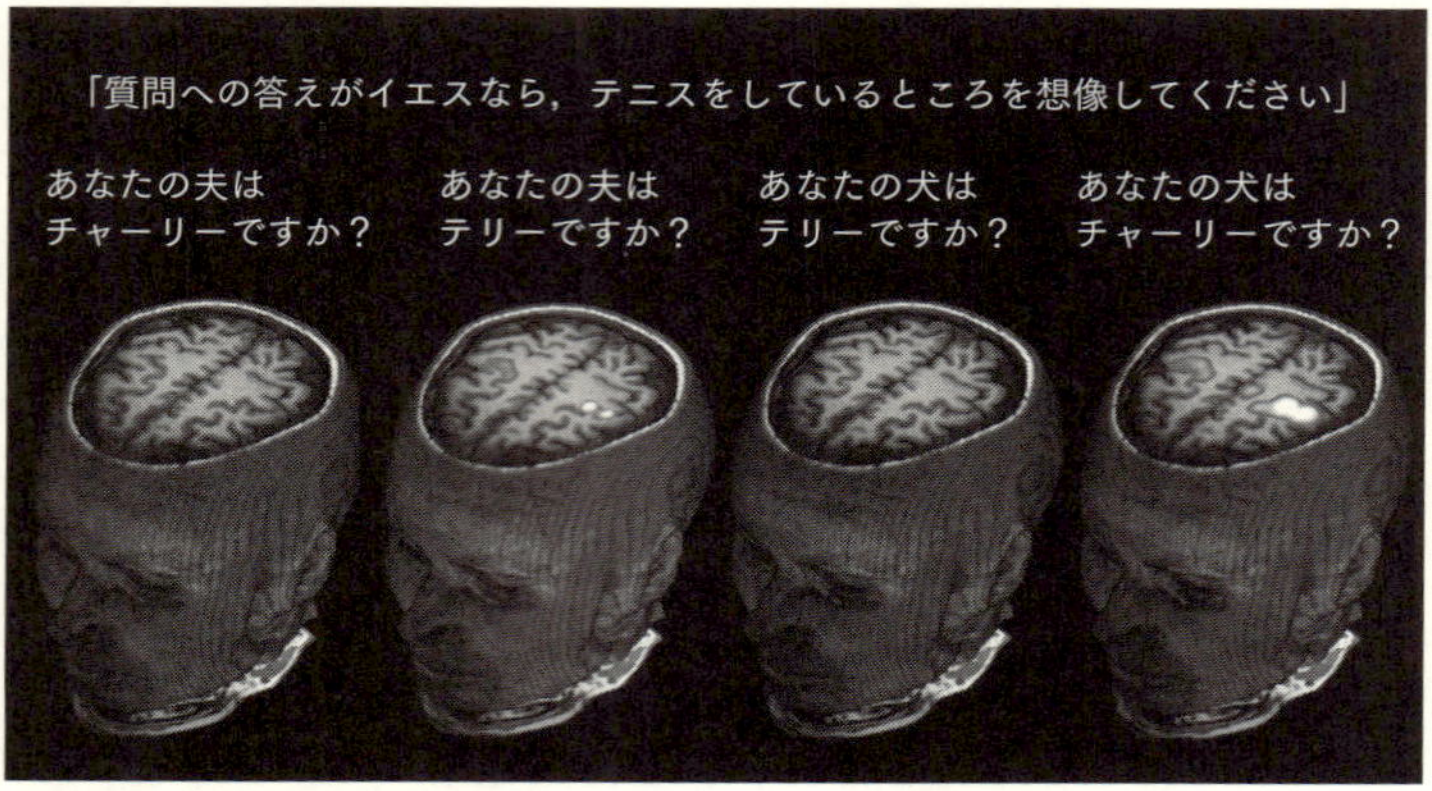

患者で試す前に、多くの疑問を解消する必要があった。この手法はどれほど信頼できる、しっかりしたものなのか？　誰でもできるのか、それとも私はどこか特別だったのか？　私はｆＭＲＩスキャナーの中で長い時間を過ごしてきたので、どうすれば脳をうまく活性化させられるかがよくわかっている。それが強みであり、普通の人よりも有利なのだろうか？

私が例外的なのかどうかを調べるために、イエスならテニスをするところ、ノーなら自宅を動きまわるところを想像するという、私たちが開発した手法を使って、マーティンは面識のない人を一六人スキャンした。一六人にそれぞれ三つの質問をした。実験を終えるまでに二週間ほどかかった。それが済むと、マーティンが満面の笑みを浮かべて私のオフィスに飛び込んできた。言われなくても結果は想像がついた。彼の顔にはっきり書いてあったから。驚くべきことに、それぞれの質問に対して脳が応答するときの活性化のパターンを見るだけで、実験で投げかけられた計四八の質問に対する答えを一つ残らず正しく解読することができた。大成功だ！　ｆＭＲＩを使えば、信頼できる双方向の意思の疎通が可能なのだ！

たしかに、一〇〇パーセントの精度でそれぞれの答えを解読するには五分間スキャンしなければならなかったが、それが唯一の意思疎通手段だったらどうなるか想像してほしい。それで人生が変わるのではないか？　何年にもわたって、話すことも、瞬きすることも、そのほかどんな手段を使って意思を表明することもできなかったところへ、この可能性が開けたらどうなるか想像してほしい。繰り返し質問し、イエスかノーで答えてもらい、相手が考えているものを当てるゲームがあるが、テクノロジーを使ってそれを途方もなく進歩させ、身体的な障害によって沈黙させられてしまった脳が思考しているときに外の世界とつながる可能性が開けたらどうなるかを。

＊

まもなく、この手法を試す機会が得られた。ベルギーのスティーヴン・ローリーズとその仲間たちと共同研究をしていた私たちは、東ヨーロッパの二二歳の患者のことを知った。仮にジョンとしておこう（私はついに本名を知らされなかった）。彼は五年前にオートバイに乗っていたとき、車にはねられた。後頭部を強打し、広範な脳挫傷を負った。このような脳の打撲では、細い血管から血液がまわりの脳組織に漏れ出て、小さな出血がいくつも起こることが多い。スティーヴンのグループは、一週間にわたってジョンを念入りに調べた。彼は植物状態にあるという診断が繰り返し下された。リエージュに戻って臨床神経病学の研修医として勤務していたメラニー・ボウリーは、ジョンをｆＭＲＩスキャナーの中に入れ、テニスをしているところを想像するように求めた。ジョンはそれまでの五年間、何の応答もしなかったにもかかわらず、スキャナーの中では、物事を認識する能力があるという明確な徴候を見せた。求めに応じて、テニスをしているところを想像できたのだ。

スティーヴンはベルギーから電話をかけてきた。自分のチームは、私たちの意思疎通の手法を使ってジョンをスキャンするべきだろうか、と彼は尋ねた。私は一も二もなく同意した。これこそ待ち受けていた機会だった。翌日の晩、メラニーと、スティーヴンが指導している学生の一人であるオードリー・ヴァンハウデンフイスが、ジョンをスキャンし、私たちの新しい手法を使って意思の疎通を試みることになった。マーティンは、興奮に駆り立てられるようにしてリエージュ行きの次の列車に飛び乗った。彼はなんとしても立ち会いたがっていたし、私も彼に現場にいてほしかった。彼はこのときまでに、スキャナーの中の健常な参加者たちと意思を疎通させる経験を数多く積み重ねてきていたし、結果を素早く効率的に出す、利口なコンピューターコードを書いていたからだ。

スキャンの日、私は目が覚めるとベッドから飛び起き、スーツとネクタイに手を伸ばした。ロンドン王立協会の会議で講演する約束があったのだ。だが、まったく準備ができていなかった。ベルギーでの実験のことで頭がいっぱいだったからだ。列車の席に座り、ゆっくりとロンドンに向かうあいだ、することになっている講演に意識を集中しようとしたが、どうしてもジョンとスキャンのことを考えてしまう。私も立ち会えたらよかったのに。行くべきだったのかもしれない。ロンドンで講演することは何か月も前に約束していたし、今さらキャンセルするのは不適切きわまりなかっただろうが、誘惑を覚えなかったと言ったら嘘になる。

王立協会の建物の中に入るか入らないかのうちに、携帯電話が鳴った。リエージュのスキャナー室からマーティンがかけてきたのだった。

「彼は応答しています！」とマーティンが叫ぶように言った。「またテニスをしているところを想像しています。質問をしてみましょうか？」

「ああ、してくれ！」私は込み合ったロビーの喧噪の中で叫び返した。

講演が始まるまでのあいだ、私の携帯電話は数分おきに鳴りつづけた。「運動前野を活性化させているようですが、確信は持てません」とマーティンが知らせる。ベルギーのスキャナーはケンブリッジの私たちのものと同じ機種で、すぐにｆＭＲＩデータを分析できるが、それは表面的なかたちでしかなく、スキャンの最終結果がどんなものかには絶対の自信が持てないこともあった。

「生データをもっとよく見てみることはできるか？」と私は尋ねた。もしマーティンがデータを手に入れて自分で分析できれば、何が起こっているかがもっとはっきりするのは確実に思えた。

私は講演をするために、やむなく携帯電話の電源を切った。演題は「思考が行動になるとき――ｆＭＲＩを使って認識能力を検知する」だった。植物状態にある人の認識能力を検知する研究についての四五分の講演と質疑応答だ。聴衆は手強かった。抜群に頭が切れるイギリスの認知神経科学者多数を含む二〇〇人が出席していたが、私の話はすんなり受け入れられ、聴衆は納得したようだった。私は演壇を降りるのももどかしく、ロビーに戻ってリエージュとの電話を再開した。人々が話しかけてきて、講演についてさらに質問しようとしたが、追い払った。思いはベルギーに飛んでいて、私はピリピリしていた。

「何を訊くべきか、彼らは知りたがっています」とマーティンが言った。

「君が健常な参加者に投げかけたのと同じ質問を使うように言うんだ。兄弟か姉妹がいるか、訊いてくれ」

「もう訊きました。三つの質問は、もう全部しました。次は何を？」

事はあまりに速く進んでいたので、私たちはすでに質問を使い果たしてしまった。患者がここまでできたらどうするか、考えてもいなかった。そんなことになるとは、思いもよらなかったからだろう。

「オードリーは、ピザが好きかどうか訊くべきだろうか、知りたがっています」とマーティンが言った。まるで伝言ゲームになりかけていたので、通訳を通しているあいだに大事な点が抜け落ちてしまいはしないかと、私は心配になった。

オードリーの質問は、重要な問題を提起していた。これまで私たちは、スキャンのあとで家族の話を聞けば確かめられるような、明確なイエスかノーで答えられる質問だけを投げかけていた。「兄弟がいますか？」といった質問は明確そのものだ。いるか、いないかのどちらかしかない。そして、家族に確認できる。だが、「ピザは好きですか？」といった質問は、そうはいかない。私はマッシュルームの載ったピザは好きだが、ペパローニが載ったピザは嫌いだ。だから、その質問に対する答えは、「ピザの種類しだい」となる。

しかも、ピザに関する私の好みは、兄弟がいるかどうかといった、確認のできる、争う余地のない事実ではない。ジョンに父親の名前や五年前の事故の前に行った最後のバカンスの場所を尋ねるのは、良い選択肢だということで私たちは意見が一致した。家族に問い合わせると、答えの候補（当たっているものもあれば、外れているものもある）が得られたので、オードリーはスキャナーに戻った。

こうして実験は続いた。リエージュのスティーヴンのチームが患者のスキャンを行ない、ロンドンの私がアドバイスする。臨床的に植物状態だと宣告された患者を、私たちは歴史上初めてスキャンし、その患者と意思を疎通させた。マーティンから正式の分析が戻ってきたときに、ジョンが五つの質問に正答していたことが完全に明白になった。信じられない話だが、彼は以下のように答えていた。イエス、兄弟がいます、ノー、姉妹はいません、イエス、父の名前はアレグザンダーです、ノー、トマスではありません。そして、負傷する前に最後のバカンスで訪れた場所がアメリカであることも認めた。

あと一つだけ質問する時間が残っていた。さらに一歩踏み込み、確証しようのない質問、ジョンの人生を現に変えうる質問をする時が、ひょっとしたら来たのかもしれない。スキャナーのコントロールルームに立っていたマーティンとオードリーとメラニーは、あるアイデアを思いついた。痛みがあるかどうか、ジョンに訊くのだ。もし過去五年間ずっと痛みがあったのなら、この機会に確かめ、何かしら手を打つことさえできるかもしれない。メラニーはスティーヴンに電話して助言を求めた。スティーヴンは地元の臨床研究倫理委員会の顧問で、このころまでには、このような状況で何をするべきか（そして何をするべきではないか）についての判断を下す経験を積んでいた。

「死にたいかどうか、訊きなさい」とスティーヴンは言った。

メラニーは面食らった。「いいんですか？　痛みがあるかどうか訊くべきなんではありませんか？」

「いけない！」とスティーヴンは応じた。「死にたいか、と訊くんだ」

悩ましい瞬間だった。私たちは以前にはなかったほどのところまで立ち入ることにしたが、今や、新しい（そして率直に言って恐ろしい）方向に踏み込む可能性に直面した。彼が、イエスと答えたら？　私たちはどうしたらいいのか？　たとえ、ノーと答えたとしても、私たちにできるのは、彼の願いを今は少なくとも知っているという事実を受け入れることぐらいのものだ。

スティーヴンを含め、私たちの誰一人として、この状況が提起する倫理的難問について考え尽くしてはいなかった。私はこの機会に向けて一〇年近く働いてきた。グレイ・ゾーンにいる患者と意思を疎通させ、彼らの願いを尋ねることに向けて働いてきたのに、いざ、そこまで漕ぎ着けてみると、返答を得たときにどうしたらいいのか、皆目見当がつかなかった。そもそも、その質問をするべきなのかにさえ、自信が持てなかった。だがリエージュでは、スティーヴンが事を取り仕切っており、決定権は彼にあった。けっきょくはこれが肝心な質問であることを、彼は知っていたのだと思う——家族がしたがっている質問だと、知っていたのだろう。

次に起こったことが良かったのか悪かったのかは、何とも言いがたい。多くの意味で、それは私たちを苦境から救い出してくれたが、私の中にがっかりした部分がなかったと言えば嘘になる。「あなたは死にたいですか？」と訊かれたときのジョンのスキャンの結果は、決定的ではなかった。ジョンの脳活動は、それまでの五つの質問には明確かつ正確に答えたにもかかわらず、死にたいと思うかと訊かれたときには解読不能だった。応答がなかったわけではないが、テニスをしているところを想像しているのか、それとも自宅の部屋から部屋へと歩きまわっているところを想像しているのか、判断がつかなかったのだ。そのどちらもしていないようだった。彼の答えが「はい、死にたいです」なのか、「いいえ、死にたくありません」なのか、知りようがなかった。どうしてこうなったのかはわからないが、ほとんどの人にとって、「あなたは死にたいですか？」という質問は、「ピザは好きですか？」という質問と同じで、イエスかノーかという明確な答えがないのではないかと思う。ジョンの反応は、「いや、それは死なないとどうなるかしだいです！」だったのかもしれない。あるいは、「このあとさらに五年たつうちに、私をこの状況から救い出してくれる方法が見つかる可能性はどれぐらいありますか？」や、「少し考える時間をくれますか？」だったのかもしれない。可能性はたくさんあり、そのどれもが、紛らわしい脳活動パターンを生み出しただろう。そうしたパターンは、私たちには解読できない。ジョンはテニスをしているところも自宅の部屋から部屋へと歩きまわっているところも想像していなかったからで、私たちが確実に解釈して理解できる脳の状態はこの二つだけだったのだ。やがて時間切れになった。メラニーとオードリーとマーティンは、ジョンをスキャナーから出し、病棟へ送り返した。

ジョンと意思を疎通できたときには、植物状態の患者の意識を検知できるのを発見したときよりもなおさら感激した。ジョンの場合は、周囲の状況を認識する以上の認知的活動を行なっていることを示してくれた。私たちは、「あなたは死にたいですか？」という、重大な疑問の一つを解き明かす一歩手前までたどり着きさえしたのだ。一歩手前まで来たが、届かなかった。

＊

姉妹がいるかどうかを問うような質問に答えるのは、脳にとって比較的やさしいと思う人がいるかもしれないが、じつはそれは非常に複雑なことだ。みなさんも試しに答えてみてほしい。「あなたには姉妹がいますか？」きっと、簡単に答えられたという気がするだろう。ほとんど考えもしないのに答えが浮かんだに違いない。姉妹がいるかどうかを知るのがやさしいのは、それがたいてい、私たちがほぼ一生にわたって生きてきた状況だからだ。例外はある。みなさんには姉妹がいたが、もう亡くなっている場合には、情報をつけ加えなければ、少し答えにくくなる。だが、たいていの人にとって、答えは単純なイエスかノーだ。はい、います、あるいは、いいえ、いません、のどちらかだ。

だが、脳はどうやって答えているのだろう？　脳は、どうして答えを知っているのか？　ただ知っている、ただ知っているわけではない、というのがその答えだ。私たちは人間として、ただ知っていることがあると多くの人は感じているが、姉妹がいるかどうかは、少なくともそういう意味合いで脳が知っているわけではない。みなさんの脳は、みなさんに姉妹がいることをただ「知る」ことはできない。コンピューターが、みなさんに姉妹がいることを「ただ知る」ことができないのと同じだ。脳は答えを見つけなくてはならない。脳は記憶を調べ、姉妹がいるという証拠を探さなければならない。その証拠は、二つの一般的な形をとりうる。

まず、「自伝的」な場合がある。自分に外見が少し似ていて、同じ親の言いつけに従う人と遊びながら子供時代を過ごした記憶を持っているという意味で、自伝的だ。あるいは、姉か妹の二一歳の誕生日と、自分が買って渡したプレゼントを覚えているかもしれない。それが自伝的記憶で、脳はそれを使って、みなさんに姉妹がいるかどうかを判断できる。

人の脳が見つけうる、もう一方の種類の証拠は、心理学者が「宣言的記憶」と呼ぶもので、もっと単純に言えば、「知識」だ。脳のどこかで、データの一つが、みなさんには姉妹がいる、あるいは、いない、と言う。それはみなさんが姉妹とともに過ごした経験とは無関係で、「あなたには姉妹がいますか？」という質問に答える必要があるときにいつでも引き出せる、保存された事実にすぎない。それは、パリはフランスの首都であるという（フランスに行ったことがあるかどうかに関係なく、おそらく持っている）たぐいの、一片の知識だ。みなさんはそうした事実を覚える。自分には姉妹がいることを覚えたのとちょうど同じだ。

神経心理学者は、自伝的記憶と宣言的記憶の違いにおおいに興味をそそられる。脳損傷によって一方の記憶が影響を受け、もう一方には何の影響も出ない場合があるからだ。実際、私の同業者で、トロントのロットマン研究所のブライアン・レヴィーンは、「自伝的記憶重篤欠損（severely deficient autobiographical memory）症候群」というまったく新しい異常を記述している。過去の出来事を鮮明に思い出す能力が損なわれるが、そのほかの記憶能力は無傷であるという症状だ。[4] この症候群の患者は、子供時代の姉妹のことはまったく覚えておらず、姉妹と共有した経験は何一つ報告できないし、二一歳の誕生日の懐かしい記憶も残っていない。それにもかかわらず、自分には姉妹がいることを知っている。その情報に関する宣言的記憶、すなわち事実的知識は失っていないからで、そのため、おおむね普通の生活を送ることができ、この記憶障害には、本人さえ含め、誰も気づかないままになることが多い。ブライアンの患者の多くは、過去に脳を損傷していないし、神経画像検査で脳損傷の証拠が見つかることもない。だから、この異常の原因は、今なお完全な謎のままだ。

そんなわけで、私たちが引き出せる一つの結論は、ジョンは最後にバカンスで行った場所も含め、事故の前に保存した記憶は保持しているというものだ。彼が自伝的記憶と宣言的記憶のどちらを使ったかはわからないが、その一方あるいは両方が無傷だったので、彼は質問に答えられたのだろう。そして、ジョンの脳については、それよりはるかに多くの結論を引き出せた。「あなたには姉妹がいますか？」という質問に答えるために、ほかに何が必要か考えてほしい。最低限でも、話し言葉を理解する必要がある。質問が理解できなければ、答えようもない。それから、脳が答えを検索しているあいだずっと、その質問をワーキングメモリーの中に保持しておく必要もある。ワーキングメモリーがなく、必要とされるまで（この場合には、単純な質問に答えるまで）情報を保持しておけなかったらどうなるか？　脳は答えを探しにかかるが、気がつくと、質問を忘れてしまっている！

実際、ジョンがあの日、あれだけのことをやってのけるためにワーキングメモリーに求められたことは、それよりもはるかに多い。頭にとどめておかなければならなかったのは、質問だけではないからだ。優に一時間を超えるスキャンのあいだ、質問に対する答えがイエスのときにするべきこと（テニスをしているところを想像すること）と、答えがノーのときにするべきこと（自宅を歩きまわっているところを想像すること）も、覚えていなければならなかった。さらに重要なことがある。これらの認知的プロセスが無傷であるに違いないことを裏づけたジョンの応答から、彼の脳のどの部位が依然として正常に機能しているかについて、多くのことがわかった。言語が理解できるのなら、側頭葉の音声領域は問題なく働いているはずだ。ワーキングメモリーに情報を保持できたのだから、最も高次の認知を司る前頭葉のさまざまな部位が、あいかわらずしかるべき応答をしていることがわかる。事故前の出来事を思い出せたのだから、内側側頭葉領域と脳の奥深くにある海馬が、無傷のままであることもわかる。

こうした心的プロセスはすべて、みなさんや私が日頃から考えもせずに、一瞬一瞬やっていることだ。だが、五年にわたって植物状態にあるとばかり誰もが考えていた患者が、この種の精巧な意識の基盤を示す場面に立ち会う経験をした私は、目を開かれる思いがした！

ジョンはスキャナーの中から、私たちと確実かつ効果的に「意思疎通」できたものの、スティーヴンのチームは、ジョンの病床ではどんなかたちの意思疎通も達成できなかった。ジョンにはｆＭＲＩを通しての意思疎通しかなかった。それが唯一の選択肢だった。それでも、ｆＭＲＩの分析が完了したあと、標準的な神経学的手法を使って徹底的に再検査をした結果、医師たちは彼の評価を「最小意識状態」に変えた。ジョンには認識能力があることを知ったせいで、どういうわけか、スティーヴンのチームは部分的認識能力の存在を示す微妙な徴候を見つけるのが楽になったに違いなかった。そうした徴候は、スキャン前は検知されずにいたのだから。

ジョンはリエージュには一週間しかとどまらなかった。スティーヴンのチームの評価を受けるために東ヨーロッパから搬送されてきた彼に、帰国する時が来たのだ。私たちは、時間も運も尽き果てた。何年もたってから、私はジョンがどうなったかをメラニーに尋ねた。彼の帰国後、オードリーは彼の家族との連絡がつかなくなった。電話が不通になり、ほかに連絡の方法もなかった。ジョンは現れたときと同じように唐突に姿を消してしまった。数時間、光の中で過ごしたあと、グレイ・ゾーンに戻り、二度とそこを抜け出すことができなかった。

偶然の成り行きで患者との関係が束の間生じてすぐに断たれるというのは不本意だったが、当時は頻繁に起こることだった。私たちは広く網を張っていた。そして、患者をはるばる搬送することも時折あった。その段取りと費用を科学研究に優先せざるをえないことが多かった。ジョンをとどめ、彼の状況をさらに調べ、彼の内なる世界をさらに掘り下げたいのはやまやまだったが、それはかなわなかった。どんな場合であれ、そのときどきの事情に応じて行動するしかなかった。できるかぎり好機は捉えるつもりだったが、空振りに終わることがよくあった。科学研究とはランダムな試みであることが多く、進歩はしばしば、知的なデザインを通してではなく、偶然の発見によって起こる。それでも、ジョンと連絡がとれなくなったことにはやりきれない思いがした。だから、物事を変え、患者の事情がどうあろうと、無期限に彼らを追跡できるような状況を生み出そうと決意した。

＊

ジョンの事例を記述した論文を発表すると、私の研究室はまたしても、マスメディアの注目を浴びることとなった。[5]ユニットの私の電話は鳴りやむことがなかった。撮影班が次々に訪れた。私は外国のラジオ番組に何度出演して、ついに外の世界と意思を疎通できた植物状態の患者について詳しく語ったか、自分でもわからなくなった。この話をもっと聞きたいという世間の好奇心には際限がないようだったし、タイミングもこの上なく良かった。マーティンは職探しをしていたが、カリフォルニア大学ロサンジェルス校で採用面接を受けたまさにその日、『ロサンジェルス・タイムズ』紙に「植物状態の患者の脳、盛んに活動」という大見出しで記事が載った。彼が採用されたのも意外ではなかった。

ありがちなことだが、こうして注目を集めてきたおかげでこの科学分野が影響を受け、この分野にキャリアがかかっている私たちにもその影響が及んだ。一九九七年に初めてケイトをスキャンしたとき私は、この種の研究を支える資金援助を受けられなかったが、ジョンの事例が知れ渡った二〇一〇年には、助成金や各種の組織の支援がたっぷり受けられるようになっていた。アメリカのジェイムズ・S・マクドネル財団は、共同研究プログラムを展開するために、ニコラス・シフとスティーヴン・ローリーズと私に、三八〇万ドルを与えてくれた。スティーヴンを含め、ヨーロッパにいる私たち数人は、行動面で応答のない患者用のブレイン・コンピューター・インターフェイスを開発するために、四〇〇万ユーロ（四五〇万ドル）近い助成金を獲得し、医学研究協議会（MRC）は植物状態の患者を対象としたfMRI研究を拡大するために、私にさらに七五万ポンド（一〇〇万ドル）出してくれた。これに加えて、ユニットでの私の研究プログラムの多くは今や、意識障害の研究に的を絞り、その目的で資金を得ていた。研究資金の面では、恵まれた時代になった。

これほど注目されたのと同時に、新たな一大転機が訪れた。降って湧いたように、カナダからまた誘いの声がかかったのだ。視知覚と運動制御の研究で有名な、カナダのウェスタン大学の認知神経科学者メルヴィン・グッデイルが接触してきた。彼は、外国の科学的「才能」を導入するために、カナダ政府が始めた新しい計画について話してくれた。その対象として選出された人々は、カナダ・エクセレンス・リサーチ・チェアーズ（CERC）プログラムから一〇〇〇万ドルの資金援助が受けられ、所属することになる機関からも同額の資金を出してもらえるという。

私はこの機を捉え、ふたたび大西洋を渡り、一からやり直すことにし、ウェスタン大学の世界的に有名な脳神経研究所に、グレイ・ゾーンⅡという研究室を開設した。それは、以前に増して充実した人材や設備と豊かな資金、そして、まったく新しい可能性を持つ研究室だった。

＊

カナダに着いてまもなく、元同僚で、当時はスコットランドのアバディーンで働いていた物理学者クリスチャン・シュワルツバウアーから電話があった。

「私たちは、ここスコットランドで、あなたのｆＭＲＩの手法を使って植物状態の患者たちをスキャンしてきました。そして、最近あなたの古い友人をスキャンしました」と彼は言った。モーリーンのことに違いないと、私にはすぐにわかった。彼女の両親がクリスチャンと私を結びつけ、スキャンの結果に意見を述べる気があるかどうか、打診したのだった。クリスチャンも、私の意見をぜひ知りたいという。

せめてそれぐらいはさせてもらわなければ、と思った。だが、いざスキャンを評価する段になると、心が激しく揺れ動いた。私はオフィスのドアを閉めた。どうしても独りでいたかった。モーリーンの脳画像に目を凝らしていると、自分の遠い過去の奥底を覗き込んでいるような気がした。奇妙きわまりない気分だった。ずっと昔に葬り去った、自分自身の遠い感情的な部分に触れるような心持ちだ。かつてあれほど近しかった人の脳をじっと見下ろしていた。眺めているうちに、二人の関係に対して感じていた抗いがたい憎悪がとうに消えていたことに気づいた。私は手がかりを求めてモーリーンの脳を凝視していた。いらだちと戸惑いの中に私を置き去りにした人ではなく、かつて自分が愛していた人の脳を。

クリスチャンはモーリーンに、まずテニスをしているところを想像するように言い、次に自宅の部屋から部屋へと歩きまわっているところを想像するように求めた。彼女のスキャン画像が応答を示していたら、私はどうするのか？　その疑問を頭の奥に押し込み、目の前の画面をもう一度じっと見詰めた。そこには、闇しか見えなかった。無だ。何もなかった。かつて知っていたモーリーンは跡形もなかった。モーリーンは微塵も残っていなかった。つねに捉え所がなく、つねに理解しがたかった彼女は――依然として謎のままだった。

第一〇章　痛みがありますか？

一生痛みに苦しむぐらいなら、いっそ死んでしまったほうがましだ。
　　　　　　　　——アイスキュロス

一九九九年一二月二〇日、スコットという若い男性が隣の助手席にガールフレンドを乗せて、カナダのオンタリオ州サーニアにある祖父の家から車を発進させた。彼はウォータールー大学で物理学を学び、目の前にはロボット工学の分野で有望なキャリアが開けていた。だが、祖父の家からほんの数ブロック先の交差点で、犯罪現場に向かっていたパトカーに、運転席側からまともに突っ込まれた。警官とスコットのガールフレンドは軽傷で病院に運ばれた。だが、スコットは二人ほど運が良くなく、重傷だった。サーニア総合病院に収容され、数時間のうちに、彼のグラスゴー昏睡尺度《コーマ・スケール》（意識の状態の評価に世界中で使われる神経学的な尺度）の点数が急落していた。このスケールでは、目（「目を開けない」から「自発的に目を開ける」まで）と、発話と、運動応答という、認識能力の三つの指標が評価される。最低の合計点数は3で、「目を開かない」「発声がない」「動きがない」状態を表している。最高点は15で、完全に覚醒していて、正常に会話をしたり、命令に従ったりできることを示している。スコットの点数はすでに4で、完全な機能停止の一歩手前にすぎなかった。見たところ、頭にも顔にも損傷をうかがわせるところはまったくなかったにもかかわらず、脳は凄まじい打撃を受けていた。パトカーがスコットの車の側面に激突したせいで、彼の脳は頭骨の内側に叩きつけられ、そのときの圧力でヘルニアになり、原形をとどめぬほどまで押しつぶされていた。スコットは深刻な状態にあった。

一二年後、私はオンタリオ州ロンドンに着いてまもなく、スコットのことを耳にした。ロンドン南部にある長期介護施設パークウッド病院の医師ビル・ペインに連絡し、自分たちの研究にふさわしい患者を知らないかと、問い合わせてあったからだ。パークウッド病院は、もともと「不治の病人のためのヴィクトリア・ホーム」として一八九四年に設立され、名目上は違うにしても実質的には「不治の病人」多数のための施設でありつづけていた。スコットは、ペイン医師のリストの筆頭だった。「興味深い人です」とビルは言った。「彼は物事を認識できると家族は確信していますが、私たちはその徴候を何一つ目にしていません。それも、何年にもわたって観察してきたというのに！」

私はスコットを見てみた。たしかに植物状態のように見えた。だが、私には専門家のセカンドオピニオンが必要だった。そして、地元の古参の神経学者ブライアン・ヤング教授ほど確かな意見を提供できる人はいなかった。植物状態と昏睡状態の患者との長年の経験を持ち、引退間近だったブライアンほど善良な人にはお目にかかれないかもしれない。

私は彼に電話した。「スコットのことは、どう思いますか？」

「とても興味深い人です」と、申し合わせたように同じ言葉が返ってきた。「彼は物事を認識できると家族は確信していますが、私たちはその証拠を何一つ目にしていません」

私はさらに詳しく訊いてみた。ブライアンは一二年前の事故以来、定期的にスコットを見てきた。ブライアンは意識障害に関して地元で最も経験豊富な神経学者だったので、自然、スコットを最も念入りに調べてきた。どんな基準に照らしても、ブライアンの経験は厖大で、患者を綿密かつ入念に評価することにかけては、国際的にも定評があった。彼がスコットは植物状態だと考えているのなら、ほんとうに植物状態にある可能性が高いことを私は承知していた。スコットをfMRIスキャナーの中に入れることを考えているとブライアンに告げると、それは良い考えだと同意してくれた。「結果を知らせてください」と彼は言った。

いっしょにヨーロッパからカナダに移ったポスドクの一人、ダビニア・フェルナンデス゠エスペロとともに、スコットをもっと徹底的に調べるために、パークウッド病院に向かった。スコットが入っている病棟に隣接した静かな部屋で、看護師が私たちをアンとジムに紹介してくれた。スコットの両親だ。

科学研究の実験技師として働いていたアンは、スコットが事故に遭った日に仕事を辞めた。夫のジムは以前、銀行員やトラック運転手をしていた。二人はおしどり夫婦で、スコットと、こんな状態ではあったが事故後の彼の人生に、献身的に尽くしているのは明らかだった。二人は事故のあと、オンタリオ州ロンドンの郊外にある平屋の住宅に引っ越し、スコットがパークウッド病院で二四時間体制の介護を受けていないときに、引き取れるようにした。

ジムとアンは、信じていることを私たちに語った。『オペラ座の怪人』と『レ・ミゼラブル』の音楽を聴くのが大好きなスコットは、植物状態にあるという診断を受けたにもかかわらず、二人に応答しているという。

「顔は表情に富んでいます」とアンは断言した。「瞬きします。親指を立てて、イエスという合図もします」

これまでの年月にブライアンが下した多くの評価を踏まえると、そして、私たち自身がスコットの容体に与えた評価も加味すると、これはまったくもって奇妙な言葉だった。私たちがどれほど頑張ってみても、スコットに親指を立てさせることはできなかった。私は公式の病歴を確認してみた。ブライアンも、過去にスコットを調べたほかのどの医師も、負傷のあと、彼が親指を立てられるとは述べていない。それにもかかわらず、家族は断固として譲らなかった。スコットは応答する、したがって、彼は物事を認識しているというのだった。

*

奇妙ではあったが、私はこの筋書きをそれまで何度も目にしてきた。裏付けになるような臨床的な証拠も科学的証拠もないのに、愛する人が物事を認識していると家族が確信している。家族は、その人には完全に意識があるかのように話しかけ、接する。それはなぜか？　こうした家族は、患者の心的状態に対する感受性が高まっているのだろうか？　ブライアン・ヤングのような、熟練の専門家にさえ捉えられない意識を感知する、ある種の第六感が働くのだろうか？　家族のほうが患者のことをずっとよく知っているのは確実で、物事を認識している微妙な徴候に対する感受性も、それで説明できるのかもしれない。

深刻な脳損傷の大半は、突然、情け容赦なく起こるので、その結果の一つとして、患者を評価する医師（普通は経験豊かな神経科医）はたいてい、元の、健常だったころの患者には会ったことがない。医師が患者について「知っている」のは、事故のあとに目にしたものだけだ。家族は、長年の経験という強みを持っており、本人の内面の全体像を、医師よりもはるかによく知っている。また、家族は事故のあと、医師よりもずっと長い時間を患者と過ごす。あらゆる医師と同じで、神経科医も忙しく、臨床の仕事が山ほどあり、大勢の患者を抱えている。そのため、個々の患者にかけられる時間は限られている。それに対して、多くの家族は、どんなにかすかな希望にでもすがり、連日何時間も枕元に座り、認識能力のどれほど些細な徴候も見逃すまいと目を凝らしている。だから、もしその徴候が現れれば、真っ先にそれを認めるのが家族であるのは自然だ。

だが、これほど手間と暇をかけ、期待を抱いていると、願望的な思考が募り、応答を示唆するような微々たる手がかりがあっただけでも、現実の感覚がすっかり狂ってしまいうる。私たちはみな、心理学者が「確証バイアス」と呼ぶものの影響を受けやすく、このバイアスはグレイ・ゾーンの科学にとって、大きな悩みの種だ。私たちには、すでに自分が信じていることを裏づけるようなかたちで情報を探し、解釈し、選り好みし、思い出す傾向がある。もし最愛の人が病院でみなさんの前に横たわっており、命が危険にさらされていたら、その危機をなんとか切り抜けてほしいと、必死で願うだろう。そして、みなさんがつき添っていることを、是が非でも知ってもらいたいと思うものだ。みなさんは、声が聞こえているのなら手を握りしめてほしいと、その人に頼む。すると、ほんとうに握りしめてくるではないか！　相手の手がそっとみなさんの手を握りしめ、みなさんは自分の手にかかる圧力がはっきり増すのを感じる。その瞬間のみなさんの反応は？　その人はみなさんが求めたとおりのことをした。応答した。物事を認識しているのだ！　これは完全に自然な、それでいて、あいにく非科学的な反応だ。科学は再現性を要求する。

私たちの世界は無秩序で、偶然の一致が起こる。「チーズと言って」とサルに求めると、ほんとうに微笑むときもある。「何時か教えて」と赤ん坊に頼むと、たまに壁の時計を指差すことがある。そして、「声が聞こえているのなら手を握りしめて」と私たちが必死の思いでお願いした瞬間に、植物状態の患者の手に力が入る場合もある。このような結果は、胸が躍るもので、まるで魔法のようだ。だが、再現可能か？　愛する人に手を握りしめてくれるように次に頼んだとき、そうしてくれなかったらどうなるのか？　あいにく、私たちがその応答の欠如を額面どおりに受け止める可能性ははるかに低い。そこに確証バイアスの力があるわけだ。

心理学者はしばしば、確証バイアスの誘惑が持つ力の例として占星術を使う。裏付けとなる科学的証拠がまったく存在しないのにもかかわらず、なぜあれほど多くの知的で教育のある人々が、恒星や惑星の位置が性格特性と関係があると、たとえ少しにせよ、信じているのか？　心理学的に言えば、私たちは、それについてはもともと何の信念も持っていない情報よりも、すでに考えていることに一致する情報により注目するというのが、その理由らしい。強情な人々に出会い、その後、彼らが牡牛《おうし》座の生まれであることがわかると、ある記憶が脳の中で活性化される。牡牛座の人は少しばかり強情なはずであるのを「知っている」ことを思い出すのだ。こうしてこの（誤った）信念は再活性化を通して強化される。問題は、牡牛座ではなくて強情な人に出会ったときには、先ほどの記憶（性格特性と星座の関連）が活性化されない点にある。脳の中では何も変化しない。誤った信念は強まりもしないかわりに弱まりもしないまま保たれる。

誤った信念を捨てるには、自分が知っている、牡牛座の生まれではないのに強情な人全員にも、牡牛座なのに強情でない人全員にも、もっとしっかり注目していかなければならない。やがて脳は、自分の信念が事実に根差していないことを理解する。その信念はおそらく、幼すぎて、あるいは、あまりにうぶで証拠を十分理解できなかったころに身についてしまったのだろう。

これと同じ歪んだ推論が行なわれていると考えれば、私たちの多くが赤毛の人は怒りっぽいと信じている理由の説明もつく。赤毛の人が激高しているところに出くわすたびに、私たちはたちまちそれに気づく。自分の考えていることを裏づけるからだ。だが、穏やかな赤毛の人が悠然とそばを通り過ぎていっても、たいていい気づかない。私も赤毛なので、確証バイアスが偏見に一役買っていることを身をもって知ってい

読者カード

みすず書房の本をご愛読いただき，まことにありがとうございます．

お求めいただいた書籍タイトル

ご購入書店は

・新刊をご案内する「パブリッシャーズ・レビュー　みすず書房の本棚」（年4回 3月・6月・9月・12月刊，無料）をご希望の方にお送りいたします．

（希望する／希望しない）

★ご希望の方は下の「ご住所」欄も必ず記入してください．

・「みすず書房図書目録」最新版をご希望の方にお送りいたします．

（希望する／希望しない）

★ご希望の方は下の「ご住所」欄も必ず記入してください．

・新刊・イベントなどをご案内する「みすず書房ニュースレター」（Eメール配信・月2回）をご希望の方にお送りいたします．

（配信を希望する／希望しない）

★ご希望の方は下の「Eメール」欄も必ず記入してください．

・よろしければご関心のジャンルをお知らせください．

（哲学・思想／宗教／心理／社会科学／社会ノンフィクション／教育／歴史／文学／芸術／自然科学／医学）

（ふりがな） お名前　　　　様	〒
ご住所　　都・道・府・県　　市・区・郡	
電話　（　　）	
Eメール	

ご記入いただいた個人情報は正当な目的のためにのみ使用いたします．

ありがとうございました．みすず書房ウェブサイト http://www.msz.co.jp では刊行書の詳細な書誌とともに，新刊，近刊，復刊，イベントなどさまざまなご案内を掲載しています．ご注文・問い合わせにもぜひご利用ください．

郵便はがき

料金受取人払郵便

本郷局承認

2074

差出有効期間
2019年10月
9日まで

113-8790

東京都文京区
本郷2丁目20番7号

みすず書房営業部
行

通信欄

ご意見・ご感想などお寄せください．小社ウェブサイトでご紹介させていただく場合がございます．あらかじめご了承ください．

る。私のことを全然知らない人から、あなたはすぐ腹を立てると非難されたことが一度ならずあるのだから。

より一般的に言うと、確証バイアスは信念や信仰でも重要な役割を演じる。何十年も前の子供時代、地元のメソジスト派の教会に行って、命にかかわる癌から回復した幼い女の子の頑張りを牧師が褒めるのを聴いたことを覚えている。厳しい試練を受けているあいだも、少女は教会に通い、会衆はその子のために熱心に祈った。「そこに祈りの力があるのです」と牧師は意見を述べた。私はホジキン病で入院していたときに多くの仲間を癌で失ったことを思い出し、いらだちを覚えた。彼らのなかには、少女に劣らず信心深い人がいたし、彼らが通っている教会の会衆もやはり熱心に祈っていた。けっきょく証拠を見ると、「祈りの力」は五分五分の可能性をもたらすのがせいぜいであることがわかる。それにもかかわらず、確証バイアスがあるため、自説に反する証拠が議論の余地のないほど積み重なっても、信念を曲げない人がいるのだ。

＊

私はグレイ・ゾーンにいる患者の家族と向き合う科学者なので、このいかにも人間らしい確証バイアスの、極端に生々しくて胸を打つ例に直面するという、居心地の悪い立場にしばしば立たされてきた。家族は、応答が得られないと、起こってほしかったことが起こらなかった理由をでっち上げることが多い。患者は今、疲れているのでは？　薬のせいで眠くなってしまったのではないだろうか？　機嫌が悪くて、手を握りしめるゲームをしたくないということはないだろうか？　家族は、患者がぴったりのタイミングで指示に応答した、たった一回の事例にしがみつき、そのとき以外は何度やっても応答がなかった事実を無視する。

とはいえ、確証バイアスの力は、問題の半面でしかない。私たちが枕元にいないときに何が起こっているか想像してほしい。手を握りしめる動作は、そうするようにという明瞭な指示があってもなくても、いつも起こっているとしたら、どうだろう？　その動作には、とくに意味はない。痒《かゆ》いところを自然に掻くのと同じで、意識的な意図がまったくない、自発的で自動的な動きにすぎない。みなさんが病室を訪ね、愛する人に手を握りしめてくれるように言うと、はたして、握りしめてくれる！　だが、みなさんが去ったあと、独り残されたその人は、また手を握りしめる。みなさんとは関係がない。指示とは無関係の動作だ。だが、みなさんはその場に居合わせないので、それを知らない。いわば、時間の流れの中で誰にも気づかれず、沈黙を保つデータ点であり、それはみなさんがいたときに起こった応答に劣らず重要だ。ただ、誰も目撃する人がいなかったので、永遠に失われてしまったのだ。

確証バイアスと、目撃者がいないときに事象が起こることというこれら二つの現象のせいで、私たちは自分が目にする応答を重視し、応答の欠如や目にしない応答は完全に無視するという傾向を示す。統計学の観点に立つと、そのどれもがデータであり、まったく同様の重みを与えられるべきであるということになる。

スコットの家族が確証バイアスに屈したのか、何か私たちには計測できないものをほんとうに目にしているのか、私には見当もつかなかった。科学者としては、前者の考え方に傾きがちだが、人間としては、後者を受け入れたい気持ちが強い。スコットの家族と、スコットの人生をできるかぎり快適にしようとする彼らの徹底した献身ぶりに胸を打たれずにはいられなかった。また、科学的に妥当かどうかはともかく、スコットは物事を認識しているという彼らの信念にも感動した。彼らはあいかわらず彼に寄り添い、果てしなく支援を続け、事故から一〇年以上過ぎてもなお、彼に対して熱烈に感じている愛を、本人も認識する能力があると信じていた。

この無類の献身的な愛に、どうして心を動かされずにいられるだろう？　私たちは科学的に制御された状況下でスコットから身体的な応答を引き出そうと何度も試みたが、何一つ再現することはできなかった。目の前にかざした鏡を見るように言ったが、応答はなかった。自分の鼻を触るように求めたが、応答はなかった。舌を突き出すように頼んだが、応答はなかった。ボールを蹴るように指示したが、応答はなかった。これはみな、慎重に考え抜かれた指示で、世界中で深刻な脳損傷を負った大勢の患者に対して有効性が繰り返し確認されてきた。私たちにはブライアンが正しいように見えた。証拠を見るかぎり、スコットはほんとうに植物状態にあった。

＊

スコットをスキャンするところを記録させてもらえないかと、BBCの撮影班から打診があった。そのせいで、少なくとも私は、ますます気が重くなった。BBCは『パノラマ』という番組のために、私たちの研究をずっと追っていた。この番組は一九五三年に初めて放映されて以来、世界で最も長く続いている、時事ドキュメンタリー番組だ[1]。私たちがカナダに移ったため、イギリスで始まった撮影は中断の危機に立たされたが、撮影班は真にイギリス的なBBC精神を発揮して、大西洋を渡り、私たちのカナダ人患者たちと研究の進展を追うことに決めたのだった。

司会をするのは、医学担当記者のファーガス・ウォルシュだ。彼のことは、もうよく知っていた。二〇〇六年にfMRIを使ってキャロルに意識があることを示したときに、真っ先に駆けつけたのが彼で、B

BCのテレビニュースでたっぷり紹介してくれたからだ。ファーガスはアンソニー・ブランドの事例も注意深く追っており、二〇一〇年に私たちが、植物状態の患者と初めて意思疎通に成功したときにも、ケンブリッジをふたたび訪ねてきた。だが、今度は違う。これはプライムタイムに世界中で放映される一時間のBBCドキュメンタリーなのだ。

ある寒い冬の朝、私がケンブリッジ駅のホームに立っていたときに、ファーガスが初めてこの企画のことで電話してきた。五人の患者を、負傷の時点から最終結果（それが良いものになろうと、悪いものになろうと）まで追跡するという案だった。ファーガスは、患者のうち少なくとも一人が、意識があると判明し、運が良ければ、私たちがその人と意思を疎通できることを期待していた。

私は、危ぶんだ。「そんなにうまくいくはずがない！」

「でも、多ければ自分の患者の五人に一人は意識があると主張してきたじゃないか」とファーガスも譲らない。「これは、自分が正しいことを証明する、またとないチャンスだよ！」

まったく、ファーガスにはかなわない！　とにかく熱心だ。私の知るかぎりでは、何に関しても。だが、彼は私を窮地に追い込んでいた。私たちはBBCの撮影班の厳しい目にさらされる。もし、意識のある患者を新たに見つけられなかったらどうなるのか？　もし、応答がない患者とふたたび意思を疎通させられなかったら？　それはどんなふうに見えるだろう？　私たちが目にし、報告してきたことを、世間は疑いはじめるだろうか？　私たちの研究プログラム全体が傷つくだろうか？　危険に思えた。だが、それが科学の常だった。科学研究の多くは実際、危険で少なからず成り行き任せに感じられる。ある年には、意識がある患者と立て続けに出会うこともあれば、翌年には何か月も出会えないこともある。私はケイトのことを思い返した。運が良かった。応答する患者の一人だったからだ。そして、キャロルのときもついていた。さらに、ジョンのときも。もう一度運に恵まれるだろうか？　テレビで？　選択の余地はなかった。試してみるしかない。

私は撮影に同意し、ファーガスと彼のチームは、飛行機ではるばるオンタリオ州までやって来た。BBCの撮影班は、昼夜私を追いまわした。研究室で私たちを撮影した。夜、わが家の地下室で私のバンド、アンタイディ・ネイキッド・ジレンマが練習しているところを撮影した。そして、ダビニアと私がスコットをスキャンすることにした日にも、カメラを回していた。

＊

スコットをスキャナーの中に横たわらせると、ダビニアと私はいつもの決まった手順を踏んだ。

「スコット、指示が聞こえたら、テニスをしているところを想像してください」

次に起こったことを思い出すと、今でも鳥肌が立つ。画面に映ったスコットの脳の一部が鮮やかな色で急に輝きはじめた。私たちの求めに従ってほんとうに応答し、テニスをするところを想像していることを示す、脳の活性化だ。

「スコット、今度は自宅を歩きまわっているところを想像してください」

またしてもスコットの脳は応答し、求められたとおりにして、認識能力があることを実証した。スコットの家族は正しかった。彼は自分のまわりで起こっていることを認識していたのだ。彼は応答できる！家族が言い張っていたようなかたちで体を使ってではないにしても、脳で応答していた。この途方もなく素晴らしい瞬間を、BBCはカメラに収めた（www.intothegrayzone.com/mindreader）。

さて、次は？　スコットに何を尋ねるべきか？　ダビニアと私は不安な面持ちで視線を交わした。どうしても次のレベルに突き進み、スコットにとって何か意味のあることを尋ねてみたかった。母親の名前を覚えているかどうかといった、実際的で退屈なことではなく、彼の人生を変える可能性のあるようなことを。身体的な痛みがあるかどうかを患者に問うことの利点について、私たちはずいぶんと話し合ってきた。痛みは完全に主観的なもので、自己報告によってしか調べられない。ｆＭＲＩの手法を使って、スコットに意識があることはすでに立証済みだ。今度は同じ方法を使って、痛みがあるかどうか、訊けるだろうか？　どんな答えが返ってくるか、私は想像しようとした。スコットがイエスと答えたら？　一二年間も痛みに苦しんでいたかもしれないという可能性は、あまりに恐ろしく、それについてじっくり思いを巡らせられなかった。とはいえ、それは十分ありうることだ。もしスコットが、はい、痛みがあります、と答えたら、自分がどう応じるかわからなかった。そして、彼の家族のことも考えなければならない。彼らはどう反応するだろう？　ＢＢＣの撮影班が来ているせいで、この筋書き全体が急にひどく込み入ったものになってしまったが、それは変えようがない。私はアンのところに行って、相談しなければならなかった。

私は頭をぐっと下げてカメラのレンズを避け、声を潜めてダビニアにささやいた。「やるべきだと思うか？」

「やるべきです。やらなくては」

ダビニアが正しいのはわかっていた。やらなくてはいけない。スコットと彼の家族のために、そうするのが当然だ。私たちの患者の一人に実際に恩恵をもたらすかもしれないことをする時が来た。正しいことをするべき時が。もしスコットに痛みがあるなら、私たちに告げる機会を与える必要があるし、もし痛みがあるなら、彼を助けるために何かする必要があった。

私は立ち上がると、窓のないコントロールルームをゆっくりと出て、アンが待っているのがわかっているスキャン室内の控室に歩いていった。カメラがあとをついてくる。アンは出入り口の脇に笑顔で立っていた。

私の頭がフル回転した。「スコットに痛みがあるか訊いてみたいのですが、その前に許可をいただきたいんです」

これが重大な岐路だった。スコットのような患者に、これから先の人生をすっかり変える可能性のある質問を投げかけていいかどうかという、前例のないことを、私はアンに尋ねていたのだ。もしスコットに一二年間痛みがあったとしても、誰にもそれは知りようがなかっただろう。果てしない悪夢だっただろうその人生を、想像するのは不可能だ。

私たちは、勝手にさっさと質問することもできた。だが、アンはスキャン室の中に居合わせているのだし、じつにさまざまなことを耐え抜いてきたのだし、スコットには認識能力があることを期待し、また、あると考えてきたのだから、そう質問することを彼女が望んでいるかどうか、ある程度まで気持ちを確認する義務があるように感じた。私は、彼女自身に、「やってください！」と言ってもらいたかった。そして、彼女に、彼女自身とスコットのためにそうすることを望んでほしかった。

アンは私を見上げた。彼女はこの件では終始自制心を保ち、機嫌良さそうにさえ見えた。何年も前に、息子の状況と折り合いをつけたに違いないと、私は想像した。

「どうぞ、お願いします」とアンは言った。「スコットに答えさせてやってください」

私はコントロールルームに戻った。撮影班もあとに続いた。ぴりぴりした雰囲気だった。重大な局面を迎えたことを誰もが知っていた。私たちはグレイ・ゾーンの科学を次のレベルまで推し進めようとしていた。これはもう、たんに科学の進歩の問題ではなく、大きな臨床的恩恵にかかわる問題なのだ。科学のための科学と臨床ケアとの軋轢をめぐるモーリーンとの口論の思い出が蘇り、亡霊たちのように自分の過去からまたしてもどっと押し寄せてきた。

「スコット、痛みはありますか？　今、体のどこかが痛みますか？　答えがノーなら、テニスをしているところを想像してください」

そのときのことを考えると、今でも身震いする（www.intothegrayzone.com/pain）。私たちは、ほとんど息もできず、椅子の上で背筋を伸ばしたまま身を乗り出した。スキャナーのきらきら輝く空洞の中に、身じろぎもせず横たわるスコットが、ｆＭＲＩの窓から見えた。多くの機械のインターフェイスが絶妙に同期して、すべていっしょに働いている。私たちの二つの心が束の間接触し、「痛みはありますか？」というこの上なく基本的な質問を投げかけられるように。

ダビニアと私は、一心に画面を見つめた。ファーガスが黙って私の肩越しに覗き込む。一五年近く前にケイトをスキャンしてから、じつに長い道のりだった。ケイトのころは、結果の分析が終わるまで、一週間以上待たなければならなかった。かつては、応答があったかどうかを知るために、まる一週間もじっと待っていたのが、今は信じがたかった。二〇一二年には、結果は目の前のコンピューター画面に、ほぼ一瞬にして現れるまでになっていた。それに、見栄えもはるかに良くなった。一九九七年当時、「結果」は、患者の脳のどこが活動しており、それが統計的に有意かどうかを示す数字が、一枚の紙にずらっと並んでいるだけだった。二〇一二年には、患者の脳の三次元構造再構成を見ることができた。これがまた実物そっくりで、手を伸ばせば触れそうに思えるほどだった。この脳画像がいわばキャンバスで、「脳活動」が鮮やかな色の斑点としてそこに描き出された。それは美しい画像で、機能中の脳を生き生きと映し出す。

目の前の画面に目を凝らしていると、スコットの脳のひだや溝がすべて見えた。健常な組織も、一二年前に疾走していたパトカーから回復不能の損傷を受けた組織も見える。それから私たちは、それ以上のことに気づきはじめた。スコットの脳が急に生気を帯び、活性化しだしたのだ。明るい赤の斑点が現れはじめた。無秩序にではなく、私がコンピューター画面に指先を押しつけていた、まさにその箇所に。ほんの少し前、私はファーガスに言っていた。「もしスコットが応答するとすれば、ここに変化が見られるはずだ」と、つややかな画面に触りながら、私は言った。そして、そこが光った。スコットは応答していた！　質問に答えていた！　そして、さらに重要なのだが、彼は「ノー」と答えていた。

緊迫した空気が緩み、結果を祝う言葉が交わされた。スコットは私たちに、「いいえ、痛みはありません」と告げたのだった。

私は気を落ち着けた。涙がこぼれそうだった。めまいがしそうな状況だった――医学的大躍進、世界中の視聴者が見守るなかでプライムタイムに放映される番組、自分では動けず、スキャナーの中にじっと横たわるスコットの体、驚嘆して口も利けず、あたりに立ち尽くす私のチーム。BBCの撮影班はみな、我を忘れていた。彼らはまさに望んでいたとおりのものを手に入れたのだが、私はあの瞬間、撮影の申し出を受けてからの二年間で初めて、そんなことはどうでもいいかのように感じていた。これはスコットにとって重要な瞬間であり、彼はそれを捉えたのだ。私たちはみな、それがわかった。

しばらくすると、緊張が解け、誰もがほっとして大きなため息をついた。誰もがそうした――アンを除いては。

結果を知らせると、彼女は驚くほど平然としていた。「痛みがないことはわかっていました。もし痛みがあったら、言ってくれたでしょうから！」

私は返す言葉もなく、黙ってうなずくばかりだった。二人の勇気に圧倒されたのだ。アンは長年けっしてスコットを見捨てることなく、彼はあいかわらずかけがえのない存在であり、愛情と注意を向けられてしかるべきだと主張しつづけてきた。匙《さじ》を投げることはなかった。絶対に諦めようとはしなかった。

スキャナーの中でのスコットの応答は、アンがすでに知っていたことを裏づけたにすぎなかった。彼女は、スコットには認識能力があることを知っていた。どうして知っていたのか、私にはけっしてわからないだろう。だが、彼女は知っていた。

*

痛みはないことをスコットが教えてくれた感動的な瞬間は、やがてBBCのプライムタイムに放映される『パノラマ』枠のドキュメンタリー『マインド・リーダー――私の声を解き放つ』の山場となった。今見ても、あの日のスキャン室の緊張が依然として感じられる。この番組はさまざまな賞を取り、例外なく好意的に受け止められた。だがその核心には、世間の称賛よりもはるかに重要なものがあった。この番組は、人格を持った人間の存在を明らかにした。人生も、態度や信念、記憶、経験も持った、生きて呼吸をしている人――生きている人間、この世(たとえその世界が、少なくとも傍目にはどれほど奇妙で限られたものになってしまったとはいえ)に存在する人間であるという感覚を持った人が、そこにいることを明らかにしたのだ。スコットは一二年にわたって沈黙してきた。彼は自分の体の中に閉じ込められた無言の人として、世の中が自分の脇を通り過ぎていくのを静かに見守ってきた。彼の母は、彼の認識能力が無傷で維持されているのを知っていた。彼女にとって、その人はあいかわらず息子でありつづけた。

あの日に、そして、その後の数か月間に何度も、私たちはスキャナーの中のスコットと話し合った。私たちが彼の心と私たちの機械とのあいだに作り上げた魔法のようなつながりを通して、彼は思いを語った。私どういうわけか、彼は生き返った。彼は自分が誰か知っていることを私たちに告げることができた。自分がどこにいるか知っていた。そして、事故からどれだけの時間がたったか知っていた。そしてありがたいことに、痛みがないことを請け合ってくれた。

その後数か月間に私たちが投げかけた質問は、二つの目的のために選んだ。一つには、彼の生活の質を向上させられるかもしれない質問を投げかけることで、私たちはできるかぎり彼の助けになろうとした。たとえば、テレビでホッケーを見るのが好きかどうか訊いた。スコットは事故の前、多くのカナダ人と同じでホッケーファンだったから、家族や介護者は当然、できるだけ頻繁に病室のテレビにホッケーの試合を映した。だが、スコットの事故から一〇年以上が過ぎていた。ひょっとしたら彼はもう、ホッケーは好きではないのでは？　あまりにたくさん見たので、ホッケーはもううんざりなのでは？　もしそうなら、今は何が見たいのかを確認すれば、彼の生活の質が大幅に改善するかもしれない。幸い、スコットは事故前の長い年月にそうだったのと同じぐらい、ホッケーを見るのがあいかわらず好きだった。

私はこれと同じ筋書きをほかの患者たちでも数え切れないほど目にしてきた。主に脳損傷の前に楽しんでいたことに基づいて、余暇活動に関する選択がなされる。ヘビーメタルの音楽が好きだった人は、患者となって病床で時間をやり過ごすときにそれを聴くことになる。問題は、何年も過ぎるうちに患者が病床で青年期から成人期へと成長していても、音楽が変わらない点にある。まるで時間が立ち止まっているかのようだ。

こんな患者の話を聞いたことがある。[2]彼女はカナダの歌手セリーヌ・ディオンが大好きだった。ところが、ディオンのアルバムは一枚しか持っていなかった。幸い彼女は回復したが、そのとき母親に言った最初の言葉は、「あと一度でもセリーヌ・ディオンのアルバムを私に聞かせたら、お母さんを殺すからね！」

だったそうだ。セリーヌ・ディオンを何時間となく聴いていたら、誰の生活の質であれ台無しになるだろうが、ベッドに寝たきりで、音楽を止めようにも何一つできないところを想像してほしい。それはいわば、人知れず発狂するための処方箋だ。

スコットに投げかけたもう一種類の質問は、彼の状況をできるかぎり明らかにするために選んだ。彼は何を知っていて、どれだけ覚えていて、どんな種類の認識能力を持っているかに関するものだった。これらの質問は、スコット個人にかかわるものというよりも、むしろ、私たちがグレイ・ゾーンをさらに掘り下げるためのものだった。この中間状態にある人には、心理的にどのような状態がありうるかを理解することは途方もなく重要だった。なぜなら、誰もその答えを知らなかったし、じつのところ、多くの人がとんでもない思い違いをしていたからだ。

たとえば、グレイ・ゾーンの患者について講演したあと、「いやぁ、彼らに時間の経過の感覚が少しでもあるとは思えないですね」とか、「事故についてはおそらく何も覚えていないでしょう」とかいった意見を耳にすることがよくあった。あるいは、「自分が陥っている窮状を認識しているとは思えません」とさえ言われた。

スコットは、そうではないことを私たちに教えてくれた。彼はそうした質問にすべて答えてくれたばかりか、それ以上のこともした。今が何年か訊くと、事故があった一九九九年ではなく二〇一二年だと、正しく答えた。(3) 明らかに、スコットには時間の経過がはっきりわかっていた。彼は自分が病院にいて、自分の名前がスコットであることを知っていた。明らかに、自分が誰でどこにいるかもよくわかっていた。担当の介護者の名前も私たちに伝えることができた。これは、私たちにとっても、グレイ・ゾーンの科学を理解するうえでも重要だった。なぜなら、このような状況にある患者たちが何を記憶できるかは、しばしば提起される疑問だからだ。スコットは事故の前にその介護者を知っていたはずがないから、その名前を知っているのは、彼が依然として新しい記憶を保存できる明白な証拠だった。

記憶を保存するのは、時間経過の感覚や、人生の推移の感覚、刻々と移り変わる物事の中での自分の居場所の感覚のかなめだ。毎朝目覚めると、事故に遭った日（仮に一〇年前としておこう）以降に起こったことを何一つ思い出せない状態を想像してほしい。どんな感じがするだろう？　一〇年にわたって昼も夜も世話をしてくれているかもしれない看護師が、初対面の人のように見えるだろう。事故前の記憶がはっきりと蘇ってくる家族や友人がみな、突然一〇歳も歳をとったように見える。そして、自宅（仮に依然として同じ場所に住んでいたとしよう）は、一夜にして完全に改装されたかのように感じられるだろう。一〇年間に起こった変化、たとえば、壁の塗り直し、家具の移動や取り替えはみな、前の晩に眠りに落ちてからの数時間に起こったように見える。

そして、もし事故のあと引っ越していたら、なお悪い。自分がどこにいるか見当もつかないから！「前向性健忘症」と呼ばれる異常は、これによく似ている。前向性健忘症の患者はたいてい、新しい記憶を保存できないが、発症する前に保存した「古い記憶」はおおむね無傷で残る。前向性健忘症の最も有名な患者は、H・Mという頭文字で広く知られていた、ヘンリー・モレゾンだ。[4] H・Mは繰り返し起こる発作を抑えるために、一九五三年に手術を受け、脳の両半球の海馬とそのまわりの、側頭葉内表面の皮質を除去された。その結果、子供時代の出来事は難なく思い出せるのにもかかわらず、新しく起こったことは記憶できなくなった。海馬と周囲の脳が記憶に関して果たす役割でわかっていることの多くは、H・Mの大変不幸ではあるが必要だった手術にたどれる。

イギリスにも、クライヴ・ウェアリングという注目するべき前向性健忘症の患者がいる。彼は一九八五年三月までは、BBCラジオで中世・ルネッサンス音楽の専門家として順調なキャリアを重ねていた。ところが、単純ヘルペスウイルスに感染し、脳を冒された。海馬が損なわれ、この脳損傷以降、新しい記憶は約三〇秒以上は保存できなくなった。彼は毎日、二〇秒ほどごとに「あらためて目覚め」、意識の流れを「再開する」ことを繰り返している。時間の経過の中で自分がどこにいるかという感覚をすっかり失ってしまったのだ。だから、妻がたとえ数分前に部屋を出ていったばかりのときでも、また顔を合わせたときには毎回嬉しそうに挨拶する。クライヴは、昏睡から目覚めたばかりであるかのような気がすると、しばしば語る。まるで意識の孤島が時間を掻き分けて進んでいるように、世の中が自分のまわりで変化していることをまったく認識しないまま、たえずその瞬間に生きている。これは悪夢のような筋書きではあるが、それでいて、逆に幸いにも、彼は自分の苦境をまったく理解せずに済んでいる。

ヘンリー・モレゾンやクライヴ・ウェアリングのような事例があるので、スコットの人生の経験の仕方が、意識の孤島が時間を掻き分けて進んでいるようなものでないことを立証するのが重要だと、私たちは感じた。彼が過去を覚えているだけではなく、現在を認識し、また、今日という現在が明日は過去になることを認識しているかを知ることも、不可欠だと感じた。時間の中で存在しているという経験を、スコットがしていることを、私たちは知りたかった。出来事が起こっては過ぎ、それがみな、同時に起こっているほかの出来事に影響を与え、それらから影響を受けながら展開している歴史の一部として、今日ここにいるという経験を彼がしていることを、私たちは知りたかった。

＊

スコットがグレイ・ゾーンでの人生についての質問を受けるために何度もスキャン・センターに戻って

くるあいだずっと、母親のアンは朗らかに彼を支援しつづけた。スコットが通ってくるのは、いつも彼自身のためであるわけではなく、科学のためのこともあるのは明らかだった。私たちは、彼の人生を向上させるのに役立つような質問と、グレイ・ゾーンにいるほかの多くの患者の人生を理解したり、ひょっとしたら改善したりするのに役立つかもしれない質問を、慎重に秤にかけながら織り交ぜた。

アンはそれを理解しているようだった。以前、科学研究の実験技師をしているときに、患者にとって良いことと科学にとって良いこととのあいだのこのバランスについて学んだのかもしれないと、私は思った。だが、尋ねてみることはなかった。

＊

スコットは、もともとの事故に由来する内科的な合併症で二〇一三年九月に亡くなった。深刻な脳損傷から何年も過ぎたあとでさえ、これはよくあることだった。ずっと寝たきりになり、どの病棟にも生息する嫌らしいウイルスやバクテリアやカビの大群にさらされていると、免疫系が弱まり、肺炎のような病気にとてもかかりやすくなる。スコットは、パークウッド病院で数週間感染症と闘ったあと亡くなった。

私たちのチーム全員が大きな衝撃を受けた。スコットとは長い時間を過ごしてきたので、彼は私たちにとって家族の一員のようなものだった。ほんとうの会話は一度も交わしたことはなかったが、不思議にも、私たちはみな彼のことをよく知っているように感じていた。彼に、激しく心を動かされてきた。グレイ・ゾーンで彼が送る人生を深く掘り下げ、彼の応答に接した私たちは、彼の強さと勇気に畏敬の念を覚えるようになっていた。彼の人生は、私たちの人生と分かちがたいものになっていた。

通夜の席で、アンとジムに再会できて嬉しかった。それが違う状況下であればよかったのだが。葬儀場は満員だった。スコットの亡骸は、会場の奥のほうに、蓋をとった棺の中に横たわっていた。友人や親族が近隣からも遠方からもやって来た。一四年近くほとんど自分の中に閉じこもり、外の世界から切り離されていたにもかかわらず、スコットが亡くなったときには、多くの人が依然として彼と深いつながりを感じていた。

私はジムに、スコットに会ってやってくれないかと言われ、面食らった。何度も葬儀には参列してきたが、祖国のイギリスでは棺の蓋が開けられていることは稀で、こういう経験をしたことがなかった。だから、どうしたものかわからなかった。だが、ジムをはじめ、スコットの家族には並外れた敬意を抱いていたので、最後にもう一度だけスコットに会いに行った。

なんとも妙な気がした。私には多くの点で、スコットはそれまでどおりに見えた。私はほんとうのスコットを知らなかった。幸せで充実した暮らしを送っていたスコット。歩いたり、話したり、笑ったりし、目的を持ってこの世界を動きまわっていた彼は、二六歳のとき突然、そうした暮らしを永久に奪われてしまった。私はこのスコットしか知らなかった。身体的に応答のないスコット、たった今、目の前に横たわっているスコットしか。その瞬間、悟った。このグレイ・ゾーン、私の患者の多くが暮らすこの場所は、まさしく生と死のあいだにある領域なのだ。そこはあまりに死に近いので、グレイ・ゾーンと死を区別するのが難しくなることがある。スコットは、それまで私にとってつねに存在していたかたちで、依然としてそこに存在していた。今はもう、そこにはまったく存在していないというのに。

*

ウェブページのスコットの死亡記事に、私は次のように書いた。「過去数年間にスコットを知ることができたのは、非常に光栄だった。彼は科学のために献身的な尽力をしてくれた。それはけっして忘れられることはないだろうし、彼を知っている私たち全員と、彼を知らない多くの人々の人生に反映され、その心の内に残ることだろう」

ファーガス・ウォルシュは、こう書いた。「スコットに出会えて光栄だった。彼は非凡で断固とした男だった。障害をものともせずに意思を疎通させるスコットの能力を紹介する我々のレポートは、世界中で視聴された。ＢＢＣチーム全員が、アンとジムにお悔やみを申し上げる」

スコットや彼の家族とのあいだに育んだような関係を私のチームが経験することは、後にも先にもなかった。一つには、アンとジムが自分の世界を包み隠さず明かし、私たちを二人の人生に温かく招き入れてくれたからだったが、それだけではない。スコット自身が私たちとの絆を生み出し、不動のものにしてくれたのだ。一〇年以上も意思を疎通できなかった人と、初めて意思を疎通させるというのは、途方もない経験だった。それを何度も繰り返すのは、魔法のようだ。スコットは自分の世界に踏み入らせてくれ、私たちは彼といっしょに笑い、冗談を言い、泣いた。扉が閉ざされ、ついにスコットが去ってしまったとき、私たち全員の中で、自分の一部が彼とともに死んでしまったように思う。

第一一章　生命維持装置をめぐる煩悶

それを飲んで、人知れずこの世を去り、
汝とともに森の闇の中に消えていく
——ジョン・キーツ

スコットが亡くなったとき、私は現代の生活がどれほど危険かをあらためて思い知らされた。彼は、疾走するパトカーのせいで最終的に命を落としたのだが、亡くなるまでには一四年の月日が流れた。車の運転は危険だ。アメリカの道路では毎年三万七〇〇〇人ほどが亡くなる。これらの死者一人ひとりの陰には、(少なくとも路上では)亡くならない人がはるかに多くいる。グレイ・ゾーンに陥り、衰弱していき、やがて亡くなる人もいる。だが、なぜそんなことが起こるのか？　彼らはどうしてグレイ・ゾーンに至るのか？　なぜ回復しないのか？　なぜ即死しないのか？　どうして、生死のあいだの恐ろしい場所に行き着く羽目になるのか？

私がグレイ・ゾーンの境界を探りはじめてから一五年目に入っても、これらの質問の答えはまだわからなかった。なぜ脳には、機能を停止するときとそうでないときがあるのか？　生まれつき回復力に富む人がいるのか？　脳の一つの部位が原因なのか？　もしそうなら、それはどの部位なのか？

グレイ・ゾーンを探究していくと、答えを上回る数の疑問が出てきた。グレイ・ゾーンにつながる扉はたくさんあることがわかった。よくある道筋は、「期限付きの機会の見逃し」とでも呼べるものだ。患者が深刻な脳損傷のあと、病院に到着したときには、しばらく（たいていは数日あるいは数週間）は、予後（それなりの回復をしそうな可能性）はまったく定かでない。脳損傷は一つひとつ違うからだ。

この間、患者は普通、生命維持装置につながれている。挿管されている可能性が高い。喉に空けた穴から気管にしなやかな樹脂製チューブを差し込み、呼吸を助ける。人工呼吸装置もつけられているだろう。空気を肺から出し入れし、体中に酸素が行き渡りつづけるようにする装置だ。これらの目を見張るようなテクノロジーが登場する前は、深刻な脳損傷を負った人は、そのまま亡くなった。だが機械のおかげで、命にかかわる最初の数日間を乗り切り、生き延びる可能性が出てきた。そして、現に生き延びる人がいる。体はふたたび機能しはじめるが、脳はそうできない。少なくとも、完全には。こうして私たちは、グレイ・ゾーンを生み出した。あるいは少なくとも、誰であれグレイ・ゾーンで生き延びる可能性を大幅に高めた。

これまでも人はつねにグレイ・ゾーンに陥ってきたが、そこで長く生き延びることはおそらくなかった。脳に打撃を受けた有史以前の人は、「ノックアウト」された。モハメド・アリにあえて挑んだ者の大半がたどった運命と同じだ。多くの不運なボクサーたちの場合と同じで、もし意識を失った状態が数分以上続くと、「昏睡」状態に陥るかもしれない。つまり、どんな種類の刺激にも応答せず、正常な睡眠と覚醒の周期が消え、自発的な行動を起こせない状態が長く続く。現代医学の助けを借りられなかった有史以前の人が昏睡状態を脱する可能性は低かっただろう。栄養と水分を摂取できなければ、ほかのさまざまな必要は脇に置くとしても、おそらく急速に衰弱して、いくらもしないうちに亡くなったことだろう。実際、昏睡状態が長引くと、生き延びられる可能性は今もなお高くない。グラスゴー・コーマ・スケールの点数が4の状態で救急処置室に運び込まれ、現代医学が提供できる救命措置をすべて施されたスコットのような患者でさえ、八七パーセントは亡くなるか、植物状態のままになる。有史以前の人が昏睡の期間を生き延び、グレイ・ゾーンにかろうじて滑り込む可能性は、ないに等しかった。

それでも、一九五〇年代に人工呼吸装置が使われるようになる前でさえ、グレイ・ゾーンで生きていた人はいた。古代ギリシア人は、「アポプレキシ」と彼らが呼んでいた状態に触れている。それは今日、植物状態と呼ばれる状態に気味が悪いほどよく似ている。「健常な人が突然痛みに襲われる。たちまち口が利けなくなり、喉がゴロゴロ鳴る。口が大きく開く。呼びかけても揺り動かしても、呻くだけで何も理解しない。自覚のないまま大量に排尿する。発熱を伴わなければ七日後に死ぬが、発熱すればたいてい回復する[1]」

古代ギリシアから二〇世紀まで、この特異な症状を見せる患者の理解や診断や治療にはたいした変化はなかった。二〇世紀なかばには、「覚醒昏睡」「無動無言症」「沈黙不動状態（silent immobility）」「失外套《しつがいとう》症候群」「重篤外傷性痴呆（severe traumatic dementia）」といったほかの叙述的な用語も使われはじめた。これらの用語が叙述しているのが同じ状態なのか違う状態なのかは、まったく不明だ。なぜなら（今日もまだそうであるように）患者は一人ひとり違い、したがって、症状の厳密なパターンも大きく異なるからだ。これらの用語が一つとして広く採用されることがなかったのも、おそらくそのためだろう。「pie vegetative」という用語は一九六三年に、「vegetative survival」という用語は一九七一年に使われており、これは一九七二年のエイプリル・フールの日にブライアン・ジェネットとフレッド・プラムが『ランセット』誌に発表した画期的な論文で導入した「持続的植物状態」という用語に先行している[2]。「持続的植物状態」

という言葉は、ほどなく一般的な医学用語となった。

＊

神経集中治療室に入る現代の患者の検査結果が思わしくなく、まもなく亡くなるか、生きる価値のあるような生活を送れるまでには回復しないことがわかると、家族は「生命維持装置を外す」、すなわち、人工呼吸装置のスイッチを切ることを勧められるかもしれない。医学の定説を一も二もなく受け入れる家族や、最善の筋書きどおりになったときさえ、愛する人がけっして望まなかった程度にしか回復しないのを知っている家族なら、簡単に同意し、ほとんどためらわずに人工呼吸装置を外す。

ところが、そうでない家族にとって、その決断はずっと難しく、彼らは何日も苦悩する。そして、そこに問題がある。悩んでいるうちに患者が人工呼吸装置なしで生きられるところまで回復したら、この「期限付きの機会」は失われてしまう。患者はグレイ・ゾーンに達し、たんに人工呼吸装置のスイッチを切って生命に終止符を打つことはもうできなくなる。彼らの命を終わらせるには、栄養と水分の提供をやめるしかない。

人工呼吸装置のスイッチを切るのと、栄養と水分の提供をやめるのとには、微妙ではあるが重要な法的区別があり、それは、栄養と水分を「医療」と考えるかどうかにかかっている。人工呼吸装置の使用は明らかに医療で、そのスイッチを切る決定は比較的簡単に下せる場合もある（たとえば、回復の見込みがないとき）。だが、栄養と水分を与えるのは医療なのか？　そうだと考える裁判所もあれば、与えるのを差し控えることのできない生存のための必需品、あるいは権利と考える裁判所もある。間違いなく意見に影響を与える要因の一つは、そのプロセスによって亡くなるまでにどれだけ時間がかかるか、だ。人工呼吸装置のスイッチを切ると、脳への酸素の供給が止まり、患者はたいてい数分で亡くなる。栄養と水分を与えなければ、患者を餓死させることになり、それには最長で二週間ほどかかる。

人工呼吸装置のスイッチを切るのと、栄養と水分の提供をやめるのとの違いは比較的小さいが、哲学者や倫理学者や法律家にしてみれば、決定的に重要だ。今や家族は患者を生かしておくかどうかではなく、患者が死ぬのを手助けするかどうかを決めなければならない。

私は最近、友人で同業者のメルヴィン・グッデイルと、ロンドンの王立協会で意識と脳についての会議を開催した。[3] 議題は意識を計測する最善の方法で、哲学者、認知神経科学者、麻酔医、ロボット工学エンジニアら、多くの優秀な頭脳が集まった。席に着いて最善の意識の計測法を考えているうちに話題が移り、意識と人間性に関して私たちが抱いている感覚しだいで、生を絶つことの精神的な難易度がどう変わるかについての活発な議論になった。この難易度は、命を奪われるものの身体的形態と振る舞い、そして、それらと人間の形態や振る舞いとの類似性あるいはその欠如と、密接に関連しているようだ。

食用二枚貝のムラサキイガイを茹《ゆ》でることを考えてほしい。ムラサキイガイを沸騰しているお湯に放り込むのを気にする人は、比較的少ない。[4] どんな基準に照らしても、これは生き物の命を絶つ方法としては、かなり残酷だ。だが、ムラサキイガイは人間とは似ても似つかない。腕も足もないし、人間に似た特徴も認められない。私たちとは振る舞い方が違い、いたるところを動きまわって環境と積極的にかかわり合いはしない。

今度はロブスターを考えてみよう。こちらのほうが難しくなる。ロブスターを生きたまま茹でるのは気が進まず、調理済みのものを店で買う人が多い。ロブスターも人間とはあまり似ていないが、ムラサキイガイと比べるとずっと人間に近い。足もあるし、少なくとも機能的には人間の腕に似た付属肢も持っている。私たちと同じで、物をつかむ。目もあるし、よく見れば、ムラサキイガイと違って一種の顔もあると、容易に納得できる。そのうえ、ロブスターは環境を動きまわり、やり方こそ明らかに大違いだが、私たちの振る舞いの一部とたしかに似たかたちで環境とかかわり合う。

この考え方をあまり先まで推し進めるつもりはない。煮えくり返るお湯にサルや類人猿を平気で放り込む人はほとんどいないことに、私は自信がたっぷりあると言えば十分だろう。それはなぜか？　私たちはなぜこうもたやすく、ロブスターよりもムラサキイガイを茹で殺すことができるのか？　私たちがとる行動には対象に即したスペクトルがあり、ムラサキイガイあるいはロブスターを茹でることについてどう感じるかは、そのスペクトルが決めているのは明らかだろう。私たちがしていることは同じではあるが、ムラサキイガイとロブスターは違う種類の生き物だからだ。

これらの感情の核心には、それぞれの生き物にどれほどの意識があるかという私たちの感覚があるのだと思う。ロブスターはムラサキイガイよりも少しばかり私たちに似ているから、おそらく意識も少し多めにある。だが、証拠はあるのか？　すでに見たとおり、意識についての私たちの想定は主に、立証済みの生物学的事実ではなく行動に基づいている。ロブスターのほうがムラサキイガイよりももっと「意識がある」という科学的証拠があるとしても、関連した学術論文を読んだことのある人は多くはなく、私たちは直感に基づいてその判断を下すことを選んでいるのではないだろうか。

だが、ほかの生き物に意識があると考えるかどうかを決める境界（進化的境界と呼んでもいい）は、どこにあるのか？　もし私たちがたいてい、ムラサキイガイには意識がなく、サルや類人猿にはあると考えているとすれば、両者のあいだのどこかで意識（あるいは少なくとも、意識があるという私たちの強い直感）が現れるに違いない。ロブスターを平気で茹でる人とそうでない人がいるのだから、ロブスターはその決定的な境界の近くに位置するということだろう。ところが、ほとんどの人はムラサキイガイには意識がないと思っているので、茹で殺すのに抵抗を感じる人ははるかに少ない。

*

意識と無意識の重要なスペクトルは、病床の脇で家族が下さなければならない、身を切られるような決定の多くの核心を占める。病院の集中治療室のベッドに横たわっている患者が、私たちと同じように振る舞うことはめったにない。動かないことが多く、環境とかかわり合う徴候を見せることも稀だ。彼らは、ほんとうにムラサキイガイに似ているわけではないが、振る舞いの点では、脳損傷の前の自分よりもムラサキイガイに近い。身体的には、私たちが知っていて好んでいる、人間の主要な特徴の多くは、グロテスクなまでに変わってしまっていることがよくある。顔貌が損なわれ、四肢は回復不能なほどの損傷を負ったり、捻じれたり、すっかり失われたりしている。

こうした要因は、意識に関する私たちの想定を間違いなく左右する（人間以外の生き物についてと同じように）。患者がもう人間のように振る舞わず、人間のように見えさえしないなら、人間のように考えもしないと信じるのがずっと簡単になる。するとこうした要因は、愛する人を生かしておくべきか死なせるべきかを決めることの難易度に影響を及ぼす。以前の姿をまったくとどめないまでに体が損なわれてしまった患者よりも、身体的な外見が保たれている患者のほうが、人工呼吸装置を外すのが難しいだろうか？　難しいとすれば、それはなぜか？　ある日、モーリーンの兄のフィルと会うと、一家は何年も苦悩してきたという――モーリーンが感染症にかかるたびに治療したほうがいいのか、彼女のもののような症例ではよくあるように、病気に屈するままにさせておくほうがいいのか、と。彼女の身体的な外見が驚くほど以前に近い状態で保たれていたせいで、この決定がなおさら難しくなったのかどうかはわからないが、やさしくならなかったことは確かだ。

患者が例の「期限付きの機会」を逃して、見たところ目覚めているものの物事を認識できないようなグレイ・ゾーンの植物状態に入ってしまうと、生命に終止符を打つかどうか決めるのがより難しくなることもわかっている。そして、目の瞬きのようなかすかなものであっても、何かしら身体的な応答があって、応答のない体の中に、誰か人格を持った人間が存在していることがうかがえるときには、生命を絶つことはほぼ不可能だ。

生命を絶つ気持になれるかどうかは、生命とは何を意味し、深刻な脳損傷のあとに容体が落ち着いた時点でどれだけその人らしさが残っていると想定しているかと、分かちがたく結びついている。だが、今やわかっているように、そのように考えるのは愚かしい。人格を持った人間がどれだけ残っているかは、目の前に横たわっている姿から私たちが見て取るものとはほとんど無関係なことが多いからだ。

＊

二〇一四年、六〇代のエイブラハムは重い卒中を起こした。突然頭痛がして、嘔吐を始め、頭が混乱し、見当識を失ったので、妻が救急処置室に連れていった。ＣＴスキャンをすると、大規模な脳室内出血（脳室、すなわち脳の奥深くにある、液体で満たされた空洞への出血）があったことがわかった。ただちに鎮静剤が投与され、挿管処置が行なわれ、集中治療室に移された。さらにスキャンすると、前交通動脈（脳の左半球と右半球の主要な動脈一本ずつを結びつけているので、その名がある）の動脈瘤（血管壁が脆弱になった箇所）が破裂し、左の前頭葉を含む周囲の領域に深刻な損傷を与えていたことがわかった。

卒中から二日後に私たちがエイブラハムをスキャンしたとき、彼は昏睡状態だったが、植物状態へと向かっていた。目を断続的に開け、少しずつ自力で呼吸をしはじめていた。彼は背が高く、足の指が病院のベッドの端から突き出しかけているのに私は気づいた。

それは私たちの研究室にとって大切な日だった。指導していた大学院生のロレッタ・ノートンが、脳損傷後ほんの数日の、まだ集中治療室にいる患者のスキャンを試みるという、まったく新しいことをやっていたからだ。そういう患者は、一九九七年にケイトを皮切りに私たちがスキャンしてきた患者たち（人生を変える損傷からたいてい数か月たっており、何年も過ぎている場合さえあった）とは違い、医学的に安定してはいない。一本の糸で生命にすがっているようなもので、生存期間が週や月ではなく時間や日の単位で測られる人たちだ。こうした患者の診断を改善でき、さらには、誰が亡くなりそうで、誰が生き延びる可能性が最も高そうかという予想の精度を向上させることまでできれば、集中治療医学にとって、大きな進歩となる。倫理委員会は、危険が伴うのにもかかわらず、極度に脆弱な人々をスキャンするこの先駆的な研究を行なう許可を与えてくれた。

私の経験では異例だったが、エイブラハムは、自分が生命維持装置につながれることがあったらどうしてもらいたいかを、妻にはっきり語っていた。事前指示書（事故や病気で能力を失い、医療的ケアに関する希望を自ら伝えられなくなった場合のために、その希望を書き記しておく法的文書）は書いていなかったが、この件について妻と詳しく話し合っていたので、彼の立場について疑問の余地はなかった。エイブラハムは、植物状態での延命はぜったいに望まない意思を明確に表明していたので、妻は彼が入院したときに、その希望を看護職員と医師に伝えた。妻は、夫の事前の指示に従って行動を起こした。エイブラハムがいつ、どのように死ぬことを許されるかについての話し合いが始まった。

そのような決定を下すときには、専門家のチームが家族と会い、家族に状況をきちんと理解してもらう。チームは多くの場合、いちばん責任の重い医師（神経科医であることが多い）と、それよりは下位の研修医、看護師、ソーシャルワーカーからなる。あらゆる選択肢を検討したあと、もし家族が生命維持装置の停止に同意すれば、日時が定められる。たいていは一二〜二四時間以内だが、家族や友人が集まれるように先延ばしされることもある。全員がそろっていれば、ただちに停止されることもときどきある。手順が家族に説明され、措置がとられるあいだ、家族はたいてい患者のもとにいることを許される。医師は鎮痛薬の組み合わせを処方する。それは「鎮痛ケア（comfort care）」と呼ばれることもある。鎮痛薬を投与されないと、患者は普通、息を切らして喘ぎ、苦しそうに見えるからだ。鎮痛ケアがなされると、医師は人工呼吸器を徐々に、あるいはただちに止める（医師によってやり方が少しずつ違う）。鎮痛薬も、人工呼吸装置の除去も、患者が自力で呼吸しつづけるのを妨げることはなく、呼吸が続くことがよくある。たいていはしばらくだが、何時間にも及ぶ場合がある。死とは予測しがたいものなのだ。

エイブラハムにとってはあいにくだったが、彼と妻が積極的にかかわっていた教会は、命の神聖さについて強硬な意見を持っていた。実際、集中治療室にいつも姿を見せていたエイブラハムの牧師は、エイブラハムが生かしつづけられるのが「神の御心」だと言い切った。エイブラハムは自分がどうなりたいか、はっきり頭に思い描いていたかもしれないが、この牧師によれば、エイブラハムに関して神にはそれとは違う考えがあるのだという。このようなときの最終決定は、代理意思決定者しだいになる。エイブラハムの場合は妻だ。彼女は、夫の具体的な指示があったにもかかわらず、夫が死ぬことを許されるべきではないと判断したので、私は衝撃を受け、多少うろたえた。

「私はすでに夫を失いました」と彼女は言った。「牧師さんのおっしゃるとおりにしなければ、教会まで失ってしまいますから」

＊

状況が複雑だと決定もややこしくなる。生と死とグレイ・ゾーンがかかわるときに、そうした決定には途方もない倫理的・道徳的重要性が伴う。私の経験では、事例どうしで状況がまったく同じことはけっしてない。テリ・シャイボの事例では、テリなら何を望んでいただろうかということについて、夫と親の意見が分かれ、国中の注目を浴びた。そして、アメリカではこの種の患者の扱いが法的問題であるという先例となった。ここカナダでは、エイブラハムの事例に関して、シャイボ事件に似たちょっとした騒動が起こったが、事情は違っていた。牧師と「神の言葉」が妻と衝突し、妻が将来、教会の支援を受けられるかどうかの分かれ目となったのだった。

これら二つの事例のどちらにも、私は頭を悩ませた。掟を授ける、人間を超えた大いなる力の存在を信じていない私には、「神の言葉」に基づいて決定を下すのは合理的でなく、サイコロを振って決定を下すのと大差はないように思える。とはいえ、その核心には、エイブラハムの妻が立たされた苦境があることは十分理解できる。たとえば、「教会」を「親友たち」に置き換えれば、エイブラハムの妻のジレンマはもう少し筋が通ったものになり、宗教的な信念という厄介な問題は完全に取り除くことができる。彼女が夫の死を是認したら縁を切ると、親友たちに言われたらどうだろう。彼女は、夫を失ったあとの社会生活が修復不能なまでに損なわれ、支援の手を差し伸べてくれそうな、最も信頼できる人々を失うことになるかもしれない。ただし、シャイボの場合とは違い、エイブラハムの事前の希望は明確だった。彼は自分が陥ったような状態での延命は望んでいなかった。私に言わせれば、親友たちとの継続的な関係も含めて、ほかのあらゆるものよりも、本人の希望が優先する。それは、あとに残される人々の希望と完全には一致しないときにさえ、優先されるべきだと思う。

そうは言ったものの、やはり事例ごとに話は違ってくる。私は最近、五六歳のカナダ人男性にまつわる訴訟にかかわった。患者（仮にキースとしておこう）と妻と三人の子供は、キースが四九歳だった二〇〇五年九月にひどい衝突事故に遭った。長男は即死だった。キースは回復不能の重い脳損傷を負った。妻と下の二人の子供は心身ともに傷を負ったが、軽傷で済んだ。キースは植物状態という診断を受け、二〇一二年には、妻はもう別れを告げる時が来たと感じていた。そこで、キースの看護にあたっている人々に、栄養チューブと水分補給チューブを取り除くように指示した。実行すると、数日で死に至る。キースの兄弟姉妹はこれに強く反対し、地元の裁判所に請願して、妻を止めさせようとした。また、キースの妻から代理意思決定者の資格を剝奪して、自分たちにその資格を与えることも求めた（妻が将来、同じような要請を行なうのを防ぐためだろう）。

判事は状況を慎重に検討したあと、最終的に、これらの求めを退けた。キースと妻は、事故の時点で結婚以来一二年たっており、三人の子供がいたので、妻がキースの代理意思決定者で、おそらく彼のためを思っていると考えるのが妥当そのもののようだった。それは完全に理にかなっていると、私も思う。代理意思決定者は普通、真っ当な理由があるからこそその立場にあるのだし、自分の希望をもう他者に知らせられない人をどうするかについて、意見が違うからというだけで、ほかの人や組織が代理意思決定者の権限をないがしろにできるなどというのは、奇怪千万だろう。

あいにく、事はいつもそれほど単純とはかぎらない。最近、カナダの最高裁判所まで持ち込まれた、六一歳のインド人技師ハッサン・ラソウリの事例もあった。彼は二〇一〇年に、妻と二人の子供を連れてトロントに移住した。その年の一〇月、良性の脳腫瘍を取り除く手術を受けたときに感染症にかかり、深刻な脳損傷を負った。医師たちは、回復の見込みはなく、生命維持装置につないでおいても無益だと判断した。しだいに重い内科的合併症や感染症などが次々に起こることは避けられず、高額な治療が必要になるということだった。だが、その治療が何の役に立つというのか？　医師たちは生命維持装置を外すことを勧めた。妻で代理意思決定者であるパリチェル・サラセルは、夫婦が信じているシーア派の宗教を持ち出し、また、夫は動きを見せるので何らかのレベルの最小意識状態にあることがうかがえる点を挙げて、その勧めに同意することを拒んだ。

カナダの全国紙各紙が報じたとおり、私たちは数か月前にハッサンをｆＭＲＩでスキャンしており、その結果も、彼が最小意識状態にあることを示していた。彼は一貫してではないにせよ、テニスをしているところや自宅を部屋から部屋へと歩きまわっているところを想像することができるようだったのだ。彼の行動を調べたときも、同じようなものだった。鏡を目で追うことができたし、家族の写真を目の前に掲げるとじっと見詰めるが、そうした応答にも一貫性はなかった。とはいえ、おそらく彼は、大幅な回復を見せる可能性はなく、カナダの医療制度に大きな金銭的負担をかけつづけることになりそうで、経験豊富な医学の専門家たちの意見も同じだった。最高裁判所が下した最終的な判断は、患者、患者の家族、あるいは代理意思決定者の同意を得ずに生命維持装置の除去を医師が一方的に決めることはできない、というものだった。たとえ医師たちが正しくても、たとえ彼らの意見が「最も患者のためになるもの」だったとしても、この問題に関連して長年の経験がある医療専門家でさえ、代理意思決定者の意見を覆すことはできない。少なくともカナダでは。これはあまりに新しい分野なので、世界のさまざまな場所で逐次的に法律が作られている。

生きる権利と死ぬ権利の衝突に関しては、アメリカはほかの国々よりも多くの論争を経てきた。テリ・シャイボの事例を別としても、ほかの二つの突出した事例が、私たちの「死ぬ権利」を取り巻く法的・倫理的問題に大きな影響を与えてきた。

*

一九七五年、ペンシルヴェニア州スクラントン出身のカレン・アン・クインランはニュージャージー州のある酒場で開かれた友人の誕生パーティに行き、強い酒を数杯飲み、鎮静催眠薬メタカロン（商品名クアールード）を摂取した。カレン・アンはダイエットをしており、数日間、何も食べていなかった。しばらくすると、気を失いそうだと言い、住まいに送ってもらって床に就いた。友人たちが気づいたときには、呼吸が止まっていた。救急車が呼ばれ、彼女は昏睡状態で病院に運ばれた。

カレン・アンの親のジョゼフとジュリアは、医療担当者に、彼女の人工呼吸装置を外すように頼んだ。彼女がしばしば激しく手足をばたつかせるので、人工呼吸装置のせいで痛い思いをしているのだと考えたからだ。医師たちは、クインラン夫妻の求めに応じたら殺人罪で告発されることを恐れて、それを拒んだ。夫妻は、法外な延命措置にあたるとして、娘から人工呼吸装置を外すために訴訟を起こした。夫妻の弁護士は法廷で、カレン・アンの死ぬ権利は、彼女を生かしておく州の権利に優先すると主張したのに対して、裁判所が任命した後見人は、人工呼吸装置を外すのは殺人になると反論した。判事はクインラン夫妻に敗訴の判決を下した。二人はニュージャージー州最高裁判所へ控訴し、ようやく願いがかない、カレン・アン・クインランの人工呼吸装置が外された。ところが、予想外の不幸な事態があとに続いた。カレン・アンは機械の助けを借りずに呼吸をしはじめ、地元の看護施設で栄養チューブで命をつなぎ、さらに九年間生きた。夫妻は、人工呼吸装置とは違って栄養チューブは「法外な延命措置」とは考えていなかったので、外すことを求めなかったのだ。カレン・アン・クインランは、一九八五年、呼吸不全で亡くなった。彼女の事例は多くの意味で、アメリカにおける死ぬ権利運動の始まりを告げ、今日にいたるまで、さまざまな法廷や倫理委員会、哲学者に検討されつづけている。

*

もう一つ重要なアメリカの事例は、ナンシー・クルーザンにまつわるものだ。ナンシーは一九八三年、二五歳だったときに、車の運転を誤り、水が満ちている溝にうつ伏せに浸かるかたちになった。三週間に及ぶ昏睡状態のあと、植物状態であると宣告され、栄養チューブを挿入された。五年後、両親が栄養チューブを抜くように頼んだが、病院はナンシーが必ず死ぬことになるとして、それを拒んだ。事故の前の年、ナンシーはある友人に、もし自分が病気になったり事故に遭ったりしたら、少なくとも半分ぐらいは通常の生活が送れないかぎり、生きつづけたくはないと語っていたので、それに基づき、裁判所はクルーザン夫妻の願いを聞き入れた。だが、カレン・アン・クインランの事例とは対照的に、ミズーリ州最高裁判所は第一審裁判所の決定を覆し、適切なリビング・ウィル（存命中に発効する遺言状で、末期状態になったときに延命治療をしないよう求めるもの）がなければ、誰も他人の代わりに治療を拒むことはできないと裁定した。

ナンシーの事例は最終的に連邦最高裁判所に行き着き、同裁判所は五対四でミズーリ州最高裁判所を支持した。連邦最高裁判所は、生命維持治療をやめる前に「明白かつ確信を抱くに足る証拠」をミズーリ州が求めるのを妨げる規定は合衆国憲法にはないという判断を示した。ナンシーのもののような事例では、家族は患者が同意したであろう決定をつねに下すとはかぎらないし、そうした決定（たとえば生命維持装置を外すこと）は元に戻せないような結果を招くかもしれないので、「明白かつ確信を抱くに足る証拠」が必要であると、同裁判所は裁定したのだ。

クルーザン夫妻はこれを受けて、このような状況下ではナンシーが生命維持治療をやめることを望んでいただろうことを示す証拠をできるかぎり多く集め、地元の郡判事を説得し、「明白かつ確信を抱くに足る証拠」という証拠基準を満たしているとの判決を得た。一九九〇年のクリスマスの直前、この地元判事の判決に従って、ナンシーの栄養チューブが外された。このときも、奇妙な展開になった。チューブを外したあとの数日、生きる権利運動の代表一九人がナンシーの病室に入り、栄養チューブをつなぎなおそうとした（彼らは全員逮捕された）。一九九〇年のクリスマスの翌日に、ナンシーはついに亡くなった。六年後、父親が自殺した。

＊

これらの事例は衝撃的ではあるが、それに関する法的問題の複雑さと、深刻な脳損傷が犠牲者の家族ばかりではなく社会一般に対しても与える深遠な影響の両方を浮き彫りにする。テリ・シャイボと同じで、クインランとクルーザンは、一国全体を二分した。二人の事例は、治療拒否、自殺、幇助《ほうじょ》自殺、医師幇助自殺、「放置死」の法的違いについて、重要な問題を提起する。こうした事柄にかかわる決定に、政府はどのような役割を果たすのか？　その決定を下すのは、患者に最も近い人か、担当医か、生と死とそのあいだにあるもののいっさいについて、独自のバイアスを持っているかもしれない政府の役人か？　それとも、患者の事前指示書か「リビング・ウィル」だけに頼るべきなのか？　もしそうなら、そのような指示がないときには、どうするべきなのか？　カレン・アン・クインランとナンシー・クルーザンの事例は、生きる権利対死ぬ権利の論争における決定的な転機だったという人もいる。その一方で、二人の事例は、純然たる殺人へとなし崩しに向かう取り返しのつかない一歩だったと見る人もいる。

*

家族とともに車で衝突事故を起こしたカナダ人男性キースの話に戻ろう。私が彼の事例にかかわることになったのは、私の研究について読み知っていた彼の兄弟姉妹に、専門家としての意見を求められたからだ。オンタリオ州ロンドンにキースを連れていってｆＭＲＩスキャンを受けさせられるかどうか、そして、受けさせられるとしたら、彼に意識があるという結果が出る可能性があるかどうか、と私は問われた。ｆＭＲＩスキャンを使って、キースにどうしてほしいか尋ねることさえできるかどうか、彼らは知りたがっていた。

キースをロンドンに連れてきて、ｆＭＲＩスキャナーに入れることを想像してほしい。さらに、彼には意識があり、イエスかノーで質問に答えられることがわかったとしよう。それが技術的に可能であることは、すでに立証済みだった。キースは外傷性脳損傷を負ったとき、比較的若く健常だった。それはどちらも、ｆＭＲＩでの応答に寄与することが今ではわかっている要因だ。キースには意識があり、それを伝える能力もある可能性は高かった。キースが私たちのｆＭＲＩスキャナーの助けを借りて、妻の意見とは裏腹に、生きたいという意思を伝えてきたらどうするか？　エイブラハムが妻を擁護して、自分は死ぬことを望んでいると牧師に請け合うことができていたら、どうだったか？

重度の脳損傷を負い、植物状態だと考えられていた人が突然、死にたいと告げることができたら、それが許されるべきだと、みなさんは思うだろう。そのような立場にある人は、明白な死ぬ権利を持っていてしかるべきなのではないか？　残念ながら、答えはそれほど決まり切ったものではない。

健常な人がみなさんに歩み寄り、死にたいと明言したら、みなさんはまず、気が確かかどうか疑うのではないか？　あるいは、正気かどうかを問わないにしても、少なくとも今の心理状態を問うのではないか？　相手はたんに気が落ち込んでいて、理にかなった決定が下せないだけかもしれない。そして、相手が正気であることが確証できたとしても、翌日や翌週に、心変わりしていないかどうか確かめるのではないか？　たまたま惨めな日が続いていたにすぎないかもしれない。時がたてば、極端なうつ状態も治まるかもしれない。

たとえその状態が続いても、たとえみなさんが医師で、相手が何週間にもわたって連日やって来ては、死にたいと明言したとしても、何ができるというのか？　お手上げだ。私たちの大半が暮らす社会では、自殺に同意したり、自殺を幇助したりすることは許されない。それならば、深刻な脳損傷を負った患者についても同様であるべきではないか。「あなたは死にたいですか？」という質問にイエスと答えるのは、本人が心理的あるいは精神病理学的に不安定だからで、根底にあるそうした状態を反映しているのかもしれない。死の願望は束の間のものかもしれない。翌日あるいは一年後にも、その願望はまだ残っているだろうか？

いずれにしても、相手がグレイ・ゾーンにいるからというだけで、生命維持装置を外す、より大きな自由を社会が私たちに与えるべき理由などあるのか？　人は誰であれ、死にたいと望んでいるだけで、死ぬ決定を下すことを許されるべきなのだろうか？　社会全体としては、私たちはたいていノーと言うが、一方でグレイ・ゾーンの人に、生きつづけるかどうかについて自ら決定を下すことを可能にするテクノロジーが今や存在する。グレイ・ゾーンの人の多くが外見とは違う状態にあることがわかっている今、どれだけ控えめに言っても、本人に代わって決定を下す前に誰もが慎重に考えるべきだ。

スティーヴン・ローリーズらが行なった研究からは、以下のことがうかがわれる。私たちの誰もが、自分はこういうふうにしてもらいたくなるだろう（「どうか、グレイ・ゾーンの状態では生きつづけさせないでほしい」）と思っていることは、不幸にしてそういう状態に陥ったときに実際に望むことではないらしい。ローリーズのチームは、閉じ込め症候群の患者（意識はあるものの、瞬きすること、あるいは目を縦に動かすことでしか意思を疎通できない人々）九一人を調査した。[5] 彼らは患者に病歴や現在の状態、人生の終え方に対する態度についての質問表に答えてもらった。患者の生活の質も、+5（閉じ込め症候群になる前の人生で最高の時期に匹敵する幸福度）から-5（これまでの人生で最低の時期に匹敵する幸福度）までの尺度を使って評価した。ほとんどの人が立てるだろう予想とは裏腹に、患者のかなりの割合（回答した人の七二パーセント）が、幸せだと答えた。そのうえ、閉じ込め症候群になってからの時間が長いほど、報告される幸福度も高かった！

もし脳損傷のあとに閉じ込め症候群になったら、それ以上生きたいとは思わないだろうと大多数の人が言い切るが、ローリーズのチームが調査した患者のうち、安楽死を望んでいることを表明した人はわずか七パーセントだったので、最悪の事態になったら自分はどう思うだろうかという予想が誤っていることがうかがわれる。じつは、閉じ込め症候群の患者の大半は、自分の生活の質にそこそこ満足していて、このような状態で実際に生きてきた人のあいだでは、死は最も人気のある選択肢ではないのだ。

ローリーズらのもののような研究は、もちろん完全ではない。彼らが最初に話を持ちかけた一六八人の患者のうち、回答したのは九一人だけで、自分の人生に満足している度合いが非常に低い人々は、質問表に答えないことにしたのかもしれない。これを「選択バイアス」という（何らかの理由で、サンプルが調査対象の母集団を代表していないこと)。選択バイアスは、人に判断を誤らせる研究結果につながりうる。

それでもローリーズらのものは、発表されている研究のなかでは最も優れており、長く閉じ込め症候群になっている人のかなりの割合が有意義な人生を送っていると報告していることや、安楽死を求める人が驚くほど少ないことを、そのデータが示している。この二つの結果は、閉じ込め症候群の人生は「生きる価値がない」場合がありうるという一般的な見方を覆す。私にとってこの結果は思いがけないものだが、長年のあいだに自分が出会った多くの患者や家族のことを考えると、これには元気づけられる。それでも私は思わず考えてしまう。なぜこんなことがありうるのか？　彼らのこれほど多くが、どうして幸せだなどということがありうるのか？　わけがわからない。

ローリーズらが論文に書いているように、「幸せな」閉じ込め症候群患者は、自分の欲求や価値観を調整したのかもしれない。身体的な逆境をものともせずに、勝利を見出すパラリンピック選手と同じで、彼らは人生の新しい経験の仕方、幸せを達成する新たな方法を見つけたのかもしれない。

この研究は、深刻な脳損傷を負ったあとに自分がどうなりたいかを判断できる立場にある人など、はたしているのか、という疑問を突きつけてくる。だとすれば、事前指示書を用意するのは危険なのか？「蘇生措置拒否」指示を残したために、意識ある状態でそれが（現時点での）自分の意思に反して実行されるという悪夢の筋書きを想像してほしい。

テクノロジーは急速に進歩しており、やがて、物事を認識する能力が存在するときにはベッド脇で（あるいは、路傍においてさえ）、確実に、安価で、効率的にそれを検知できるようになる日が来るだろう。私たちは、認識能力がある患者を見つけ、彼らと接触し、彼らの願いを調べられるようになる。とはいえ、その願いに即して行動できるかどうかは、まったく別の問題だ。

エイブラハムは病院にとどまり、けっきょく卒中が引き起こした長期合併症で亡くなった。半年後、彼の妻は教会や親族の支援を受けて、夫の死にうまく対処しているようだった。

キースは二〇一三年に、妻の希望どおりに死ぬことを許された。兄弟姉妹は葬儀に招かれた。

本書を書いている時点では、ハッサンは生きており、トロントの病院で日々を送っている。

第一二章 ヒッチコック劇場

喉が痛ければ完璧な治療法がある。掻き切ればいい。

——アルフレッド・ヒッチコック

二〇一二年には、テニスをしているところをスキャナーの中で想像するように人々に求めはじめてから七年になっていた。そして、少数派ながら、かなりの数の患者が、植物状態だと思われていたにもかかわらず、キャロルのように脳活動のパターンを変えて、じつは意識があって物事を認識しているのを知らせられることを、すでに立証していた。そうした患者の割合は二割に近い。テニスをしているところをスキャナーの中で想像するように求めた人のうちには、アンダーソン・クーパーやアリエル・シャロンのような著名な人物もいた。グレイ・ゾーンにいる患者のなかには、スコットのように、たんにテニスをしているところを想像するだけで外の世界と意思を疎通させることさえできる人もいた。テニスをしているところを想像するというのは、ある夏にケンブリッジのユニットの庭で思いついたちょっとした奇抜なアイデアだったのが、それなりの規模を持つ正真正銘の研究とマスメディアの活動となっていた。それは、グレイ・ゾーンに閉じ込められた人を見つけるという、途方もなく厄介な臨床的問題にとって、完璧な解決策のように見えた。だが、じつはそうではなかった。

あるデータのパターンが現れはじめており、そこからは、私たちの手法が不完全であることがうかがわれた。テニスをしているところをスキャナーの中で想像できなかった（少なくとも、テニスをしているところを想像しているのを私たちが検知できなかった）にもかかわらず、ほかのことをして、物事を認識しているのを示せる患者が何人かいたのだ。なぜなのかは見当もつかなかった。ケンブリッジではマーティン・モンティが、そうした患者の一部が求めに応じて顔や家に注意を向けられること（彼らが指示に従えるという明白な証拠だ）を示す、じつに見事なｆＭＲＩ課題を開発した。この課題は、私たちの脳には顔についての情報と場所についての情報を処理するために、それぞれ特化した領域があるという事実を拠り所としていた。

ご記憶かもしれないが、顔を認識するときには、「紡錘状回」と呼ばれる脳の領域が活性化する。一九九七年に私たちがケイトに顔の写真を見せたとき、彼女の紡錘状回が急に活発に働きはじめた。「海馬傍回」という名称で知られる脳の別の領域が、場所に関する情報を処理する。二〇〇六年、キャロルが自宅の部屋から部屋へと動きまわっているところを想像したとき、彼女の脳のその部位が活性化した。

マーティンの実験は、これら二つの事実をなんとも鮮やかなかたちで組み合わせた。彼は患者たちに、見慣れない家の写真を、見知らぬ人の顔の写真に重ね合わせて見せた。患者は顔の特徴（目、鼻の形など）か、家の特徴（正面のドアの位置、窓の数など）に注意を向けた。

これは、意外なほど簡単にやってのけられる。顔と家は重なり合っているとはいえ、二つが混ざり合った一つの画像ではなく、二つの別個の画像として存在しつづける。たとえば、目のある家とか、窓のある顔というふうには見えない。注意をどちらに向けるかしだいで、完全な顔か完全な家が見える。窓に注意を向ければ家が見え、顔はほとんど見えなくなる。逆に、目に注意を向ければ、家はほぼ見えなくなる。

この効果を自分でおおむね再現することも可能だ。車の前の座席に座り、フロントガラス越しに外の物、たとえばほかの車を見る。フロントガラスとほかの車という混ざり合った眺めは、みなさんの網膜に単一の像を結ぶにもかかわらず、脳は二つをそれぞれ別個のものとして処理する。だから、フロントガラスに車が重なっているようには見えない。どこに注意を向けることにするかしだいで、フロントガラスか車のどちらか一方だけが見える。

マーティンはこの見事な実験で、次のことを示した。fMRIスキャナーの中に入った健常な参加者に、まず顔に、次に家に注意を向けるように指示すると、注意を切り替えたまさにその時点で、脳内の活動は紡錘状回から海馬傍回へと移るのだ[1]。何が驚異的かと言えば、それは、刺激（顔と家の混ざり合った画像）が少しも変化せず、変わったのは画像のどの面に参加者が注意を向けているかだけだった点だ。それは、彼らが指示に従えるという判断を下す基準となる。テニスをしているところを想像したり、自宅の部屋から部屋へと動きまわっているところを想像したりするのと、ちょうど同じだ。私たちの患者のなかには、この切り替え課題ができるのにテニス課題ができない人がいることをマーティンは発見した。その理由はまったくわからないが、テニスをしているところと、自宅の部屋から部屋へと動きまわっているところの想像を切り替えるのは、一部の患者にとって、あまりに認知的負担が大きいのではないかという気がした。あまりに骨が折れるのだ。fMRIスキャナーの中で、長く退屈な五分間にわたって、三〇秒ごとにやらなければならないときには、なおさらだ。脳損傷もいろいろあるが、みな、認知的に負担が大きい課題をこなす能力を間違いなく低めることはわかっている。

多くの課題をこなす能力に深刻な影響を及ぼさないかもしれないような軽い脳損傷でさえ、簡単な課題よりも難しい課題の処理能力に悪影響を与えることはほぼ確実だ。やはり、暗算のような難しい課題は、人の名前を思い出すようなやさしい課題よりも多くの認知資源（適切な言葉が見つからないので、「知力」とでも呼んでおこう）を必要とするからだ。寝不足で一日を切り抜けようとするとどうなるか、想像してほしい。飼い猫に餌をやる、さらには車を運転するという、簡単な（あるいは慣れた）課題は、枯渇した認知資源にあまり負担をかけないからあっさりこなせる。だが、所得税の申告書に記入したり、家族のバカンスを計画したりしようとしたら、ほどなく面倒なことになる。猫に餌をやったり車を運転したりするよりも認知的負担が大きい課題だからで、脳が十分に機能していないとき（寝不足のときや、深刻な脳損傷を負ったあと）に、最も重大な影響が出る。

顔を見るのと家を見るのとをただ切り替えるのは、一度に三〇秒、激しいテニスの試合をしているところを想像するよりも、認知的負担はたしかにずっと軽いように思える。テニスをしているところを想像するのは、一部の患者にとっては難しすぎたのかもしれない。彼らは意識がないからではなく、意識があるのを示すためにするよう求められていた課題が難しすぎたから、私たちの網をすり抜けていたのだ。

それに比べるとマーティンの課題はやさしかったが、問題も抱えていた。顔か家に注意を向けるためには、目をかなりうまく制御しなければならないが、私たちの患者の大半には、それができなかった。彼らは視線の方向を制御できず、まして、混ざり合った画像のどの面に注意を向けるかなど、制御のしようがなかった。違う種類のスキャン課題、認知資源が枯渇していようといまいと、意識のある患者全員をつねに捉えるような課題が必要なのは明らかだった。

*

私といっしょにイギリスからカナダに移ったポスドクの一人がアルバニア人のロリーナ・ナーチーだっ

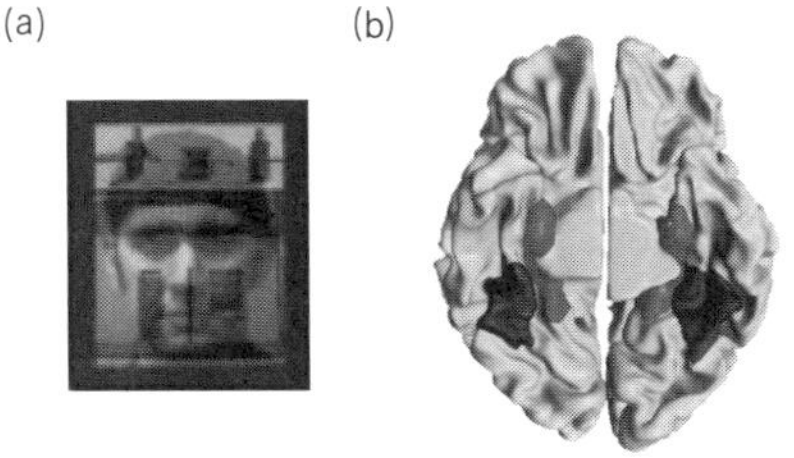

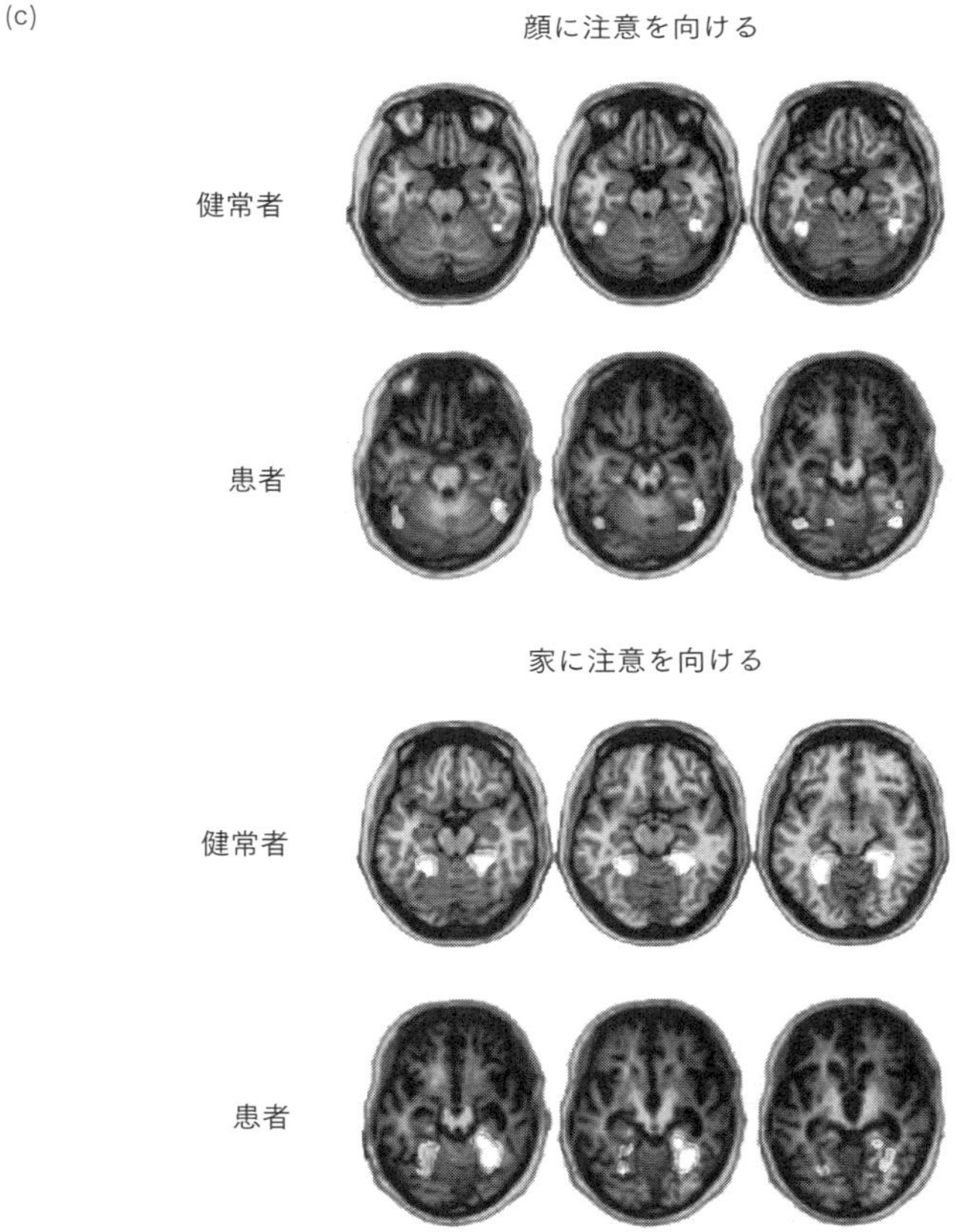

(a) 顔と家の重ね合わせの画像（被験者に見せる課題）．(b) 顔に注意を向けたときは紡錘状回（最も濃いグレー），家に注意を向けたときは海馬傍回（やや濃いグレー）がそれぞれ活性化する．(c) 顔に注意を向けた場合／家に注意を向けた場合の，fMRI 画像を健常者と患者で比較したもの．白いスポットとして示されているのが活性化した部位．詳細は註 1 の文献を参照されたい．

た。ケンブリッジにいたころ、彼女は私の友人で同業のロードリ・キューサックと結婚した。私は二人の結婚式で公式の立会人を務めた。ロードリは二〇一一年にウェスタン大学の脳神経研究所で働き口を提示され、やはり研究室を移していた。したがって、ロリーナもいっしょにカナダに行くことができた。二人にはキャリンという名の息子がいる。私の息子のジャクソンより数か月あとに生まれた。

ロードリが脳神経研究所に着任して以来、ロリーナとロードリと私は、意識を検知するための、新しいもっと単純な方法を開発しようとしていた。私たちが目指していたのは、自分に意識があることを患者に「報告」してもらう方法ではなく、応答がない体の中に、おおむね自動的に意識を検知できるような、患者が行なうのがやさしい方法だった。

理論上、これは重要な区別であり、私たちの研究にとってしだいに重要性を増していた。テニス課題のようなテストは、直接意識を計測するわけではなく、意識があるという点以外には、意識についてとくに大切なことは何一つわからない。顔と家を重ね合わせたマーティンの課題も同じだ。これらの方法は、哲学者が好んで「報告可能性」と呼ぶものを計測する。この場合には、意識があると報告する能力がそれに該当する。問題は、意識はあるものの、それでもｆＭＲＩスキャナーの中で脳を使って報告するのも無理な人が存在することが確実にありうる点だ。彼らは、報告するという、最後の一歩を踏み出すのに必要な認知資源を持ち合わせていないのかもしれない。意識があることを伝えられないからというだけでは、意識がないことにはならない。哲学的に言えば、私たちは長年取り組んできたのと同じ問題に苦闘していたわけだ。すなわち、報告可能性がないときに、どうやって意識を計測するか、という問題だ。私たちは従来、身体的な報告可能性の欠如に対処していたが、心的な報告可能性も、やはり問題含みなのかもしれない。

ロードリにしてみれば、これは、新生児における意識の発達をｆＭＲＩを使って計測しようという、自分の研究にとって重要だった。ジャクソンとキャリンは二人とも一歳になる前に、たいていの大人が一生のあいだに受けるよりも多く、ｆＭＲＩスキャンを受けていた。赤ん坊は、意識はあるかもしれない（意識のいくつかの面を持っていることは確かだ）のに、自分に意識があることを報告できない人の、素晴らしい例になる。赤ん坊はなぜ報告できないかと言えば、そうするのに必要な、内省する能力や言語の技能をまだ持っていないからだ。手短に言うと、よちよち歩きの子供にテニスをしているところを想像するように求めるわけにはいかない。そのほとんどが、テニスとは何かも、何かを「想像する」ように言われたときに、それが何を意味するのかも、さっぱりわかっていないからだ。赤ん坊の意識を効果的に調べるには、報告可能性に頼るわけにはいかない。脳の中で意識が生じているときに、直接それを捉える方法が必要だ。

私たちは二〇一二年までには、植物状態にあるように見える患者にも、同じ種類のアプローチが必要だと考えはじめていた。テニスをしているところをスキャナーの中で想像するような課題をこなすように求めるのではなく、もっと直接的な意識の計測法が必要だった。それまで使ってきたものよりも直接的で、ずっと単純な課題が。

それを探し求めているうちに、私たちは新しい、胸の躍るような方向に導かれていった。患者たちにスキャナーの中でハリウッド映画を見せて意識を検知する手法の開発に着手したのだ。このアイデアは、一〇年近く前に、脳損傷や意識障害とはまったく無関係に、イスラエルの同業者たちが行なった研究[2]から得た。彼らは、健常な参加者にスキャナーの中で映画を見せると、話が展開していくうちに全員の脳が同期することに気づいた。同じ時点で、同じ領域の活動がオンになったりオフになったりしたのだ。一見したところでは、これは完全に理にかなっている。映画の中で銃が発射されれば、脳の中で音を検知する部位である聴覚野が活性化する。そして、映画館にいる人は誰もが同時に銃声を耳にするので、観客の聴覚野は同時に活性化する。

映画の中でよく起こるほかの多くの出来事についても、同じことが言える。たとえば、顔が画面に大きく映し出されれば、その顔を見ている人全員の紡錘状回の「顔領域」が活性化する。ある場面の中をカメラが動き、たとえば、疾走する自動車で通りから通りへと移動すれば、私たちの脳は自分が通過する場所の一つひとつを把握し、コード化するので、私たちの海馬傍回の「場所領域」が、すぐ隣に座っている人の同じ領域と同期して発火する。このように、映画を見ているあいだは、スクリーンで展開する出来事をいっしょに意識的に経験していることを反映して、大勢の人の無数の脳領域が一斉にオンになったりオフになったりする。

同じ映画を見ているときに私たちの脳がみな同期するという、この驚くべき現象から、ロリーナとロードリと私は、その後数年間、グレイ・ゾーンにおける意識の計測法を完全に変えることになる着想を得た。映画を見ている植物状態の患者をスキャンし、もし彼らの脳が、同じ映画を見ている健常な患者の脳と同期したら、それは患者たちが同じ豊かな意識的経験をしているという、もっともな証拠にならないだろうか？　そして、彼らが映画を見ているあいだ、もし同じ豊かな意識的経験をしているのなら、自分自身の人生に関してもやはり豊かな意識的経験をしていると結論するのは、もっともなことではないのか？　映画は誰かの人生のポートレイトにすぎないことが多い。ストーリーが人間関係を中心に回っていれば、なおさらだ。人は映画に心を奪われたとき、意識もその映画の虜になる。人は映画の中に入り込み、その瞬間をそこで過ごし、その小さな意識の別世界の外にある現実の世界は消えてなくなる。優れた映画は人の注意を引きつけ、その人の意識的な経験を支配する。

私たちは、テニスをしているところを想像するよりもはるかに単純な、より直接的な意識の計測法を思いがけず見つけたかもしれないという気がしていた。植物状態の患者に映画を見せ、彼らの脳をｆＭＲＩスキャナーで見てみるだけでいいのだ。もし彼らの脳が健常者の脳と同じように映画を追えば、彼らに意識があるという有力な徴候になる。

ロリーナが理論的な問題も実際的な問題もすべて解決することに専心し、私たちはついに実行可能な実験を準備できた。最大の問題は、どの映画を選ぶか、だった。いくつか試すと、結果にはばらつきがあった。私たちは、一九二八年のチャーリー・チャップリンの古典的名作『サーカス』に期待をかけていた。この映画には、チャップリンがライオンといっしょに檻に閉じ込められてしまう、滑稽きわまりない場面がある。参加者たちはおおいに楽しんだが、あいにく彼らの脳は、私たちが必要としているほどうまく同期してはくれなかった。実験の目的に最適な映画は、はっきりした筋立てがあり、物語が明瞭で徐々に展開し、際立った登場人物たちが明確に定義された役割を演じるものだ。

それは理にかなっていた。すべての人の意識を同じように捉えるのであれば、全員の注意が同時に場所から場所へ、人から人へと移るようにさせなければならない。そして、全員同時に、筋立ての変転を経験してもらう必要がある。どの人の脳も最大限まで魅了されたままになり、しかも、できるかぎり同じように魅了されているのが理想だ。さらに、映画ならではの緊張感がたっぷりあると、うまくいくようだった。この最後の要素を追い求めるうちに、私たちはサスペンスの神様アルフレッド・ヒッチコックに行き着いた。

脳はアルフレッド・ヒッチコックの映画が大好きだ。ほかの多くの映画よりも好きであることがわかった。それはおそらく、彼の作品が私たちに、考え、恐れ、予想し、期待し、反応することを強いるからだろう。ヒッチコックの映画は、見る人に意識的経験を共有させるようにできている。その共有は主に、展開するさまざまな出来事を観客が見守り、その関連性を理解しようとし、筋に引き込まれつづけるなかで、同じような脳のプロセスを働かせることで引き起こされる。ヒッチコックのサスペンスは、もっと現代的な（そして、私に言わせれば劣った）映画の多くの中心的構成要素である、一連の速いテンポの派手な動きや音響ではなく、筋立ての意外な展開やひねりを理解するところから生じる。現代の騒々しく目まぐるしい映画も脳を働かせるが、ヒッチコックのトレードマークである、微妙な方向転換や、注意をあらぬ方向に巧みに逸らす仕掛けには及ばない。

私たちは、『バアン！　もう死んだ』という、一九六一年にテレビ用に製作された白黒の短篇ヒッチコック映画を選んだ。実験の対象者を考えると、なんと皮肉なタイトルだろう。この映画では、五歳の男の子がおじの拳銃を見つけ、何発か弾を込め、その威力を知らぬまま、家や外で遊ぶ。人の心を捉えて放さない筋が徐々に展開し、視聴者は、いずれ拳銃が発射されて誰かが死ぬに違いないとしだいに思い込む。

ロリーナがこの映画を見ている健常な参加者たちをスキャンすると、大成功だった。緊張感あふれる筋の紆余曲折に対して、各自の脳が同じように応答したので、見事に同期した活動が見られたのだ。願ってもない映画が見つかった！　あとは患者を見つけるだけだ。

＊

一九九七年八月、一八歳だったジェフ・トレンブレイは、アルバータ州のエドモントンから東に二時間ほどのところにある小さな町ロイドミンスターの、友人の家の外で襲われた。ハスキー・エネルギー社の業務コーディネーターをしている父親のポールによれば、ジェフは社交的なティーンエイジャーで、友人が多く、勤勉で、せっせと貯金をしていたが、その年の春に高校を卒業してから、何をしたいか自分でもわかっていなかったという。

一家の生活を永遠に変えることになるその晩は、あるナイトクラブで始まった。ジェフはそのクラブの元用心棒の元ガールフレンドと親しくなった。元用心棒もその晩、クラブにいた。ジェフとその娘はクラブを出て、友人の家に映画を見にいった。元用心棒は二人のあとを追い、「ジェフを呼び出した」とポールは言う。元用心棒はジェフを殴り倒し、ジェフが起き上がろうとすると、胸を蹴飛ばした。それでジェフは心臓が止まり、卒倒した。そして、ロイドミンスターの病院に運ばれ、そのあと、エドモントンへ空輸された。

仕事で町を離れていたポールは、翌朝この事件のことを知り、ただちにエドモントンに飛んだ。息子は昏睡状態で生命維持装置につながれていた。当時、ジェフのような状態にある人はたいてい回復せず、万一回復したとしても植物状態のままになると思われていた。ジェフの担当医たちのうちには、人工呼吸装置を止めることをポールに考えるように迫る人もいた。

ジェフは三週間後に昏睡状態を脱し、自力で呼吸を始めた。覚醒と睡眠の周期も戻った。だが、応答はなく、植物状態と診断された。

ポールはロイドミンスターとエドモントンを行き来した。ジェフは昏睡状態から覚めた当初、「生気がなかった」とポールは言う。「目が虚ろでした。表情がありません。皆無だったのです」

そんなある日、ポールはベッドの足元の椅子に座って、眠る息子を眺めていた。「私はクロスワードパズルをしていました。来る日も来る日も、何か変化があることを祈るものです。けれど、それまでは何も起こりませんでした。それが、ふと、目を上げると、ジェフが目を開け、こちらを見たのです。そして突然、大きな笑みを見せるではありませんか！　目が生き生きとしていました。驚きです。まるで、眠りに落ちてから目覚めるまでのあいだに、電線がつながったかのようでした。息子は私が誰だかわかりました。彼は戻ってきたのだと、私は悟りました。どこか、とても遠いところへ行っていて、帰ってきたかのようでした」

それでも、植物状態という診断は変わらなかった。ジェフは指示に応答できず、ポールがはっきり見て取り、強く感じていた意識のつながりの証拠を、医師たちは目にできなかったのだ。

ジェフはロイドミンスターに戻り、ドクター・クック院外看護センターで暮らすことになった。

*

ジェフが襲われてから一五年後の二〇一二年、ポールは自分の息子には依然として認識能力があることを示す助けになるようなものに出合うことを必死に願いながら、あいかわらず脳損傷について調べていた。そのころジェフはすでに三〇代なかばで、身体的には健康だったが、口を利くことも、基本的な指示に従うこともできなかった。

ポールは私の研究室での研究についての記事にインターネット上で出くわし、ただちに電子メールを送ってきた。「ジェフに認識能力があるかどうか、ぜひ検査していただきたい。ジェフの兄も私も、ジェフに話していることを彼が理解しているのがわかれば、どんなに嬉しいことか。ジェフも気分が上向くことでしょう。私は、ジェフはこちらが言っていることがわかっていると確信していますが、確かめる方法を知りません。痛みがあるのかどうか、幸せなのか悲しいのか、自分がどれだけ愛されていて、意思が疎通できなくて寂しく思われているかをわかっているのかどうか、知りたいのです。この検査を実現させるためなら、何でも喜んでします」

私たちはジェフを調べることに同意し、ポールは、二〇一二年七月にジェフを民間航空機でアルバータ州エドモントンからオンタリオ州ハミルトン（ロンドンからおよそ一三〇キロメートル）まで三二〇〇キロメートルほど搬送する手筈を整えた。ハミルトンからは救急車でパークウッド病院に移動し、ポールはジェフを病室に落ち着かせると、通りの真向かいにあるベスト・ウェスタン・プラス・ランプライター・インに宿をとった。

ポールはこのときの旅を次のように回想している。「この移動に対するジェフの反応には驚かされどおしでした。客室乗務員が安全規則を説明したときには、顔をそちらに向けて見詰めていました。すべてを認識していると感じました。そして、あれほどスムーズにいったのには、ほんとうに驚きました」

無事パークウッド病院に収容されたジェフを、私たちのチームが調べた。ペンを見るように言っても、何も起こらなかった。鏡を見るように求めても、反応はなかった。舌を突き出すように指示したが、応答はなかった。不思議なことに、「視覚追跡」をしている証拠が見られた。顔の前でトランプのカードを動かすと、彼はときどき目で追うように見えた。臨床上、それはジェフが「最小意識状態」にあることを意味する。それでもやはり、私たちのチームは、ジェフに認識能力がある証拠も、彼が意思疎通できるという徴候も見つけられなかった。

だが、私たちはあることを知って驚いた。ポールが息子のために毎週やるようになっていたことだ。一〇年以上も週末が来るたびに、ポールはジェフを赤いクッションのついた車椅子に乗せ、ロイドミンスターのダウンタウンを抜けて、メイ・シネマ6というシネマコンプレックスに連れていっていた。信じがたい話だが、私たちにはよくても最小意識状態にしか見えないジェフが、大きなスクリーンに映し出されるものをすべて理解しているとポールは確信していた。ポールによれば、ジェフはたいていコメディが好きで、テレビドラマ『となりのサインフェルド』の大ファンだという。私は、ジェフの認識能力についてポールが自分を欺いているかもしれないとも思ったが、ジェフが『となりのサインフェルド』のファンだという点に興味も湧いた。『となりのサインフェルド』は体を張った大げさなコメディではなく、ユーモアはとても微妙で、すでにでき上がっていて時とともに少しずつ変わる人間関係に基づいている場合がある。

翌日、私たちはまた救急車をパークウッド病院に迎えにやり、ジェフとポールをスキャン・センターに連れてきた。紫がかった灰色の髪をたっぷり生やした長身の美男子のポールが寄り添う台車付き担架が、ジェフを乗せたまま、スキャナーを外界と隔てる分厚い頑丈な扉を抜けて中に入っていった。ジェフは、顔はほっそりし、髪は短く刈り込まれていた。彼はすっかり目覚めていて、クッションに支えられて担架の上に上半身を起こして座っており、頭を一方に傾けていた。息子をはるばるここまで連れてくるのだから、ポールはほんとうに息子を愛し、彼のことを思っているに違いない。私は、良い知らせとともに二人を家路に就かせてあげられればと願った。私はジェフに、fMRIスキャンと、彼がまもなく目にする映画について説明した。奇妙な、まるで映画にでも出てきそうな瞬間だった。新しいヒッチコック課題を、どんな基準に照らしてもベテランの映画ファンであるこの患者に試そうというのだから、映画の中でしか起こりそうにないたぐいの偶然の一致に思えた！

ジェフの体がスキャナーの中に滑り込むと、アルフレッド・ヒッチコックがポールに必要だったもの、すなわち、息子のジェフは意識があって物事を認識しているという証拠を、ついに与えてくれるだろうかと思わずにはいられなかった。もしそうなったら、なんと奇妙なアイロニーだろう。これまで過ごした週末のすべて、これまでに見た映画のすべて――ジェフがそのすべてを、みなさんや私とちょうど同じように経験していたのに、周囲の人は、彼が物事を認識しているとは、おめでたくもまったく気づかないままできていたとしたら？

私が控室へと出ていくと、ポールが辛抱強く待っていた。「今、ジェフにアルフレッド・ヒッチコックの映画を見せているところです」と私は告げた。「彼の脳を活性化できるか、調べるために」

ｆＭＲＩ室の中では、ジェフの頭の上の画面に『バアン！　もう死んだ』が映し出されていた。彼には目の前に据えられた鏡を通して画面が見えることはわかっていたが、彼が実際に見ているかどうかはわからなかった。映画が終わると、私たちはジェフをスキャナーから出して、パークウッド病院に送り返し、その晩も泊まってもらった。

＊

データの分析には数日かかった。分析の手順はテニス課題のときに使っていたものよりも複雑で、ローナは依然として、問題点の解消に努めていた。この種の研究には、手引きになるものがない。映画を見ている人の脳をどのように調べ、その人が映画を意識的に経験しているかどうかを、どうやって判断したらいいのか？　私たちはその答えを知らなかった。なにしろ、それまでそれをやった人はいなかったのだから。対象群では分析をしたことはあったが、彼らに意識があることはわかっていた。今回は、それ以上のものが要求される。私たちは手探りで方法を開発しなければならなかった。結果が出たとき、私は度肝を抜かれた。ジェフの脳活動は、健常な対照群の脳活動に比べるとやや少なかったが、彼が映画を見ているあいだ、脳の適切な領域がすべて、適切なタイミングで活性化していた。音に応答して、ジェフの聴覚野が急に活気づいた。カメラのアングルが変わったり、幼い男の子が画面を駆け足でよぎったりすると、ジェフの視覚野が活性化した。だが、何より重要だったのは、ストーリーの決定的な変わり目、すなわち、画面で展開している物語を明確に理解することが不可欠な箇所のすべてで、ジェフの前頭葉と頭頂葉が、意識もあれば物事を認識してもいる人の前頭葉と頭頂葉とまったく同じように応答したことだ。ジェフは映画を見ていた！　いや、それだけでなく、映画を経験していた！　私たちはアルフレッド・ヒッチコックの映画を使って実証したのだった——一五年間植物状態だと思われていたジェフは、意識があって、みなさんや私がするのとちょうど同じように、その映画を経験していることを。これまで週末が来るたびに映画に連れていっていたポールの努力は、一つとして無駄ではなかった。そして、私たちはジェフの脳の応答だけに基づいて、その結論を導き出したのだった。

＊

ジェフにはほんとうに意識があると、どうして私たちにはわかったのか？　科学ではいつもそうであるように、肝心なのは細かい部分で、この場合にはミスター・ヒッチコックのおかげで、問題が解決できた。『バアン！　もう死んだ』は、日常の意識的経験にかかわることがわかっている脳の部位を活性化させる。健常な参加者を使ったロリーナの研究で、それはもうわかっていた。やかましい鐘やホイッスルが何度も響き渡る映画は、間違いなく聴覚野を刺激するが、デビーのスキャンや、そのあとのケヴィンのスキャンですでに見たとおり、それだけでは患者に意識があることにはならない。同様に、明暗が何度も変化する映画や、動きと場面の転換がたっぷりある映画は、脳の視覚野を刺激するだろうが、それもまた、脳の自動的な応答を反映している可能性が高く、患者がそうした変化を意識的に経験しているかどうかとは、ほとんど関係ない。

それに比べると、『バアン！　もう死んだ』ははるかに微妙で、その微妙さを私たちはうまく利用することができた。この映画の筋立てには、特定の要因がもともと備わっていた。拳銃と、それが人を撃つ可能性。主要な登場人物たちの状況（彼らは銃を撃ったり、銃で撃たれたりする可能性がある）。そして、心理学者が「心の理論」と呼ぶ能力、すなわち、心的状態を他者が持つことを想定し、他者にも自分とは違う信念や願望、意図、視点があるのを理解する能力。『バアン！　もう死んだ』を思う存分楽しむためには、心の理論が欠かせない。なぜなら、人（観客）は拳銃が本物だと知っているが、幼い男の子はそれがおもちゃだと思っていることに気づいていなければならないからだ。だからこそ、この状況はサスペンスに満ちている。その男の子は、小さなカウボーイ仲間たちと撃ち合いごっこをするのが大好きだが、今回は実弾が飛ぶことになるのを知らない。だが、観客は知っている！

　脳の多くの領域が、心の理論にかかわっていることは知られているが、絶対不可欠だと見なされているのが、前頭葉前部の、二つの脳半球の中央の領域だ。一九八五年、ケンブリッジでの私の同僚だったサイモン・バロン＝コーエンとその研究仲間たちが、自閉症の子供には心の理論が欠けていると初めて主張した[3]。彼らの抱える問題の多くが、周囲の人が何を考えているかが理解できていないことから来るようだ。じつは、三歳未満あるいは四歳未満の、正常に発育中の子供に心の理論があるかどうかや、人間以外の種に心の理論があるかどうかをめぐって、激しい論争が起こっている。

　『バアン！　もう死んだ』を見ていると、心の理論に加えて、意識に関連し、意識があることを示す、ほかのじつにさまざまな複雑な認知的プロセスが稼働する。たとえば、男の子が何を手に持っているか（弾が込められた拳銃）やそれが何に使われるか（人を殺すために使われる）を理解するためには、長期記憶に頼らなければならない。一度も銃を見たり、銃について聞いたりしたことがない人がこの映画を見たら、

『バアン！　もう死んだ』（1961，米）
TVシリーズ『ヒッチコック劇場』より

男の子が手にしている物が危険だとは思わないだろうから、怖がりはしないはずだ。男の子はバナナを振りまわしているのと大差はない！

私たちは銃について詳しく知っているからこそ、銃を手にした子供を見たら怖い思いをする。銃は人を殺し、戦争を起こす。また、私たちは子供について、詳しい心の理論を持っている。子供は銃がどういうものか理解していない。銃が人を殺し、戦争を始めることを理解していない。それを知っているからこそ、私たちははらはらする。弾の入っていない銃を子供が持っていても怖くはない。銃は、弾が込められていようといまいと、子供が手にしているよりも大人が手にしているときのほうが怖くない（それが信頼できる大人であれば、なおさらだ）。銃は、弾が込められていようといまいと、サルにとってはバナナと怖さの点で違いはない（そのサルが、猟師が銃でほかのサルを殺すのを目撃し、学習していないかぎりは）。なぜならサルは、この世界に関する私たちの意識的感覚（この映画の場合には、無邪気な子供が、弾の込められた銃を手にしているのを目にして抱くサスペンス）を生み出す濃密な背景知識を持っていないからだ。私たちの意識（あるいは、自分を取り巻く世界に関する意識的感覚と言ったほうがいいかもしれない）は、自分が誰で何者かではなく、自分の経験によって生み出されるというのは、なんとも興味深いではないか。

『バアン！　もう死んだ』に対してジェフがスキャナーの中で驚くべき応答を見せたこの実験は、私たちにとって、理論の面で画期的な出来事だった。異なる人々の同じような意識的経験が生み出した脳活動が、身体的に応答のない患者に意識的な認識能力があることを、自己報告に頼らずに推論するのに使えることを、初めて立証できたからだ。ジェフは、スキャナーの中に横たわり、映画を見るだけでよかった。これは明言しておきたいのだが、私たちは彼の思考の詳細を正確に読み取っていたわけではなく、彼が何を考えていたにせよ、その思考が、完全に健常な人が同じ映画を見ているときの思考と、非常によく似ていることを示していたのだ。

二〇一四年、ジェフの話と、意識を計測する新しいアプローチを『米国科学アカデミー紀要』に発表すると、またしてもマスメディアの注目を集めた[4]。ロリーナはいくつかのテレビのニュース番組に出演し、国内外のさまざまなラジオ局や新聞のインタビューを受けた。反響は圧倒的に好意的だった。植物状態だと思われている患者の一部が人知れず持っている意識を、神経画像検査を使って検知できることを初めて示して以来の年月に、マスメディアと科学界は、この考え方に慣れたようだった。もはや批判的な人は、いたとしてもほんの少数だった。

私たちの発見は、ジェフの兄のジェイソンにはとくに重要だった。「今では前にもまして熱心に話しかけています。何が伝わって、何が伝わらないか、あいかわらずわかりませんが」

ジェイソンは弟に、「闘いつづけろ。諦めるな」と言うそうだ。「身勝手なのかもしれません。誰かを失いながらも、ほんとうには失っていないというのは、辛いものです。私にとって弟がどれだけ大切か、本人に知ってもらいたいです。これはジェフの新しいバージョンです。これが今の彼なのです」

今やジェイソンには、自分が伝えようとしていることをジェフが理解しているのがわかっている。「お互い一八歳と二一歳のときには、『愛しているよ』なんていうことは口にしないものですよね」とジェイソンは言った。「弟を相手に話してきたことが一つも無駄ではなかったのが、先生方のテストで確かめられました。私の声が届いていたのがわかって、ほんとうによかったです」

第一三章　死からの生還

何もかも死んじまうってのは、ベイビー、あれはほんとうだ。
だがひょっとすると、死んじまうものは一つ残らず、いつか
戻ってくるのかもな。

——ブルース・スプリングスティーン

二〇一三年七月一九日、ファンは友人たちと夜を過ごして、一二時ごろに帰宅した。軽食を作って食べ、両親におやすみを言ってベッドに入った。万事、ごく普通のことに思えた。だが翌朝六時半、事態は普通のものには程遠かった。母親のマルガリータは、一九歳の息子がほんの数メートルしか離れていない自室で息を詰まらせて死にそうになっているのが聞こえて目が覚めた。部屋に飛び込むと、彼は自分の吐瀉物《としゃぶつ》の上に突っ伏していて、応答がなかった。

ファンはトロントの南にある地元の病院の救急処置室に急いで搬送された。CTスキャンで調べると、ワーキングメモリーや注意その他の高次の認知機能に重要な役割を演じる前頭葉と頭頂葉も含め、脳の白質の広い範囲に損傷が見られた。脳の最後部にあって視覚に不可欠な後頭葉も損なわれていた。脳の奥深くにある、「淡蒼球《たんそうきゅう》」と呼ばれる部分もひどく傷ついていた。淡蒼球は随意運動に必須の役目を果たし、

正常に機能しなくなると、パーキンソン病の症状が出る要因の一つになる。

広範囲に散らばり、正常な組織と損傷を受けた組織の明確な境界がないというこの種の脳損傷は、脳が酸欠状態になったときによく生じる。酸素の供給が断たれると、脳は少しずつ、各部が一つひとつ活動を停止していき、ついには呼吸のような最も基本的な身体機能を維持するための組織さえ機能しなくなる。フアンはそこまでは至らなかったが、それに近かった。彼は入院時、グラスゴー・コーマ・スケールで15点満点のうち3点だった。死なないかぎり、3点を下回ることはない。

二か月後も、フアンは外部からのどんな刺激にもまったく応答がないままで、植物状態であると宣告された。チューブを通して栄養と水分が与えられた。初日からずっとつき添っていた両親は、地元の病院からフアンを私たちのもとに連れてきた。二人は、彼の状態についてもっと多くを教えてもらえることを期待し、ひょっとしたら、この先の予測までしてもらえれば、と願っていた。

私のチームには、フアンはほかのほとんどの患者と変わらないように見えた。目覚めているが、見たところ物事を認識しておらず、まったく応答がなかった。私たちは、彼の脳の状態やある程度回復する見込みについて、もっと情報が得られればと思い、fMRIでスキャンした。私たちは、テニスをしているところを想像するように言った。応答なし。自宅の部屋から部屋へと歩きまわるところを想像するように求めた。やはり応答なし。

ロリーナは彼にヒッチコック課題を試した。フアンの脳は、『バアン！　もう死んだ』の二転三転するストーリーに応答するだろうか？　結果はどちらとも言えなかった。フアンの聴覚野は明らかに映画の音に応答していたが、奇妙なことに、視覚を司る脳の部位である後頭葉はほとんど応答を示さなかった。ひょっとしたらフアンは、後頭葉（視覚野）を含む広範な脳損傷のせいで、目が見えなくなったのだろうか？

知る手段はなかった。だが、もし映画を見ることができなければ、筋立てを追うことができないから、私たちは、脳の前頭葉と頭頂葉の活動、つまり彼に意識があるかどうかを判断するために確認する必要のある活動は、ほぼ間違いなく見られない。二日後、私たちはフアンをふたたびスキャナーに入れ、同じ手順をそっくり繰り返した。患者は誰でも二度目の機会を与えられてしかるべきだ。私たちは手持ちの手段をすべて試したが、それでもやはり、何の応答も得られなかった。

四日にわたる検査のあと、フアンは両親とともに家に帰った。やって来たときと同じように大きな謎を残したまま。

＊

七か月後、研究コーディネーターのローラ・ゴンザレス＝ララが、その後のフアンの回復具合を訊くためにマルガリータに電話した。私たちはすべての患者に対してこうした調査を行なっている。それは一つには、時間をかけて回復する患者もいるので、その様子をできるだけ詳しく追いたいからであり、一つには、それが患者の家族とのつながりを保つ方法だからだ。「どうもありがとうございました。できることはすべていたしました」とだけ言って患者の家族を帰す気にはなったためしがない。たしかに、もう打つ手がない場合も多いのだろうが、まったく手を差し伸べないのはどうしても気が咎《とが》める。その後の追跡や調査もせず、何の希望も与えないのは。

「その後、フアンの具合はいかがですか？」とローラは尋ねた。

「どうぞ本人に訊いてみてください」とマルガリータは答えた。

なんと、予想に反して、フアンは口を利き、歯を磨き、食べ、歩いていた。

ローラから報告を受けた私は、腰を抜かさんばかりに驚いた。信じられなかった！「回復したってことかい？　死から生還したんだ！」と私は叫んだ。私は興奮すると大げさな物言いをする癖があることで有名だ。

「そのようですね」とローラは例によって控えめに答えた。

フアンの回復に多少でも似たものさえ一つとして見たことも聞いたこともなかった。たまに、植物状態の患者が最小意識状態にまで回復し、「応答がない」から「時折、部分的に応答する」状態になることがある。だが、今回はそんなものではなかった。最初の患者のケイトのように、フアンはふたたび話すようになった。しかもケイトと違い、歩くようにもなった。

　前代未聞の回復ぶりを知った私は、フアンはスキャンを受けたときにほんとうに植物状態だったのかどうか疑問に思った。彼はほんとうにグレイ・ゾーンから戻ってきたのだろうか、それとも、そこにまったく行っていなかったなどということは、ありうるだろうか？　ひょっとしたら、彼は何らかの一時的な身体麻痺になっていたにすぎないかもしれない。手足を動かすことができなくて植物状態になったような印象を与えたが、じつは、応答しなかっただけかもしれない。私は彼の診療記録を調べた。彼が受けたすべての検査とスキャンの結果のコピーを、担当医からもらっていたのだ。彼の容体は、病床にあるあいだに彼を調べた数人の神経科医とセラピストによって明確に記述されていた。フアンは重度の脳損傷を負ったために植物状態になったということで、全員の意見が一致していた。それにＣＴスキャンによっても、損傷がいかに広範囲に及んでいるかが明らかになっていた。

　私は研究室の緊急ミーティングを開いた。脳損傷を負った患者の担当者は、フアンに会ったかどうかにかかわらず、ウェスタン大学の脳神経研究所の小さなセミナールームに集まり、寄せ集めたテーブルを囲んだ。研究者、学生、ポスドクが少なくとも一〇人以上いた。私はできるだけ多くの意見を聞きたかった。なるべく早くファンをロンドンに呼び戻して再検査しなければならないのは明らかだった。もたもたしていると、彼は毎日の暮らしが忙しくなり、私たちが投げかけたくてたまらない疑問を解明するのを手伝ってくれる気がなくなるかもしれなかった。なお悪いのは、症状が再発し、七か月前に私たちが最初に彼を調べたときの状態に戻る可能性もあることだった。

　知りたいことははっきりしていた。前の年にスキャンを受けるためにロンドンに来たときのことを何か覚えているか、だ。これはただのくだらない好奇心ではなかった。長年のあいだには、臨床的に見て取れるよりも意識があることが判明した患者たちも目にしてきたが、スキャナーの中での体験をあとで報告できた患者には一人も出会ったためしがない。まわりの人にはみな植物状態だと思われているのに意識があるというのは、どんな感じなのか？

　ファンは動こうとしただろうか？　話そうとしただろうか？　自分にはまだ認識能力があると、どうにかして合図しようとしただろうか？　彼のような事例で私たちが使うさまざまな臨床用の装置や診断用の器具に囲まれているのはどんな感じなのか知りたかった。それよりなお重要なことがあった。本人が直接報告する以上に、意識があったという確かな証拠がはたしてありうるだろうか？　もし、ｆＭＲＩスキャナーの内部に横たわるというかつてない珍しい経験をファンが詳しく説明できたら、彼はそのとき間違いなく意識があったことがわかる。意識がなければ、その経験がどんなものなのかをどうして知りうるだろう？　ファンの場合、これは重要だった。スキャンのデータが決定的なものではなかったからだ。彼に意識があったことを示す証拠はスキャンでは得られなかった。この問題を解決するには、彼自身に語ってもらう以上の方法があるだろうか？

私たちは、フアンがスキャンのことを何か思い出せるかどうか調べるために一連のテストの考案に取りかかった。これは科学的には見かけほど簡単な作業ではなかった。彼に質問するべきことを考え出すというそれだけのために、七か月前に彼が来たときのことをすべて思い起こさなければならなかったからだ。見知らぬ人を紹介され、七か月前に同じ行事、たとえばパーティにでも、その人と参加していたかどうかを突き止めなければならないところを想像してほしい。どうしたらいいだろう？　手始めに、ほかにいた人を覚えているか、相手に訊くだろうか？　もしかしたらパーティが開かれたアパートの写真を彼に見せるだろうか？

このやり方の問題は、相手が覚えていなかったときにどうするか、だ。パーティに出席していた人やパーティが開かれたアパートに、相手が見覚えがなかったからといって、彼がそこにいなかったことにはならない。注意を払っていなかった、あるいは、そうしたことを覚えておくのが苦手なだけかもしれない。私自身七か月前にパーティに出席したかどうかなどほとんど覚えていない。ましてや、そこに誰がいたかや、それがどこで開かれたかなど、推して知るべし、だ。たとえ七か月前にパーティに出かけたことを覚えていたとしても、ある人がそのパーティに出ていたのか、それとも別のパーティに出ていたのかと訊かれたら、完全にお手上げだ。

これは、特定の行事に誰が参加していたかや、その場の状況がどのようだったかを思い出すという、変わった種類の記憶の問題だ。あるときある場所にいたある人というように、覚えることが一つだけなら簡単だろう。問題は、一年間に私たちのほとんどが、さまざまなパーティに出席する点にある。それぞれ出席者も違うし、会場も初めての珍しい場所のこともあるかもしれないが、多くの場合はそうではない。これはみな、心理学者の言う「記憶の干渉」の原因となる。誰が、いつ、どこにいたのかという記憶に関して起こる不具合だ。私たちが思い出す内容は、時とともに若干混乱してしまう。

幸い、フアンの場合には、多くの要因が私たちに有利に働いた。ほとんどの人は、パーティに出かけるほど頻繁にfMRIスキャナーに入ることはない（ただし、際立った例外もある。私の研究室のメンバーなら、ほとんど誰でもいいから訊いてみてほしい）。フアンにとっては一生に一度の経験だったのは明らかだ。同様に、その週に行なったほかの検査（神経学的検査と脳波検査）もすべて、彼にとっては唯一無二の出来事だった可能性が高く、ほかの似たような出来事に干渉される恐れはなかった。その週に彼が会った人や、彼が過ごした場所の事実上すべてが、彼にとっては新奇だったので、彼の記憶を探るために利用することができた。彼が何も覚えていなかったとしても、当時彼に意識がなかったということには必ずしもならない、という問題が依然として残っていたが、少なくともスキャナーに入っていたこと、学生たちに会ったこと、ヒッチコックの映画を見るよう指示されたことを覚えていたとしたら、実際に意識があったという有力な証拠になるだろう。

私たちは、ロンドンで彼を連れていったあらゆる場所など（病院、救急車、ロバーツ研究所のスキャン室）のリストや、彼を調べた人々（研究コーディネーターのローラ、修士論文を執筆中の大学院生のスティーヴ、脳波検査ラボを管理している私のポスドクのデイミアン・クルーズ）のリストを作成した。それらの場所と人物の顔の写真を用意した。それから、それに見合う、対照実験用の場所と顔の写真も集めた。脳神経研究所の実験用検査室のように、フアンが行かなかった場所の写真や、当時、研究室の別のプロジェクトに取り組んでいて、フアンがいるあいだ一度も彼に会わなかった大学院生たちの顔の写真だ。

チャンスは一度しかないから、手抜かりは許されなかった。選べる場所と人の数には限りがあったし、その写真をいったん見せてしまったら、次に調べるときには、フアンが植物状態の患者として初めてやって来たときに目にしていたので思い出したのか、それともその後、記憶テストを行なっているときに見せられた写真を思い出したのか、判断がつかなくなってしまうからだ。

＊

フアンは両親とロンドンにやって来て、パークウッド病院に収容された。車椅子に座って記憶テストを待っていたとき、フアンは奇妙なほど真剣で、ふさぎ込んでいると言ってもいいぐらいだった。今振り返ると、人生があれほど劇的に変化した人が、虚無の世界からやっとのことで戻ってこられたことに毎日感謝し、有頂天にならないのは奇妙に思える。だがフアンは黙りこくって超然としていた。これもみな、回復の一過程なのかもしれない。彼の一部だけが回復し、人格の一部は取り残されたからかもしれない。あるいは彼にはもっと時間が必要だっただけかもしれない。

私たちはやきもきしていた。検査室の空気は張り詰めていた。急いではいたが念入りにフアンだけのために用意した記憶テストを、スティーヴとデイミアンが行なった。フアンの答えは驚くべきものだった。そう、彼はスキャンされたことを覚えていたのだ。暗い円筒形の空間に入れられ、怖い思いをしたことを。ヒッチコックの映画も覚えていた。ローラの顔の特徴を事細かに描写し、脳波検査を行なったスティーヴのこともはっきりと覚えていた。その最初の週に私たちは脳波検査の新しい手法を彼に試していた。fMRIスキャンを二度行ない、一連の行動評価も実施した。そのどれかが良い結果をもたらすことを期待して。

フアンはスティーヴについて、こう回想した。「彼が僕の頭に電極を取りつけたんです。太くて低い声をしていました」。たしかにスティーヴの声は太くて低かったし、「彼が僕の頭に電極を取りつけた」というのは、素人による脳波検査の説明としては上出来で、これほど的確なものは、そうそう聞いた覚えがない。ファンは最初に病院にやって来たときの様子を、ほんの些細なことにいたるまですべて覚えていた。

これは異例中の異例としか言いようがない。標準的な臨床テストをすべて受け、その結果植物状態だと診断された挙句、スキャナーの中で、テニスをしているところを想像したり、そのほかの応答を見せたりして、じつは意識があるのを示せることが判明した患者を、私たちは長年のあいだに多く見てきた。だが、患者が回復し、スキャナー内での経験を細大漏らさず語ってくれることなどあっただろうか？　そんなことは一度もなかった。それに近いことすらなかった。

私たちはついに、ぜったい否定できない証拠をつかんだ。完全に植物状態のように見えても、間違いなく意識があり、人生を最も微細なことにいたるまで経験している患者がいて、誰一人それに気づいていないことがありうるのだ。考えてみてほしい。私たちが彼をｆＭＲＩスキャナーに押し込んだときに、認識能力があり、目覚めていたのでなければ、どうして中の様子を詳しく語ることができるだろう？　彼の聴覚野を活性化するために私たちが使った映画を、実際に見ていたのでなければ、それがどの映画かをどうして知りえただろう？　ロンドンに来るまで一度も会ったことがなく、驚くべき回復が始まって以降も一度も再会していなかったスティーヴを、どうして知っているのか？　それは、ファンが医師の診断などものともせず、何か月にもわたって、まわりの世界を観察し、記憶しつづけていたのでないかぎり、説明がつかない。そのあいだずっと植物状態にあるかのように見えていたとしても。この偉業で最も目覚ましいのは、その期間のファンの驚異的な記憶力かもしれない。彼の脳は、酸素が欠乏したせいで広範にわたる損傷を受けていた。それなのに、どうしてそんなによく覚えていられたのか？

ファンのことを考えれば考えるほど、意識やその多様な側面について、私たちの理解が今なおどれほど浅いか、思い知らされた。私たちは持てる手段をすべてファンに試した。あらゆる種類の脳スキャンも、利用可能な最新の手法のいっさいも。それなのに、そこに紛れもなく存在していた意識を見つけ出すことができなかったのだ。さらに奇妙なことに、外からは見えなかったファンのこの本質、それでいてそこに存在し、まさにみなさんや私がするだろうようにスキャンを経験していた彼のこの部分が、グレイ・ゾーンを突破してのけたのだ。私は意識の回復力を痛感し、存在の本質とは何なのか、生きているとは何を意味するのか、誰であれ、回復できないほど損なわれたなどと言い切ってしまっていい人などいるのか、とあらためて考えさせられた。モーリーンのスキャンは何の認識能力も示していなかった。だが、ファンのスキャンも同じだった。モーリーンや彼女のような人たちにも依然として何らかの希望があるだろうか？

＊

ファンに関しては、多くのことが謎のままだった。もし彼が最初にロンドンを訪れていたあいだずっと意識があって、物事を認識していたとしたら、どうしてｆＭＲＩスキャンでそれがわからなかったのか？なぜ彼はテニスをしているところや自宅を歩きまわっているところを想像できなかったのか？ヒッチコック映画で活性化したのはなぜ聴覚野だけで、前頭葉や頭頂葉は活性化しなかったのか？それらが活性化していれば、彼には認識能力があり、みなさんや私がするように映画の筋立ての紆余曲折を経験していたことを明確に示していただろうに。私たちは、日を変えて彼を二度スキャンし、二度とも失敗に終わった。ファンのような患者を調べて、期待していた結果が得られなかった場合、やはり解釈が難しい。彼が眠っていなかったのはわかっていた。スキャナー内の小さなカメラに接続していたコンピューターの画面で、彼が両目を開けているのが見えたからだ。それに、もし眠っていたとしたら、スキャン中の様子を、どうしてそれほど詳しく思い出せるなどということがあるだろうか？　脳の障害が特殊だったために、ファンは物事を認識していながらも適切なときに応答を生み出すことがなぜかできなかったのかもしれない。あるいは彼の認識能力には波があり、何が起こっているのかを把握する程度には働いているときもあれば、何もわからないときもあったのかもしれない。もしかすると、応答したくなかっただけのことかもしれない。私たちには知りようもなかった。だが、彼の脳がスキャナーの中で何をしていたかはともかく、彼はその日に起こったことはほとんどすべて経験し、記憶し、報告できるだけの意識があったという点だけは、はっきりした。

＊

ファンが二度目にロンドンに来て記憶テストで驚くべき結果を出してから一年あまりたったころ、私はファンの家まで車を走らせて、その後の様子を見に行った。ローラがマルガリータと定期的に連絡をとっていたので、経過が順調なのは知っていたが、自分の目で確かめたかったたし、ずっと気になっていたほかの疑問もいくつかファンにぶつけてみたかったからだ。

私はファンの住まいがある通りに車を停めた。住み心地が良さそうな二階家が、トロント郊外に計画的に造成された地域にぎっしり並んでいた。マルガリータは気さくな黒髪の女性で、私を家の中に招き入れてくれた。家にはファンの車椅子のために、あちこちにスロープがつけられていた。

「息子は少し遅れます」とマルガリータは言った。「いつもバスで通学していますが、今日は父親が迎えに行っています」

ファンがバスで？　一人で？　大学に？　私はまたしても腰が抜けるほど驚いた。自分が耳にしていることが信じられなかった。ファンが回復しつづけているのは知っていたが、それほどまでとは思ってもみなかった。

私はマルガリータと話を続けた。あまり疑わしそうな顔をしていなかったことを願うばかりだ。「先生のところにうかがったころは、私たちの人生でとてもつらい時期でした」とマルガリータは言った。「先生が私たちに希望をくださったんですよ。お医者さんたちには、ファンの脳はもう駄目だ、と言われました。回復の見込みはゼロで、手の施しようがない、と。そのあと、ICUの責任者が先生のことを教えてくれたんです」

玄関のドアが開いて、ファンが車椅子を自分で動かして部屋に入ってきた。私はますます驚き、好奇心も募らせた。黒髪をきちんと切りそろえた黒い瞳のファンは、真剣な表情をしていた。今は彼の人格が顔を出していた。一年前ロンドンに来たときにはまったく見られなかった顔つきだ。

「どんな話がしたいんですか?」とファンが尋ねてきた。

私は、スキャン検査のために私たちのもとに連れてこられる前の、事故直後の病院での体験を話すように促した。

「閉じ込められているように感じました。でも、怖くなかったし、絶望もしていなかった。いつかは抜け出すんだと思ってたから」。その言葉には感情がこもっていた。ファンのある部分、つまりものを感じる部分が戻っていたのだ。

「きっと動いたり声を出したりしようとしていたんだろうね」

「いつもしゃべろうとしていましたよ」

「痛みはあったの?」

「なかったです。自分の体の中にいるのに、その体をコントロールできないという感じだった」

「氷をファンの足に当てたり、コーヒーの粉を持ってきて匂いを嗅がせてみたりしたんですよ。ファンが回復センターに行かせてもらえるように、訴えつづけました。高圧酸素治療を一二〇回も私が自分で手配したんですから」とマルガリータは言った。

植物状態を宣告された患者の家族の多くが、マルガリータも言っていた高圧酸素治療など、独自の治療に頼る。高圧酸素治療では、加圧された部屋や装置の中で純酸素（純度一〇〇パーセントの酸素）を呼吸する。これは減圧症のための治療としては確立している。スキューバダイビングをしている人があまりにも速く水面まで上がると、この症状が出ることがある。高酸素治療装置では気圧を通常の三倍に上げて、通常の気圧で純酸素を呼吸した場合より肺が多くの酸素を取り込めるようにする。つまり、血液が運べる酸素の量を増やすということだ。深刻な感染症の治療に効く場合があることを示唆する証拠もある。

マルガリータと家族は、この治療に望みを託した。従来の治療には、ファンの状態を改善できるものがなかったからだ。

「病院は、何をしたらいいかわかっていませんでした。薬をどんどん増やされて、三か月で七サイクルも抗生物質を投与されました。ファンの免疫系はだんだん機能しなくなって、高熱が四日も五日も続いたものです。酸素治療のおかげで、ファンの免疫系は強くなりました。［私は、］脳損傷にかかわったことがあって栄養補助食品にとても詳しい栄養士さん［を雇いました］。こういうことを自分たちでやったんです。ファンに起こったことは奇跡などではなく、努力を積み重ねた結果です」とマルガリータは語った。

会話はファンの記憶と体験に戻った。

「私たちが最初にスキャン検査をしたときのことは、何を覚えている？」

「怖かったです」。またファンの言葉には感情がこもっていた。ファンはグレイ・ゾーンから部分ごとに少しずつ戻ってきたのではないか、と私は思いはじめた。一年前、ロンドンに記憶テストを受けに来たとき、ファンのいくつかの部分、つまり体や記憶、物理的存在は間違いなくそこにあった。だが、間違いなく欠けている部分もあり、それが何だったのか、今ようやくはっきりした。ファンという人、ファンという人格を持った人間が戻ってきていた。ファンの本質がとうとうグレイ・ゾーンから戻ったのだ。完全にではないかもしれないが、いずれ戻る、ファンのすべてが戻るだろうことがわかるほどまでには。

患者と健常なボランティアを合わせて、何千という人が私たちのスキャン検査を受けてきた。不安を覚える人がいないわけではないが、それは稀だ。

「なぜ怖かったの?」

「何が起こっているのかわからなかったから」

私は次にこう質問せずにはいられなかった。「最初にスキャナーに入ってもらったとき、何をしているかを私たちが十分に説明しなかったということ?」

ファンは私を真っ直ぐ見ながら言った。「そのとおりです」

私はぞっとした。患者が植物状態に見えても見えなくても、スキャン検査では何をするか、患者には精一杯説明しているのだが、どうやらまだ足りないときがあるようだ。

それどころではなかった。ファンは続けた。「あんまり怖くて、泣いたほどです」

私たちはつねに、スキャナーの内側に取りつけた小さなカメラで患者の顔を撮影して、チームのメンバーが患者を注意深く観察している。スキャン中、ファンが泣いたことを示す記録はなかった。

「涙を流したの?」

「涙は出そうにも出ませんでした。でも、泣いていたんです」

このときの激しい胸の痛みは、患者に、いやほかの誰にだろうと、スキャンの準備をするたび思い出すに違いない。私はさらに深く踏み込んだ。「最初に来てくれたときのことを全部覚えていると思う?」

「はい、全部」

ファンが認知の面で以前の自分に戻ったことは、ほとんど疑いようがなかった。答えは短く、ほとんど一言ずつだったが、無駄がなく的確だった。質問の答えとしては十分な情報をくれていたが、求められる以上のことはけっして言わなかった。それでも、ときおり言葉の端から垣間見えるものがあった。それは、ファンの世界観、つまり自分の人生と、身に降りかかってきたことのいっさいに対する考え方が、ファンのような立場の人にとってはごく自然であることを教えてくれるわずかな手がかりだった。

それから約一時間、ファンは信じられないことを多く語り、見せてくれた。キッチンの隣の一室で、ファンは車椅子から立ち上がり、親が平行に取りつけた二本のバーのあいだを一歩ずつ、ゆっくり足を引きずりながら歩いた。

私は、ファンの左足が右足ほど滑らかに動いていないのに気づいた。「左足を動かそうとするときは、どんな感じ?」

「引っ張りつづけるような感じ」

「思うように動いてくれないということ?」

「そのとおりです」

「右足はどうなの?」

「右足は思いどおりになります」

フアンは二本のバーの端から端まで、足を引きずりながら一生懸命に往復し、元の場所に戻ると、体の向きをそろそろと変えて車椅子に腰を落とした。

「すごいじゃないか、フアン！」私はそう言った途端、恥ずかしくなった。私の最大級の褒め言葉も、フアンの成し遂げたことの前では霞んでしまう。

脳を損傷する前、フアンは駆け出しのＤＪだった。彼は、ミキシングデッキの前に戻るまでになっていた。フアンは自分でミックスしながら何曲か聞かせてくれた。ゆっくりとだが確実にコンピューターのマウスを動かして、曲から音を出し入れした。フアンの微細運動技能はすっかり回復していた。少し緩慢ではあるが。

私はフアンに、自覚している認知的な障害があるか尋ねた。

「考えることです。ほかの子より遅くて。でも、ちゃんと最後まで考えられます」

認知速度の低下（思考緩慢）は、脳損傷を受けたあとや、パーキンソン病などのいくつかの神経変性疾患ではよく見られるが、脳損傷のある患者が私にそのことを語ったのは初めてだった。

パーキンソン病では、認知速度の低下は患者の主な症状として起こる。パーキンソン病の患者はゆっくり動くが、考えるのも遅い。動作が緩慢になっていることを考慮に入れたとしても、だ。博士課程に在籍していたころ、パーキンソン病の患者に簡単な問題解決の課題をやってもらうと、最終的には答えにたどり着くが、その答えを見つけるのに健常な老人よりもはるかに時間がかかることを、私たちは明らかにした[1]。その理由はまだはっきりはわかっていないが、動作を緩慢にする原因である脳内のドーパミン不足が、思考の緩慢化も引き起こしている可能性がある。まるで、人生のあらゆる側面がそれまでより少しゆっくり進んでいるかのように。タンクにはまだガソリンが入っているが、つねにブレーキがかかっているのだ。

ファンはパーキンソン病ではなかったが、症状には似ている点があった。淡蒼球を損傷していたからかもしれない。「左足が思うように動かない」というファンの言葉で、パーキンソン病患者たちの説明を思い出した。まるで足がもう自分のものではないようだ、足だけ別の生き物になったかのようだ、といった感想だ。

私はごく最近も、よく似た話を聞いた。一九九七年に私たちが初めてスキャンした脳損傷患者であるケイトも、二〇一六年に再会したときに、「自分」という人間と自分の脳のある種の解離、あるいは分離について語った。「私の脳は私のことをもう好きではないんです。私がしてほしいことをしてくれません」と彼女は言っていた。

ファンも解離を経験していたが、彼の場合は、彼（ファンという人間）と彼の一部（ファンという体）の解離だった。彼はもう自分の左足を制御しているとは感じなかった。目覚ましい回復にもかかわらず、ファンはまだ自分の一部がどこか別の場所、自分の制御の範囲外にあり、グレイ・ゾーンに閉じ込められているように感じていた。

＊

グレイ・ゾーンから抜け出してこの世界に戻るという、見たところ奇跡的な回復を遂げたのはファンが最初ではなかった。ポーランドの鉄道員で六五歳のヤン・グルゼブスキーは、脳腫瘍のせいで陥った昏睡状態から一九年後に「目を覚まし」、二〇〇七年に大きく報道された。彼の世界は、見違えるまでに変わっていた。彼の記憶の中では、共産主義体制下の店にあるのは「紅茶と酢だけで……肉は配給され、あちらこちらでガソリンを求める長蛇の列ができていました。今は、通りには携帯電話を手にした人たちが歩いていて、店には品物があふれているので目が回ります」と、彼はポーランドのテレビ番組で語った。また、グレイ・ゾーンにいるあいだに孫が一一人できていた。

グルゼブスキーの事例は、国際的にヒットしたドイツ映画『グッバイ、レーニン！』を地で行くものだ。彼の驚くべき物語は、世界中で報道された。ＦＯＸニュースの見出しには「生ける屍《しかばね》、目覚める」とあった。

グルゼブスキーは、自分が目覚めたのは、妻のゲルトルーダのおかげだと思っていた。回復の見込みはなく、余命は二、三年しかないと医師たちに告げられたにもかかわらず、彼女は諦めなかった。床ずれを防ぐため、一九年間ずっと一時間おきに、彼の体を動かした。

なんと並外れて愛情深い行為だろう。

グルゼブスキーは二〇〇八年、昏睡状態に陥る原因となった腫瘍で亡くなった。「目覚め」からほんの一年後のことだった。

十分な記録に裏づけられた事例はほかにもある。アメリカのアーカンソー州のテリー・ウォリスという男性は、一九八四年、運転していたトラックがスリップして橋から落ち、脳に深刻な損傷を負った。事故後、昏睡状態に陥り、そのあと最小意識状態になった。予後は厳しかった。医師たちは、回復の見込みはまったくない、と告げた。それにもかかわらず、二〇〇三年、彼は驚くべき三日間を経験した。それは不思議な「目覚め」の物語だった。グレイ・ゾーンから徐々に戻ってきたのだ。彼はそのとき、まだ一九八四年で、自分は二〇歳だと思っていた！　一九年間が瞬く間に過ぎ去っていた。そのあいだずっと、「彼」はどこにいたのだろう？　彼の脳では何が起こっていたのか？

ウォリスの体は歳をとっていた。肉体は、グレイ・ゾーンにあっても老化しつづけ、筋肉の萎縮のせいでそれが加速することもある。ウォリスは、事故前の人生ははっきり覚えていたが、体は不自由なままで、短期記憶が駄目になっていた。ファンの事例にも当てはまるが、何が彼の目覚めを促したのかは見当もつかない。なぜ新しい情報や経験を記憶にとどめることができなかったのかもわからない。

＊

ファンのおかげで、グレイ・ゾーンをまったく新しい目で見ることができるようになった。彼の回復は類を見なかった。ゼロの状態からヒーローへと上り詰めたのだ。15点満点のグラスゴー・コーマ・スケールでは3点より悪くはなりようがないほどなのに、私が最後に会ったとき、彼はプロのＤＪのように曲をミキシングしていた。

マルガリータは、前向きで積極的に行動を起こす家族の姿勢がファンの回復に貢献したと、強く言い切った。彼女は、もっぱら息子の世話をしたり、特別な治療を受けさせたりするため、半年間仕事を離れた。ウェブサイトで資金を募り、四万五〇〇〇ドルを集めた。

意志の力、愛、家族の支え、資金が十分あり、ことによると幸運もたっぷりあれば、誰もが同様の奇跡的な結果に到達できるだろうと、どうしても思いたくなる。だが、それは間違いだと思う。脳は一人ひとり違うし、脳の損傷もそれぞれ異なる。グレイ・ゾーンは予測不可能なところであり、神秘的で複雑だ。グレイ・ゾーンについて私たちは、過去二〇年間に非常に多くを学んだ。意識の漠然とした儚い性質についても同じだが、回復する人としない人がいる理由や、回復の仕方については、まだほとんどわかっていない。そして回復する人々にとってさえ、回復という言葉は同じことを意味しているわけではない。

ほんの一握りの幸運な人にとって、回復とは、ファンのように大学に戻り、バスに乗り、友達と親しくつき合うことだ。人によっては、回復とは、どちらかと言うとケイトのような状態で、間違いなくグレイ・ゾーンから帰還し、自分が置かれた境遇をじっくり検討し、少しずつ、来る日も来る日も、失ったものを受け入れていくことだ。だが、ほとんどの人にとっては、現実は厳しく、昏睡回復尺度《コーマ・リカバリー・スケール》でほんの数点上がり、応答が以前よりわずかに増す程度だ。彼らは、底知れぬ淵から、階段を少しだけ上がる。

数年前、私はジャーナリストに話をするときに「回復」という言葉を使うのをやめた。「回復する」人が誰もいないと思うからではなく、その言葉には、比較的健常な人の過剰なまでの先入観が伴うからだ。その言葉は、「回復」しようとしている人の期待と成果をまったく反映していない。

私は一九八一年に癌から「回復した」。後遺症も少しあるが、基本的には健常で普通の生活を送っている。深刻な脳損傷からの回復は、それとは別だ。私が見てきた患者のほとんどは「普通の」生活に近いところにすら戻らない。それどころか、大半がまったく回復しない。フアンの事例は、私がこの世界に入ってからの二〇年間で語れる最高の「回復」物語で、めったにない。どれだけ小さくてもつねにいくらかの希望はあることを教えてくれる稀な例外だ。フアンは、グレイ・ゾーンからほとんど完全に戻ってきたが、そこでの経験によって、彼は以前には持たなかった物の見方や資質を間違いなく授けられたことだろう。フアンは私たちのほとんどが生涯で一度も見ることのないもの、けっして見るべきでないものを目にしてきたのだ。

どんな脳損傷にもおそらく、持続的で広範に及ぶ影響がある。それは体内のほかのどんな臓器の場合とも異なる。腎臓や肺、心臓、肝臓を取り換えても、本質的に私たちはやはり私たち自身で、ひょっとしたらしばらくは少し不安定になるかもしれないが、同じ人物だ。多くの人が元に戻り、申し分のない人生を全うする。命を脅かされて否応なく心の傷を抱えることになるにしても、病気にならなければ送るはずだった人生と同じ人生を送れるかもしれない。

だが、深刻な脳損傷は根本的に異なる。脳の損傷は私たちを変える。動いたり、反応したり、他者とかかわり合ったり、応答したりする能力を変える。脳の損傷が起こってしまえば、回復は困難を極める。脳の移植は（少なくとも今はまだ）できないが、たとえできたとしても、心臓や腎臓の移植のようには、私たちの回復には役立たないだろう。なぜなら、脳の移植後には、「私たち」は回復しないからだ。「私たち」は別人になる。前と同一の人物に見えるかもしれないが、頭の中に別の人の脳があれば、まったく別の人物になるだろう。逆に、みなさんの脳を別の人物の体に移植しても、みなさんはみなさんのままで、その体の人物になるわけではない。見かけが違ううえに、微妙な点でも明白な点でも感じ方さえ違うかもしれないと考えると、興味を掻き立てられる。だが、別の体で生きていても、本質的には、みなさんは以前と同じ人物でありつづけるだろう。同じ考え、同じ記憶、同じ人格を持ったままで。この世界の私たちの意識的経験を形作る、自分というものの感覚や、連綿と続く思考や感情や情動は、ほとんどが前と同一だ。完璧に変装をしたように姿は違っているが、その内側の人物は変わっていない。

ケイトはこう言った。できることは少なくなったけれども、芯の部分ではかつての自分と同じであり、健常な人が当然のように期待するのと同じ愛情や注意や敬意を受けてしかるべきだ、と。きっとファンも、自分は以前と同じ人間だと感じていると思う。身体的機能や認知機能の、計測できる衰えとは別の、定義するのがとても難しいかたちで、おそらく変わりはしたが。私は舌を巻くばかりなのだが、私たちの在り方、私たちの存在そのもの、私を私たらしめ、みなさんをみなさんたらしめている本質は、変化に対して驚くほど耐久性がある。壊滅的な脳損傷による変化に対してさえも。

これぱかりは、どうしようもない。私たちは、それぞれの脳そのものなのだ。

第一四章　故郷に連れてかえって

私はそれらの国々が栄えたり滅びたりするのを見てきた。
私はそれらの物語を聞いてきた。すべて聞いてきた。
だが愛こそが、生き残るための唯一のエンジンだ。
——レナード・コーエン

ファンのグレイ・ゾーンからの帰還によって、意識がつねに私たちに一歩先んじてきたことをまざまざと思い知らされた。アルフレッド・ヒッチコックのおかげで、私たちは完璧な手段を、つまり最も深くて暗い原始的な層に隠れている意識を見つけ出すための絶対確実な道具を手に入れたと思った。それなのに、またしてもしくじった。意識は私たちの指のあいだをすり抜けていってしまった。意識はファンの経験の中にあった。それも、最も精緻なかたちで。それでも私たちは見逃してしまった。ｆＭＲＩは途方もなく強力なツールで、私たちはその利用法にたえず磨きをかけてきた。コンピューターの性能が上がったので、私たちはスコットやジェフのような患者に質問をすることができるようになり、彼らの内なる自己との双方向の会話がリアルタイムで実現する瞬間にかなり近づいた。同時に、グレイ・ゾーンの探究は意識の基本構成要素の解明に役立っていた。すなわち、記憶、注意、推論のような脳のプロセスが「知能」のような単一の概念にどう関連するのか、それらは頭の中にある重さ一三〇〇グラムほどの灰色と白の物質の塊からどのように現れるのかを解明するのに役立っていた（これらの疑問の一部を私たちがどのように解明したかを知るには、www.cambridgebrainsciences.com にアクセスしてほしい）[1]。私たちの思考と感情の構造を視覚的に描き出し、脳の機能の仕方と、私たちが意識の世界をどう経験し、アイデンティティの感覚をどう発達させ、アイデンティティが一生の経験によってどう形作られるのかとの非常に重要な関連を特定するために、世界中で私たちやほかの研究者たちが、このテクノロジーを使っていた。私たちはサスペンスの神様との冒険によって、人間の意識が、まったく同じ事象を経験している他者の意識や、他者が考えたり感じたりしていると思うもの、すなわち「心の理論」と固く結びついていることを示した。

だが、fＭＲＩを使うには多額のお金がかかり、患者をスキャナーまで移動させるのは難しかったので、グレイ・ゾーンで孤立している身近で大切な人とどうしても意思を疎通させたい人々の手助けをするには限界があった。私たちがしていたことの未来は、この厄介で高額なテクノロジーの効率化にかかっている部分が多いのは明らかだった。運搬可能で扱いやすいものにして、私のような科学者や医療専門家の手から、それを必要としている人の手へと委ねるのだ。自分のもとから奪い去られた人を取り戻そうと懸命に努力している人の手へと。そして、ウィニフレッドほど必死になっている人はほとんどいなかった。

＊

二〇一〇年五月未明、午前三時三〇分ごろ、ウィニフレッドは突然、隣で寝ている夫レナードのいびきらしきもので起こされた。何か変だと直感的に思ったからに違いなかった。「夫のいびきで起こされたことはありませんでした」と彼女は言った。「世界が粉々になっても私は寝ているだろうと、冗談を言われるほどでしたから」

だがその晩、一家の世界はほんとうに粉々になろうとしていた。なぜかウィニフレッドには、夫が普通ではないのがわかった。彼女は、うなされているのだろうと思って、起こそうとした。だが、起きなかったので、近くの部屋で寝ている息子と娘を呼んだ。息子は九一一番に緊急通報した。ウィニフレッドと子供たちは、レナードをベッドから下ろして床に真っ直ぐ横たえるよう指示されたが、それは簡単なことではなかった。レナードは、若いころボンベイで船員をしたり、ドバイの造船所で働いたりしていた巨漢なのだ。

救急車が着いたのは一〇～一五分後だったのではないかという。「救急車はまだ来ないのかと何度も何度も思いました」とウィニフレッドは言った。レナードの呼吸は止まっていた。救急救命士たちは、心停止状態にあると素早く判断してCPR（心肺機能蘇生）を施すと、心臓がふたたび鼓動しはじめたが、レナードはまたすぐに瀕死の状態になった。急いで地元のブラントフォード総合病院に運ばれ、脳がさらに損傷する危険を減らすために、医療行為によって昏睡状態に置かれた。損傷を受けると、脳の代謝は著しく変化することが多く、十分な血液が供給されなくなる領域もある。危険な状態にある脳の領域が必要とするエネルギー量を減らせば、回復するまでその領域を守ることができる。

レナードは完全に詰まってしまった動脈一本と、八割方詰まった別の動脈を治療する心臓手術を受けた。心臓外科医は結果に満足していた。「これで、体の状態は良くなりました。あとは、どれだけ早く昏睡状態から覚めるかを見守るだけです」とウィニフレッドに言った。

一日半後、レナードは昏睡状態から覚めてグレイ・ゾーンに入った。「あまり良くないお知らせです」と医師が言った。「レナードの脳の損傷は深刻です。彼は植物状態で、おそらく助からないでしょう」

二〇一〇年五月のこの出来事のために、レナードとウィニフレッドと、ウェスタン大学脳神経研究所の私のチームが、やがて出会うことになった。それはもう、時間の問題だった。

＊

患者を訪問するためにジープを購入するという名案を思いついたのは、研修医でＥＥＧ（脳波検査）の達人のデイミアン・クルーズだった。なお素晴らしいのだが、彼はこの移動研究室を「ＥＥジープ」と名づけるという名案も思いついた。ジープは、意識の奥底を調べるという探究における次のステップで、私がまさに求めていたもの、すなわち、いたるところにいるグレイ・ゾーンの患者に手を差し伸べ、彼らが家族とふたたび接触できるようにする、移動可能な解決策だった。人間と機械を結びつけ、有機体と人工物を融合させ、シナプス（神経細胞どうしの接合部）とシリコンをつなぐ手段だ。私はケンブリッジのユニットで過ごした突飛な日々の後遺症とも思えるような挙に出て、絵心のある友人ウェス・キングホーンに、ハッチと両側のフロントドアに入れるロゴのデザインを頼んだ。「ジュラシックパークのロゴのようにしてほしい。だけど、訴えられるほどは似てないものを」と注文をつけた。

EE ジープ

　でき上がったロゴは上出来だった！　あの印象的なティラノサウルスの骨格は脳のイラストに置き換わった。トレードマー

クの黄色と赤のデザインが紫と白（ウェスタン大学のスクールカラー）になった。その夏、EEジープで街を走りまわると、人々が振り向いた。「あれって、ひょっとして……？　何だ、あれは？」

ジープは私たちの新しい「秘密兵器」であるポータブルEEG脳画像撮影装置を運ぶ、なんとも気の利いた手段となった。EEG脳画像撮影装置はfMRIやPETとは違うが、目的は同じで、意識を検知し、可能ならば、応答のない患者と意思を疎通するためにある。この装置を移動可能にする方法を見つけたことで、レナードのように自宅や介護施設や病院にいる患者を、ついに訪ねられるようになった。その意味するところは、脳損傷にとってだけでなく、パーキンソン病やアルツハイマー病のような神経変性疾患、つまり、心と体が機能しなくなる消耗性疾患、平均余命が伸びるにつれてますます一般的になっている疾患にとっても非常に大きい。

理由は単純だった。初めて意識の窓を開けて中を覗く機会を与えてくれた驚異のテクノロジーであるfMRIは高価で、持ち運びなど望むべくもない。患者をスキャナーのところまで運ぶ費用には救急車の料金、親族のためのホテル代、看護師たちの給料、高価な介護施設での数日間の費用も含まれる。そこへさらに、スキャンそのものの費用が加わる。スキャナーの中でなく、家庭で日々の意思疎通ができるテクノロジーを開発すれば、まったく新しい機会が生まれる。より多くの患者がスキャンを受けられ、費用が劇的に下がり、結果として、グレイ・ゾーンの探究をし、最も基本的な意味で私たちを私たちたらしめているものに立ち向かう試みが、想像を絶するほど加速するだろう。

＊

二〇一五年の夏、デイミアンとローラと私は手に入れたばかりのジープに乗り込み、ロンドンから車でほんの一時間のところにある、オンタリオ州南西部の人口一〇万ほどの暮らしやすい都市ブラントフォードに向かった。ウィニフレッドとレナードに会うためだ。

レナードの苦境に私は頭を悩ませていた。最後に二人に会ったのは数か月前で、場所は私のオフィスだった。それは珍しいことだ。普通、私は患者とその家族にスキャン・センターや彼らの自宅、病院、介護施設で会う。だがそのときは、ウィニフレッドとレナードはウェスタン大学の学生である娘に会いに来ていて、私のオフィスを訪ねたいと言ったのだった。いつも信じられない思いがするのだが、レナードのようにグレイ・ゾーンにいる人（応答がなく、おそらく植物状態で、間違いなく介護者にほぼ全面的に頼っている人）も、長距離の移動をしたり、（誰かの助けを借りて）映画を見に行ったり、テレビを見たり、感謝祭の食卓を家族と囲んだりできる。そのあいだずっと、彼らが物事を認識しているかどうかはよくわからない。

二人を迎えた私のオフィスは、ぱっと明るくなって熱を帯び、愉快な雰囲気さえ漂うほどだった。ウィニフレッドはレナードに関する最新のニュースを熱心に伝えてくれた。彼の床ずれは治り、日ごとに応答が良くなってきた、私に会うことを喜びさえした、という。だが、私たちの知らせはそれとは違っており（私たちはレナードのｆＭＲＩスキャン画像をすでに見ていた）、ウィニフレッドとレナードにそれを説明するのは簡単ではなかった。

ローラと私は事実を徹底的に検討した。何度もやった。私が不本意ながら疑念を差し挟むたびに、ローラは完璧にそれを退ける。最近の検査では、自分がどこにいるのかや、誰なのか、そのほか、自分のまわりで起こっていることのいっさいをレナードが認識している証拠は、彼の振る舞いからはまったく得られなかった。私たちの切り札である、テニスをしているところを想像する課題さえ、今回はうまくいかなかった。レナードが二時間以上スキャナーの中で静かに横になっていたにもかかわらず、彼の脳はほんとうに生きている徴候を何一つ示さなかった。グレイ・ゾーンからのメッセージはなかった。

ウィニフレッドは私の言葉に耳を傾けたが、私たちの報告を懸命に膨らませようとした。私たちは、レナードが前回会ったときよりも見るからに健康状態が良くなったことに気づいていた。ウィニフレッドは、彼は以前よりも応答が良くなり、こうしていつもの日課以外のことをするのを楽しんでいるとつけ加えた。私たちは彼の足の感染が治癒したのを知って喜んだ。ウィニフレッドもそれを喜んでいた。足の状態が良くなったので、レナードは以前よりもはるかによく動けるようになったというのだ。私はウィニフレッドが不正直だと言っているのではない。彼女は信じられないほど誠実だったし、間違いなく、私たちとは比べ物にならないほど多くの時間をレナードと過ごしてきた。私たちなら見落としかねない回復の徴候の見つけ方を知っていることも確かだ。ウィニフレッドは、レナードが持てるはずもない意識の側面を、勝手に彼に持たせてしまっているだろうか、と私は思った。彼の人格の一面がまだそこにあるのだろうか？ひょっとしたら、彼女は彼の一部とつながっているものの、私たち他人にはその部分と接触することがまったくできないのかもしれない。それが事実かどうかを見きわめるためには、私たちはレナードの家に行き、レナードの頭の中に入らなければならなかった。

*

そんなわけで二〇一五年の夏、デイミアンとローラと私はブラントフォードに向かってハイウェイ四〇一を突き進んでいた。私たちは大きな平屋の前に車を停めた。静かな道路の反対側にはトウモロコシ畑が広がり、たっぷり日差しを浴びていた。素晴らしい天気の日だった。ウィニフレッドはレナードと家に戻ったばかりで、車庫を抜け、段を上がって脇のドアから家に入れるように造られた一連の金属製のスロープを、レナードの乗った車椅子を押して中に入ったところだった。彼女は脇のドアから飛び出してきて私たちを出迎えた。「ようこそ、ようこそ、ようこそ！」と彼女は興奮して言った。

デイミアンは、EEG装置を安全に運ぶための、光沢のある黒い頑丈なケースをいくつもEEジープから降ろし、何度も往復して家の中に持ち込んだ。ウィニフレッドはレナードにつき添っていた。私はその場に立って、窓の外のきらきら光るトウモロコシを見ながら、オフィスで二人と会ったあの日の様子を頭の中で再現していた。今日は違う展開になるだろうか？　良い結果が出るだろうか？　またしても厳しい評価を下さなければならないのか？　前回レナードに会ったときから状況は変わっていた。検査方法もデータの分析方法も改善したし、認識能力を検知する器具の感度も上がっていた。だから、どうしても良い結果を出したかった。

リビングルームの隅には、車椅子に座ったレナードの大きな姿があった。「私は一生懸命にやってきました」とウィニフレッドは言った。「彼は小さいけれど重大なステップを踏み出しました。微笑みはじめたのです！」

ウィニフレッドは、レナードの心停止が起こる前の晩、バカンスに、インドのゴア州に隠居したレナードの家族に会いに行く計画を立てていた、と言った。「フライトを予約するつもりでした。けれど、テレビで『ダンシング・ウィズ・ザ・スターズ』を見ていて、それが終わるころには夜遅くなっていたので、翌日にすることにしました。ですが、翌日はとうとうやって来ませんでした」

ウィニフレッドはレナードに、ストローでプラスチックのコップの水を飲むように言った。「すすらなければ駄目よ」と彼女は叱った。彼女は優しく彼の頬と喉をさすった。「飲み込むことができるのを見せてくれれば、もっとあげるわ。見せてちょうだい。私、あなたの目を覚まそうとしているのよ。あと一すりで終わり。あなたが飲み込むところを見たいの」。彼女のやる気には舌を巻いた。「眠っては駄目。起きていなければいけないのよ！」彼女は自分の指を彼の指と絡ませた。「ため息をつくのを見ましたか？」この質問は私に向けられたものだった。

私はどう応じていいのか戸惑った。実際にため息をつくのを見たが、それはウィニフレッドの催促への意識的な応答だったのか、何の意味もない、ただ自動的な潜在意識の反応なのか？　彼女がレナードと触れ合っているのを見て、何が人を人たらしめているのかと私は問いはじめた。明らかにレナードはそこにいて、私の前に座っているが、レナードの本質のうち、ある肝心な部分が欠けている。とにかく、私にとっては。だが、ウィニフレッドにとって、レナードはそこにいた。レナードのすべてがそこにあった。私たちほかの人間にはまったく見えない部分でさえも。彼は妻の中で生きつづけていた。彼女が彼の意識を持っているかのように思えるほどだった。ふたたび彼自身が意識を持てるようになるときまで、その意識を生かしておき、存在しつづけさせるかのように。

デイミアンは水をもらい、装置とともに持ってきていた小さなボウルを満たした。脳波検査（EEG）に使うキャップを一つ取り出すと、そのままボウルの中に沈めた。ちょうど、沸騰している湯にたっぷり握ったスパゲッティを放り込むような感じだった。水は電気をよく通すので、全部の電極を完全に濡らすことにより、レナードの頭皮から良好な電気信号を受け取れるようにしたのだ。

私たちが検査で使うゴム製のメッシュのキャップには一二八個の電極が取りつけられていて、見た目は大きなヘアネットのようだ。各電極からは電線が伸び、それが一まとめにされて、ハイファイアンプに似た三〇センチメートル四方ほどの金属製の装置に差し込まれている。そしてそのアンプは、最上位機種のノートパソコンに接続されている。私たちが買うパソコンは、みなさんが買い求める機種と変わらない。だいたいがアップル社かデル社の製品だ。

ＥＥＧの原理はｆＭＲＩの原理とはかなり違う。ニューロンが「発火」、つまり活性化すると電気活動が生じる。それは電圧のごくわずかな変化で、頭皮で検知できる。通常は脳内に直接電極を埋め込まないかぎり、単一のニューロンの電気活動を計測するのは不可能だ（電極を埋め込むためには費用もかかるし、危険も伴う脳手術が必要になる）。だが、ニューロンはまとまって発火するので、その一群のニューロンによって生じる電圧の全体的な変化は、頭蓋の外からでも検知できる。微弱な信号を読み取るためにはアンプを通さないといけないが、それでも、検知は可能だ。

脳の一部が「活性化」しているという場合（たとえばテニスの試合をしているところを想像すると、そのとき脳画像では運動前野が明るくなっている）、その領域全般で多くのニューロンが、テニスをしているところを想像しはじめる前よりも盛んに発火していることを意味する。この発火によって電気活動に変化が生じ、ＥＥＧの電極を通して頭の表面でその変化を検知できる。このシステムは「逆問題」（出力から入力を推定する問題）になっているので完璧とは言えない。頭皮の電極に届く電気信号を生み出すような、ニューロンの発火の組み合わせはいくらでも考えられるからだ。その電極のすぐ内側に位置するニューロン群が発火しているのかもしれないが、もっと奥の場所にある別のニューロン群が信号の一因となっている可能性もある。関係している可能性のあるニューロンの数と組み合わせは事実上無限にあり、それはつまり、ＥＥＧで検知される信号を、脳内の正確な場所と関連づけるのは不可能であることを意味する。いくらか改善もされている。たとえば、ＥＥＧにｆＭＲＩを組み合わせるのも有効な手段になりうるし、新しい統計的手法も開発されているが、ＥＥＧの前には依然として逆問題が立ちはだかっている。

ＥＥＧには、電極をすべて頭皮につけるがゆえの制約もある。検知可能な活動の大半が、脳の表面近くで起こっているものに限られてしまうのだ。たとえば、場所の記憶に関係して働く海馬傍回の場所領域での活動はまず検知できない。その領域は脳の奥にあり、外表面からは離れすぎている。

デイミアンは水が滴るＥＥＧのネットをボウルから取り出して、こう言った。「普通、スポンジがすっかり乾いてしまうまでのおよそ三〇分から四五分のあいだは、しっかりと信号を受信できます」

彼はＥＥＧのネットをレナードの頭に注意深く装着した。頭がぴったり収まるようにデイミアンがネットを前後に細かく動かして微調整しているあいだ、レナードの顔には水が流れ落ちた。

「レナードにとって家がいいのはわかっています」とウィニフレッドが言った。「今、指を広げているでしょう。これは、彼には感覚があって応答している、ということでしょうか？　私には、何かつながっているものがあるように思えるんです。レナードはマッサージを受けることがありますが、もし気分が乗らなければ嫌そうに顔をしかめます。昼間に何かをさせると、疲れてしまってその晩はずっと眠っています」

私はまた思った。レナードが考え、感じ、態度に示しているとウィニフレッドは捉えている。そして本人が感じているかどうかはともかく、彼の気持ちを彼女はたしかに感じていることに心を打たれた。グレイ・ゾーンは私たちに、意識はあるかないかのどちらかという問題ではないことを教えてくれる。オンかオフか、黒か白かで決着をつけるような問題ではない。グレイにはさまざまな色合いがある。

「いいですか、これから耳にイヤホンを入れますよ」とデイミアンが言った。

「あなた、頭を働かせてちょうだいね！」とウィニフレッドが声を張り上げた。

デイミアンはアンプのプラグをコンセントに差し込み、ノートパソコンを開いてプログラムをスタートさせると、言った。「では、全員静かにしてください、レナードの気が散らないように」。部屋は静まり返り、私たちはレナードをじっと見つめた。

私たちがＥＥジープを使って行なっているような脳画像撮影が可能になったのは、コンピューターの処理速度と携行性が飛躍的に向上したからだ。今や大量のデータをリアルタイムで分析することが可能になり、ネットをかぶった患者に質問をしながら、それに対する応答を解釈できる。ＥＥＧのシステムは以前に比べてずっとスリム化した。一九九七年にケイトをスキャンしたときには、データ分析のコードのほとんどを自分で書かなくてはならなかった。これが一仕事だった。数値解析ソフトのマトラボは、マイクロソフト社のワードのような、とびきりのインターフェイスを備えていなかった。コンピューターに関する科学教育を受けていなければ、このソフトをどうやって使えばいいか、皆目見当もつかなかっただろう。マニュアルもなければ、ヘルプシステムもなかった。臨機応変でやるしかなかったのだ。今では事情は大きく変わった。ＥＥＧのデータ解析をするソフトウェアは、家電量販店で簡単に手に入るというわけではないが、科学界には広く出回っており、コードを共用することもよくある。

レナードは静かに座り、ヘッドホンを通して流れてくる音を聴いていた。私たちにはレナードが耳にしている音は聞こえなかったし、彼に聞こえているのかどうかもわからなかった。データがどんな結果を示すかをただじっと待つしかない。ヘッドホンを通して流れていたのは、デイミアンが組み合わせを考えた数々の語句で、レナードの脳内で起こっているかもしれないことを明らかにするために綿密に計算されていた。[2] 単語は二つ一組になっている。「テーブル」と「椅子」のように明らかに関係のあるものの組み合わせもあれば、「犬」と「椅子」のようにまったく性質の異なるものの組み合わせもあった。これは、ＥＥＧを行なう人たちのあいだで「Ｎ４００」と呼ばれているものに由来する。単語が対になって示される場合に、二つ目の単語が最初の単語と関係がないときのほうが、脳内で一時的に起こる電気変化の度合いが大きいのだ。なぜそうなるのかはっきりとはわかっていないが、「プライミング」と呼ばれる心理現象のためだと思われる。プライミングは予期と関係がある。「テーブル」という単語を聞くと、脳は次の語は「椅子」かもしれないと予期する。「テーブル」と「椅子」はいっしょに耳にすることが多いからだ。同様に、「犬」と聞けば、次はたぶん「猫」という語が来るだろうと予期する。言ってみれば、「犬」の次に「椅子」が続いたときのほうが、「テーブル」の次に「椅子」が続くときよりも脳は驚くのだ。そしてこの驚きが、脳活動における検知可能な変化として表れる。同じ語であっても、その前に出てくる語によって脳活動に違いが生じるということは、脳がその二つの単語の関連性を処理したことを意味しているに違いない。脳は、「テーブル」と「椅子」は、「犬」と「椅子」よりも密接な関係があることを理解しているに違いないのだ。脳は意味を処理している。似たようなことが、たとえば「男性が、ジャガイモを運転して仕事に行った」といった文章を聞いたときにも起こる。この文章は、「男性が車を運転して仕事に行った」という文章を聞いたときよりも、電気活動に大きな変化を生む。予期しなかった言葉の組み合わせの威力だ！

時折、外の道を車がビュンと音をたてて通り過ぎていく。部屋の中はひっそりと静まり返っていた。まるで昏睡状態にあると言えそうなほどだった。レナードはゆるゆると眠りに落ちたり、また眠りから抜け出したりを繰り返しているようだった。ヘッドホンからは、デイミアン作の奇妙な詩が流れていた。

ワシ—ハヤブサ、チーター—トレーラー

カラス—ムクドリ、イグアナ—セーター

地階―地下室、マンダリンオレンジ―フェンス
短剣―ナイフ、レオタード―ラクダ

関連のある単語やない単語を組み合わせて作った何百ものペアに加えて、私たちは一五年以上も前にデビーを検査したときに使ったのと同種の、信号相関ノイズも聞かせた。慎重に制御された短いノイズのバーストで、古いラジオの選局ダイヤルを回しているときに飛び込んでくる空電雑音に似ている。関連のある語のペアと関連のない語のペアで電気活動に違いがあるかどうか、信号相関ノイズのときとは違う変化が、言葉によって引き起こされるかどうかを調べることで、レナードの脳には依然として何ができるのかを正確に知りたかった。デビーに対して行なった検査と大きく違うことをしたわけではないが、それでも今や装置の価格は六〇分の一に下がったし、昔と違ってレナードの家のリビングルームで検査を行なっていた。

*

EEGの検査にはずいぶん時間がかかりそうだったが、ついに終了した。デイミアンはネットとレナードの頭の両横とのあいだに指を入れ、ネットをまっすぐ上に引き上げて外した。レナードは微動だにしなかった。彼は検査中ずっと、ほとんど動かなかった。これは重要だった。動きが少なければ少ないほど、レナードの脳からきちんとした正確なデータを得る可能性が高まるからだ。

デイミアンは荷物をまとめ、ウィニフレッドと私はいっしょに外に出てEEジープに向かった。私は、車庫に続く私道にグレイのフォード・マスタング・コンバーチブルが停めてあるのに気づいた。なんとな

くウィニフレッドには似合わないような気がしたので、訊いてみた。

「この車はレナードの自慢の種でした。今でも、彼を車で外に連れ出しています。とても喜ぶんです!」

私たちが帰る前に、ウィニフレッドは言った。最終的な目標は、レナードの呼吸が止まる前夜に二人で話し合っていた計画をやり遂げることだ、と。「私は今でも彼をゴアに連れていきたいと思っています。希望を捨てていません。彼をゴアに連れていくことが私の目標です。この話をすると彼は顔を輝かせて、目を大きく見開くんです。二人で立てた計画を忘れていないんですよ」

ウィニフレッドは私が執筆中の本について質問し、自分に何かできることがあるなら知らせてほしいと言った。「彼が倒れたその日から、自分に手伝えることをしようと情熱を燃やしてきました」と彼女は言った。「レナードのような人たちには声が必要なんです。もし先生方のテストでレナードの脳から何かを引き出すことができていないなら、テストを改良しなくては!」

オンタリオ州ロンドンに向かってハイウェイ四〇一を帰る私の中で、ウィニフレッドの言葉がこだましていた。「レナードのような人たちには声が必要なんです」と彼女は言った。彼女自身がその声だった。グレイ・ゾーンの科学とは、あらゆる人生の価値を肯定することだ。彼女はそれを私に思い出させてくれた。意識の普遍的本質を明らかにしようとして探究していくと、誰もが唯一無二の存在であり、しかも、一人ひとり違ったかたちでそうなのだという事実に必然的に戻り着くことになる。私たちそれぞれの頭の中には、まるごと一つの世界がある。一生の経験の上に築かれた世界が。そしてほとんどの場合、その世界は自分だけのものだ。

*

ひと月ほどたって、私はウェスタン大学の自分のオフィスからウィニフレッドに電話をかけた。いつものようにそばにはローラがいた。電話をかける前に、私たちはレナードのＥＥＧの結果を二〇分かけてじっくりと検討した。

「レナードはどんな様子ですか？」と私は尋ねた。

ウィニフレッドはあいかわらず快活だった。「日ごとに良くなっています！　今では、前の週より気分が良いと私に伝えようとして声を出すこともあるんです！」

どこまでも楽観的な彼女に釣り込まれずにはいられなかった。「それは素晴らしい。ところで残念なことに、新しい知らせは何もないんです」

どれほど調べてみても、レナードのＥＥＧの結果からは、彼の脳が単語とただのノイズを区別できるという証拠は発見できなかった。「レナードの体調が良くなってきているのが確認できたのは、ほんとうによかった」と努めて陽気に聞こえるように言った。

「そうですよね！」とウィニフレッドは興奮して声を張り上げた。「言ったでしょう。彼は日に日に良くなっているって！」

今後も連絡をとり合うこと、次に大きな計画を実地にテストするときに備えて、レナードの名前を引き続きリストのいちばん上にしておくことを約束した。電話を置いた私は、実際のところウィニフレッドは、レナードに関して最初からずっと正しいのではないかと考えずにはいられなかった。彼の見せるちょっとした変化、身体面での改善、ごくわずかな徴候のいっさいが、現実のものなのではないか、と。

レナードはゆっくりと戻ってきているのかもしれない。だが、どこに向かって？　無の状態から完全に意識のある状態までをたどる道筋のどの地点で、人はふたたびその人らしさを取り戻しはじめるのだろう？　グレイ・ゾーンを探究するなかで、私はレナードのような人たちと数多く出会った。そこには何かがあるように思えた。少なくとも、彼らを愛している人たちの頭や心の中には。体や脳の物理的な在り方を超越して、彼らの何らかの部分が残っていた。計測できず、私たちには手も届かず、検知もできない彼らの一部が。だが、それはいったい何なのか？

私にはウィニフレッドが正しいとわかっていた。たしかに、もっと良いテストが必要だった。引き続き手法を改善し、アルゴリズムを調整し、これからもどんどん接触をしていく新たな方法を見つけなくてはならなかった。人間らしいつながりこそが最も大切——それこそが彼女が主張していることだ。それが何よりも重要だった。どんなに独創的な検査やデータ点も、驚くようなテクノロジーもそれにはかなわない。

私は気がつけば、こう思うようになっていた。レナードがグレイ・ゾーンに陥った運命の夜、ウィニフレッドが彼と交わした約束をいつか実現してほしい、と。レナードは彼女につき添われてインドに帰れる。遠い昔に、二人の人生の旅が始まった場所に。二人の不思議な人生が巡り巡って、原点に戻るのだ。ウィニフレッドが夫を故郷へと連れてかえれますように。

第一五章　心を読む

目下、この世の中で何より悲しいのは、科学が知識を収集する速さに、社会が叡智を結集する速さが追いつかないことだ。
——アイザック・アシモフ

最近、パリのとびきりこぢんまりとした、そして正統派フランス料理の鑑《かがみ》とも言える五つ星ホテル、ロテルの「ル・レストラン」でのことだ。グレイ・ゾーンの科学の波紋がこれほど広がり、意識そのものを理解しようとする私たちの探究を受け入れてくれるまでになったことに、私はただただ驚いていた。このレストランはセーヌ川左岸の中心に位置し、奇跡としか思えない極上の料理を二世紀にわたって提供している。このときは七月初めで、パリの夕べは暖かく、心地良かった。仕事を終えて家路を急いだり、夜の街に繰り出したりするパリ市民で、表の通りはごったがえしていた。レストランの中では、赤と黒のビロードの椅子が小さな丸テーブルを囲んでいた。各テーブルには、ぱりっとした純白のテーブルクロスが掛けられ、大ぶりのワイングラスが並ぶ。

友人で研究仲間のティム・ベインは貝の料理を注文した。ティムはニュージーランド出身の哲学の教授で、主な研究テーマは認知の性質だ。認知は言語とどのように関係しているのか、私たちは自分の思考を制御できるのか、思考の様式は文化ごとに決まっているのか、などを研究する。彼はグレイ・ゾーンの科学について幅広く書いており、私たちの研究をずっと熱心に応援してくれている。

壁際の四角いテーブルでティムと私の向かい側に座っているのは、ベルギーの心理学者アクセル・クリアマンズで、意識を伴う学習と伴わない学習が脳内でどのように起こるかについての世界的な専門家だ。アクセルとティムと、二人の研究仲間であるパトリック・ウィルケンは『オックスフォード版 意識のガイドブック（*Oxford Companion to Consciousness*）』という卓越した作品を世に送り出した。(1) ささやかな宴の最後の一人はシド・クイデールだ。パリの認知神経科学者で、意識がいつどのように現れるかを理解しようと、乳児の脳波を研究している。このグループのほかのメンバー同様、彼がご執心なのは閾《いき》の状態、すなわち、脳と心、存在と非存在、物事を認識できる状態とできない状態の曖昧な境界だ。

一皿目が来た。セーヌ川の貝をロイヤルピンクのニンニクで煮込んだ料理だ。美しい盛りつけで、料理という芸術にシェフがどのように向き合っているかの一端を示すことを明らかに目的としている。やがてワインが間断なく注がれ、笑い声も途切れることがなかった。これは祝賀会だ！　多くの研究仲間の列に伍して、私たちも、カナダ先端研究機構（ＣＩＦＡＲ）から首尾良く研究資金を獲得したところだった。この資金は、脳、心、意識をテーマにした会議（世界の都市を好きなように選んで、年に二、三回の集中ワークショップ）を開催するプログラムの運営に使われる。

前年に、ＣＩＦＡＲが「世界を変える四つのアイデア」を世界全体で募集したところ、五大陸二八か国から二六二件の応募があった。脳、心、意識を取り上げる私たちのプログラムは、国際的に資金が与えられるわずか四つのプログラムのうちの一つに選ばれたのだ。

その晩、パリの宴における私たち四人の話題の中心は、数々の有望な新テクノロジーだった。それらのテクノロジーによって、意識が現れるには脳のどの部位が作動している必要があるのか、もしくはつながっている必要があるのかについて、やっとわかりはじめていた。患者にアルフレッド・ヒッチコックの映画を見せるという私たちの研究は、生後五か月、一年、一年三か月の乳児を対象としたシドの最近の研究と非常に近い。彼と研究仲間たちは少し前、大人に意識があることを示す脳波信号が、これらの乳児にもすでに存在していることを明らかにした。これは、『バアン！　もう死んだ』を見せると、意識と関係がある応答が一部の患者にfMRIで見受けられたという、私たちの研究成果と酷似している。

アクセルとティムはこれらの結果に納得していたが、それでも私たちはそれについて議論した。いわゆる意識の生理学的「シグネチャー」は、EEG、fMRI、そのほかどんな手法で得たものであれ、熱い議論を確実に招く。そのシグネチャーが厳密には何を意味するかについて、意見が一致することなどめったにないからだ。EEGのくねくねした波形の線は、意識そのものの反映なのだろうか、それとも意識が存在していることを知らせてくれる神経活動の手がかりにすぎないのか？　そもそも、何か意味を持っているのか？　もし手がかりがそこにあるのなら、患者（あるいは乳児）には意識があるのがわかる——彼らの意識にアクセスできたかどうかには関係なく。

仮に、特定の記憶の生理学的「シグネチャー」、たとえば本書のタイトルの記憶が保存される場所と手段を突き止めようとしているとする。神経心理学の文献では、このつかみどころのない脳のシグネチャーはよく「記憶痕跡《エングラム》」と呼ばれる。「つかみどころのない」と言ったのは、記憶が保存される脳の場所と手段が依然として不明だからだ。私たちは、みなさんが本書のタイトルを思い出そうとしているときに、EEGやfMRIによって脳をモニターすることはできるし、みなさんの頭に『生存する意識』という言葉が浮かんだ瞬間に、くねくねした線や色鮮やかな斑点が出現するのを間違いなく目にすることだろう。だが、そのシグネチャーは何を表しているのだろう？　記憶痕跡か？　たぶん違う。私たちがおそらく目にするだろうものは、記憶そのものの本質を表しているというよりも、かつて保存したものを取り出すために記憶を掘り下げる脳のプロセス、すなわち、以前は知っているかどうか確実ではなかったことを知っているという事実を見出す経験や、記憶を検索する経験に関連するそのほかさまざまな可能性なのだろう。意識も同じことだ。意識を計測しようとしているときはきまって、意識そのものではなく、意識があるという経験に関連する脳の変化を計測していることになる。

この上なく素晴らしい場で繰り広げられた活気ある愉快な議論をなおさら盛り上げたのは、次々と供される非の打ちどころのない料理と上等なワインだった。私たち四人は、夜が更けていくにつれてワインの酔いが回ってくると、テクノロジーが進歩して、生物的なものとテクノロジーの産物との境界線が曖昧になる未来を思い描いた。私たちは自らの研究によって、すぐそこまで来ているその未来に向かって否応なく突き進んでいた。それはテレパシーが可能になるだろう未来で、それを実現するのは、二つの心を魔法のように一つに融合させる方法ではなく、テクノロジー、すなわち、人の思考を解読して別の人に伝えてくれる、手のひらサイズのスーパーコンピューターだ。

今から二〇年後には、いわゆるブレイン・コンピューター・インターフェイス（ＢＣＩ）が、スマートフォンや薄型テレビ、ｉＰａｄ並みに普及しているだろう。ＢＣＩは脳の応答を計測して分析し、利用者の意図を反映した動きに変換する。その動きは、コンピューター画面上でカーソルを動かすといった単純なものかもしれないし、ロボットアームでコーヒーを口元まで運ぶといった複雑なものかもしれない。ＥＥＧのテクノロジーを基本にしたインターフェイスはもう存在する。あるシステムでは、利用者にＡからＺまでの文字を画面に映して見せて、特定の文字に注意を集中させるように求める。[2] 文字の行や列が、一見するとランダムな順序で点滅する。利用者が、伝えたい文字が点滅したときにその文字に注意を集中させると、「P300」という微弱な電気信号を脳が発する。「これだ！」という閃きの瞬間の脳バージョンだ。私たちが待ち望んでいたことが、ついに実現した。EEGが脳のその信号を検知すると、かなり精緻な分析によって、信号が発せられたその瞬間にどの文字が点滅していたかをソフトウェアが解読して、その文字をコンピューター画面上に表示する。これは意思疎通としては最速の手段ではない。文字を一つ表示させるのに数秒かかる。だが、訓練すれば、私たちの大半は、そのシステムを利用して、「おーい、私には意識があるぞ！」といった文章を数分で綴ることができる。

このようなシステムによって、グレイ・ゾーンにいる患者が外の世界と日常的に意思を疎通できるようになるには、乗り越えなければならない壁がまだたくさんある。このスペリング機能を利用するには、利用者は一度に一文字ずつ集中する必要があるが、これは視線を固定できることが前提で、それはグレイ・ゾーンにいる人々の大半には無理だ。だが私たちやほかの研究者たちは、視覚的な合図ではなく音に基づく新しいシステムを設計している。これなら、伝えたい文字が聞こえてくるまで耳を澄ませているだけでいい。

前の章で見たように、EEGには技術的な限界がある。脳が発する微弱な電気信号は、頭蓋骨と頭皮を通過してからでないと検知用電極に到達しないのが一因だ。そうせずに済ませる方法の一つは、脳の表面に直接、電極を取りつけることだ。たしかに複雑な脳神経外科的措置ではあるが、驚異的な成果をあげうる。[3]アメリカのロードアイランド州プロヴィデンスのブラウン脳科学研究所で、ある試みがなされた。キャシー・ハッチンソン（四三歳）は一五年間、腕も足も動かせない状態だったが、脳だけを使ってロボットアームを動かすことを教わった。脳に埋め込まれたセンサーが信号を捉え、接続したデコーダーがそれを受け取り、思考を指示に変換してロボットアームを動かす。郵便局員で二児のシングルマザーであるキャシーは、一九九六年に悲劇的な脳幹卒中を起こし、すべての動きを封じられた。彼女は四肢を動かすことも、しゃべることもできなくなった。だが、進化したＢＣＩの力を借りて、ロボットアームをボトルに伸ばし、ボトルを取り上げ、朝のコーヒーを楽しめるようになった。

この新しいテクノロジーによって、グレイ・ゾーンにいる人でもまもなく、オンラインのコースを受講し、電子メールを送り、会話を交わし、心の奥の感情を表せるようになるだろう。とはいえ、技術的問題も、倫理的問題も残っている。脳手術は危険で、電極を脳の表面に埋め込む手術は気軽に実施していいものではない。キャシー・ハッチンソンは、目の動きは制御できたので、巧妙な技術の助けを借りて、時間はかかるもののキーボードの文字を選んで、自分には意識があり、手術に同意する旨を伝えることができた。一五年間も手足がまったく動かせなかったから、おそらく、危険を冒す甲斐があると思ったのだろう。

グレイ・ゾーンにいる人、あるいはアルツハイマー病やパーキンソン病が進んだ人にとって、これがどういう意味を持つか想像がつくだろうか？　新しい世界はもうすぐそこだ。そこでは、長年自分の思いを伝えられなかった患者が、脳に埋め込まれた電極のおかげであらためて自主性を発揮し、自ら人生の舵取りをし、ふたたび自分の運命を切り拓くことができるのだ。声を失っていた人がまた口を利き、動くことができなかった人がまた動き、もう二度とこちら側の世界に戻ってこられないと思われていた人が戻ってきて、未来の計画と過去の記憶を持った完全な人格として扱われる権利を行使する。

＊

心を読むグレイ・ゾーンのテクノロジーには、思いもよらない分野で素晴らしい用途が見つかった。科学捜査だ。二〇一五年、私のチームはダンという二〇代の男性に出会った。ダンはオンタリオ州サーニアで頭を撃たれて危篤状態に陥り、地元の病院で生命維持装置につながれていた。これはめったにない出来事だった。オンタリオ州はおおむね治安が良くて平和な土地なのだ。ダンは脳に重傷を負い、命は取り留めたものの応答がなかった。眉間に撃ち込まれた銃弾は脳を貫通し、頭頂葉皮質と側頭葉のあいだから抜けた。犯人はわからない。彼をスキャンし、じつは意識があることを突き止め、誰が手を下したか彼に訊けるとしたらどうだろう？

　ＴＮＴのテレビドラマ『パーセプション――天才教授の推理ノート』の最近のエピソードでは、私たちの研究を使い、これとほぼそっくりの筋書きを含む話を組み立てた（www.intothegrayzone.com/perception）[4]。このテクノロジーは、すでに存在する。グレイ・ゾーンにいる犯罪被害者から話をうまく聞き出すことは可能だ。『パーセプション』のエピソードよりも少し時間がかかるだろうし、主な登場人物はあれほど魅力的でもないかもしれないが、真実を引き出す最善の情報源が被害者の場合、ｆＭＲＩで凶悪犯罪の犯人を突き止められる。

　ダンはそのような犯罪の被害者だろうか？　私たちは彼をスキャンする許可を得るために急いだ。大きな倫理上の問題を乗り越えなければならない。なぜ私たちはスキャンしようとしているのか？　どう考えても、純粋に研究のためではない。臨床目的でもない。犯罪を解決するためだ！　いったいどうすれば、倫理委員会を説得して許可を出してもらえるだろう？　誰が同意を与えるのか？　誰がダンの代理意思決定者なのか？　代理意思決定者が真犯人だったら？　そんなことは、知りようがないではないか？

　不確かであることは私たち自身も認めるが、こんな計画を考えた。ダンの友人や知り合い全員のリストを手に入れて、それからダンにスキャナーに入ってもらい、犯人を知っていたらテニスをしているところを想像してくれるよう頼むことから始める。彼の答えがイエスだったら、リストの最初の人物から当たっていく。「犯人はジョニーですか？　答えがイエスならテニスをしているところを想像してください」。ノーだったら、自宅を歩きまわっているところを想像してください」。次に、「犯人はデイヴですか？」と訊く。こうして続けていく。私たちは極度に興奮していた。きっとうまくいく！　私たちの研究方法で犯罪が解決できる！

ところがダンが回復した。私たちがじっくり検討しはじめてから数日目に、意識が戻ったのだ。彼は合図に応じて手を挙げられるようになった。私たちは彼に接触し、脳だけを使って何か教えてもらえるかを確かめる機会を逃した。ダンにとっては幸運ではあったが、私の中のある部分は失望を拭い切れなかった。

ｆＭＲＩが科学捜査に貢献できることをダンからは教えてもらえなかったが、遅かれ早かれ別の患者が出てくるだろう。通常手段では意思を疎通させられないが、急速に進歩しているテクノロジーでその心は読めるという患者に、いつか出会える。今はまだだが、そのうちきっと。

＊

グレイ・ゾーンの科学に関して私たちが取り組んできた疑問や発展させてきたテクノロジーの数々によって、科学的な可能性にあふれるまったく新しい世界が開けた。アルフレッド・ヒッチコックの映画を使う実験によって、アルツハイマー病など、認知能力の衰えをもたらす神経変性疾患の患者の脳内で何が起こっているのかが、いくらか判明するかもしれない。アルツハイマー病の患者は、サスペンスの神様が生み出したスリラーの傑作を見ると、みなさんや私と同じような経験をするのだろうか？　それとも、その経験は乳児のものにより近く、音が脳の中でこだましたり視覚的な刺激が頭の中を駆け巡ったりするとはいえ、精妙な筋の詳細は認識されないのだろうか？　もしもそうなら、私たちが外側から観察して、患者たちが味わっているに違いないと推定する経験ではなく、患者一人ひとりが自分の置かれた世界で実際にしている経験に合わせて、患者を支援できるテクノロジーや治療法を開発することができるだろうか？
近年制作され、二〇一四年のサンダンス国際映画祭で観客賞を受賞したドキュメンタリー映画『パーソナル・ソング』は、アルツハイマー病を患った患者数人の驚くべき経験を記録した作品だ。患者たちに、かつて彼らが親しみ、好んだ音楽を聴かせたところ、生活が一変したのだ[5]。一人ひとりが自分の音楽や自分の過去と自分ならではの結びつきを持った。もう失われてしまったと周囲が思い込んでいた、その人の何らかの本質的な面ともつながった。この映画は、音楽には意識ある自己をふたたび呼び覚まし、人間性の奥深くをあらわにする可能性があることを美しく描き出している。

*

アルツハイマー病のような疾患における意識の衰えの研究に加えて、目下、前途有望な研究の対象となっているのが、いわゆる動物の意識だ。人間以外の動物には意識があるのだろうか？　たいていの人は、類人猿や、そのほか高等な霊長類や、犬には何らかの形の意識があると考えているが、それが私たちの意識とそっくり同じものではないのは明らかだ。彼らには意識の土台があることはわかっているとはいえ、人間の脳内にあるものほど統合され確立されているわけではない。サンフランシスコ動物園で生まれたニシローランドゴリラのココは、多くの英単語に加えて、何千という手話のサインの意味を覚えることができた。とはいえ、ココは文法や構文を使っておらず、その言語能力は人間の幼児を超えないというのが大方の見方だ。同じように、犬をはじめとする多くの動物に、命令に応じて、複雑な連続行動をとるように教え込むことはできるが、そのあと、動物たちの振る舞いはその順序に縛られる。つまり、人間がやってのけるように、自発的に（逆の手順を踏むといったように）行動を変えたり臨機応変に工夫したりはできない。

ティムとアクセルとシドと私は、ロテルでディナーのテーブルを囲んだとき、動物の意識というテーマをじっくり検討した。動物の意識は、大人の意識や乳児の意識や機械の意識と関連があるからだ。いつも驚かされるのだが、ほとんどの科学者が、意識研究の世界にどれほど精通していようと、なおも彼ら自身のペットの「意識」の話を持ち出そうとする。そうした動物たちがほんとうは何ができるのかは多くの場合、一般に考えられているよりもはるかにややこしい。

人間以外の種は、思考（欺瞞も含む）の未熟な形態なら行なうことも可能かもしれないが、これらの現象が成熟したかたちで現れるのは私たち人間だけのようだ。人間のように自分の意識について考えたり、時間をさかのぼって過去について思いを巡らせたり、先を見通して将来の計画を立てたりすることは、ほかの種にもできるのか？　確信を持っては言えないものの、情動的経験をするのは人間に限られない点にはまったく異論がないだろうと私は考えている。犬を飼う人なら、わが愛犬は強い情動を示したりなどしない、とはまず言わないだろう。それでも、情動の複雑さ、美術や音楽を通じて感情を伝える能力は、間違いなく私たち人間に特有だ。そして人間以外の種では、意識はどうやらさほど他者の心とのやりとりを伴わないようだ。人間は幼少のころから、時間とエネルギーの多くを費やして、他人が何を考えているか、どんな動機を持っているか、こちらを愛しているかどうか、次に何をやりそうか、といったことを見きわめようとしている。自覚があろうとなかろうと、人生の多くの時間を使って他者の意識状態を理解しようとし、また、自分自身の意識を伝えよう（あるいは隠そう）とする。

新たに登場するテクノロジーのおかげで、いつか他者の心が読めるようになるだろうことは間違いない。それは、私たちがすでに行なっているような、fMRIでの計測結果の変化に基づいてイエスやノーといった応答を解読するという未熟な意味ではなく、他者の脳から読み取ったある種の情報だけに基づいて、まさしくその人が考えていることを解釈し、理解するという意味で、だ。それによって生じる倫理的な難題は、ビジネスや政治や広告の分野で、計り知れないほど大きいものになるだろう。他人の考えにアクセスしたいという飽くことのない（ときに邪《よこしま》な）欲求も生まれるからだ。インターネットとワールドワイドウェブの出現以来、世界が途方もない変化を遂げてきたのと同じように、世界の動きは劇的に変わるだろう。だが私たち人間という種はそれに適応するだろうし、そうした変化もすぐにこの世界にとって当たり前の在り方になるだろう。つまりそれは、子供たちにとっては生まれたときから使う道具、あとの世代のための青写真を明確に定めるテクノロジーなのだ。

機械がしだいに自律性を高め、自ら一連の行動を起こせるようになれば必ず、その機械に道徳的責任感を持たせる必要に迫られるだろう。多くの意味で私たち自身が持つものよりも重い責任感を。私たち人間は物事を行なうとき、それを望んでいるという理由だけで、並々ならぬ（ときに、まわりが狼狽するほどの）才覚を発揮する。それらの物事は間違っていたり、不道徳だったり、不法だったり、不合理だったりするかもしれないが、私たちはそれでもなお行動に移そうとすることが多い。人間が論理的に正しいことの範囲を逸脱し、明らかに間違っていることをしでかすのは、DNA中の何のせいなのか？　私たちの中にある、理不尽なことをするという性質の源を発見できれば、機械が同様の衝動を持つのを防ぐのに役立つだろう。

意識の本質や、自分の考えに則って行動する能力（「行為主体性」と呼ばれることもあり、グレイ・ゾーンの患者の多くが欠いている能力）について思いを巡らせるときには、私たちには自由意志があるのかという問いは一考に値する。優れた頭脳の持ち主が大勢、この厄介な問題に取り組んできたが、その答えは私たちが思っているよりも、なおいっそうややこしいかもしれない。ウィニフレッドとレナードの事例から、人間の意識はたびたび他者の人生に波及することがわかる。私たちは、自分の人間関係や、意識がある存在としてまわりの世界に及ぼす影響に目を向けないかぎり、自らについて十分に説明したり理解したりできることは稀だ。人間はそれぞれ本人の脳にほかならないが、その人のおかげで他者が持つ記憶であり態度であり意見であり情動でもある。人は死んでしまってもなお、あとに残してきた人々の人生に刺激を与え、その人生を形作り、その人生に影響を及ぼしつづけることが多い。

この現象が最も明白に現れるのは、「集合意識」と一部の人が呼ぶものの中かもしれない。私たちは家族やコミュニティや国家といった、相互に重なり合った集団の中で生きている。そして、これらの区分をまたぐかたちで、宗教組織やスポーツクラブなどのほかの集団が存在している。それぞれの集団に属する個人はたえず互いに働きかけ、影響し合っているので、これらの集団には一種の行為主体性、つまり、決定を下し、考え、判断し、行動し、組織し、再構成する能力がある。集団は、共有の信念や道徳的態度、伝統、慣習という形態で一種の「意志」を持ち、行為主体としての役割について省みることさえできる。

集合意識は、脳と脳の相互作用から生まれ、複数の人、親族、コミュニティ、さらには国家が接触するにつれて拡大する。それは人間性、すなわち、ばらばらな個人を超えた何者かであるという感覚のカギを握っているのだ。集合意識のトリクルダウン効果（もともとは経済用語で、政府が資金を大企業に振り向けると、それが中小企業や一般大衆に浸透して景気を刺激する効果）によって私たちの信念が形作られ、先入観が焚きつけられる。集合意識は、たとえば、満ち足りた性交渉で分かち合う喜びから、オリンピック観戦中に一〇万もの人が心を一つに嬉々としてウェーブを行なう際に自然発生的に広まる同期した動きにいたるまで、共有意識経験の基盤だ。

集合意識には、一部の人が「宇宙意識」と名づけたものと同様の特徴がある。宇宙意識は「無限で永遠の知的エネルギーの大洋」だと言われる。「私たち一人ひとり、それぞれの魂、個人の意識という一つひとつの点は、その大洋のなかの一滴《ひとしずく》だ。一滴一滴の区別がつけられないのは、エネルギーの統一場には区切りがないからだ」[6]。この説明には、比喩としてそれなりの魅力がある。私たち一人ひとりが持つ意識は集合的な大洋の「一滴」だというのだから。一人ひとりが全体にどう貢献しているのかを見きわめるのは、たしかに不可能だ。それは、人生の大部分が私たち一人ひとりや、各自の貢献を超越した現れ方をすることに負うところが大きい。人生は目くるめく即興詩だ。私たちは日々を送りながら、集合的に人生を作る。だからこそ、生きているのがこんなにも興味深いのだ！

グレイ・ゾーンの科学の未来のために祝杯を挙げたとき、ふと思ったのだが、パリのレストランで四人の仲間が交わす生き生きとした会話の行方さえ予想できない。意識ある心がそれぞれ、この集団の気質に微妙な影響を与えている。数々の考えが生まれ、それが変更されたり、粉飾されたり、破棄されたり、受け入れられたりする。選択肢の数は未来に向かって増えつづけ、その起源からあらゆる方向に広がっていき、刻々と現実のものとなる世界を創り出し、かつ、それに応答する。

私に言わせれば、意識の出現を説明するためには、「エネルギーの統一場」や「無限で永遠の大洋」のような概念は必要ではない。脳そのものがありさえすればいい。脳の一〇〇〇億ものニューロンは一つ残らず、果たすべき役割を持っている。各ニューロンはただのトランジスターやスイッチではない。意思決定の超小型エンジンであり、いつ発火し、いつ発火しないのかを「決定する」。数え切れないほどの決定が私たちの中で時々刻々と下されている。すでに見たように、紡錘状回のニューロンは、ある顔に応答し、別の顔には応答しないかもしれない。海馬傍回の「場所細胞」は、ある場所には応答し、別の場所には応答しないかもしれない。そして、脳幹のニューロンや視床のニューロンがまったく応答しなくなって、私たちをグレイ・ゾーンへと陥らせることもありうるのだ。

パリでディナーのテーブルを囲んだ私たち四人はそれぞれ、これらの微小な意思決定者たちとそれらが作る何千億もの相互結合が、意識の基盤だと考えている。それらが、私たちの思考や感情、情動、記憶、計画というかたちで意識が出現する基盤だと考えており、世界中にいる厖大な数の同業者も同じ見方をしている。どのニューロンも意識の土台の一部だ。それと同じで、誰もが社会という組織の一部をなす。人によって貢献度には差がある。だが、グレイ・ゾーンの人々を研究してきたおかげで私は、各人が存在するだけで、全体の創発的な出現に貢献していることを心に留めておくのがどれほど重要かわかった。

意識は、互いに向かって発火するニューロン間の結合に還元できると私は確信している。とはいえ意識とは、その最も精緻な形態を考えた場合、人間であることのうちで、私たちが何より大切にする部分、すなわち、自己である、行為主体性を持つ、何者かであるという感覚なのだ。理解するのがこれほど難しいのも無理はない。私はグレイ・ゾーンの探究を通じて、意識は説明がつかないものでも、神秘的なものでも、超自然的なものでもないことを知った。ひょっとすると、奇妙なものかもしれない。魔法のようでさえあるかもしれない。どうやって自分自身からあふれ出て他者の人生にまで流れ込むのかを考えれば、なおさらだ。意識はどんな人よりも大きく、私たちをたゆまぬ流れに乗せて目的地へと運んでいくのだが、誰一人その目的地を理解する手がかりさえ持っていない。

二〇年前、グレイ・ゾーンに陥った患者の心を読むという私たちのドン・キホーテのような探究に、多くの人は見向きもしなかった。だが、まもなくそういった解読は当たり前のものに変わり、世界中で何百万もの人々が利用できるようになるだろう。これぞ科学の魔法だ。そのおかげで、未来は過去になる。一つひとつの問題を少しずつ解明していくうちに、信じられないような進歩を遂げ、新たな見識や理解の領域が目の前に広がる。最初にケイトをスキャンした一九九七年以来、グレイ・ゾーンの科学は大変な進歩を私たちにもたらした。そしてやがては、宇宙の秘密を必ずや明らかにしてくれるだろう――私たち一人ひとりが、なんと、自分の頭の中に持っている宇宙の秘密を。

エピローグ

私が行なってきたグレイ・ゾーンの探究の第一章は、二〇一五年五月、奇妙な、そして予期せぬ幕切れを迎えた。モーリーンがあまりにも突然、亡くなったのだ。私はフィルとは連絡をとりつづけており、最後に会ったのはその七か月前、エディンバラでいっしょにビールを飲んだときだ。そのときフィルが聞かせてくれた話では、モーリーンはまだ、医学的に言えば安定しており、看護施設で暮らし、両親をはじめとする身内の手厚い介護を受けていた。モーリーンが亡くなったのは、私が空路ニューヨークに向かう日だった。本書について出版社を回るためだ。ほかならぬその日、フィルがフェイスブックで連絡してきた。「モーリーンが今朝九時二〇分に亡くなった。二日前から肺感染症でね。あっという間に逝ってしまったよ。……君にも知らせておこうと思って」

よりによって。モーリーンの死のタイミングを思ったとき、頭に浮かんだのはこの言葉だった。私は五番街を行き来して出版社を訪れては、本書を売り込みながら、くしくもモーリーンは今日亡くなったのです、という説明を繰り返す羽目になった。これではまるで老水夫ではないか！（老水夫は、イギリスの詩人サミュエル・テイラー・コールリッジの詩に登場する人物。航海中に鳥を殺し、呪いを受ける。のちに放浪の旅に出て、呪いが解けるまでの壮絶な体験を語り、生き物を愛するように説きつづける）モーリーンは本書に初めからずっとつきまとっていた。二〇年近く私の人生について回りつづけたのと同じように。そしてまさにこのときもグレイ・ゾーンを抜け出し、それまでずっとしてきたことをやりつづけていた。思いもよらない奇妙なかたちで私の人生に影響を与え、いつも自分の意見を示し、必ずそれを押し通す。ただし今度は、あの世から。

　モーリーンには二〇年以上会っていなかったが、それでも訃報に接して大きく胸を動かされた。二〇年にわたって、どれほど自分の人生が影響を受けてきたかを痛切に感じた。それまで、あからさまに自分でそうと認めることは稀だったけれど。彼女の影響の大きさを特定するのは難しかったし、説明するのはなおさら困難だった。二人の関係について私が相矛盾する見方をしているために、わかりにくくなっていたのは間違いない。熾烈な言い争いの恨み辛みはとうの昔に薄れていたが、医療的ケアこそが最も重要であるべきだという彼女の強い主張に、自分が依然として応じている面があるのに気づいた。

　気の利いた実験や目くるめくようなテクノロジーはさておき、グレイ・ゾーンの科学の核心は、私たちから失われてしまった人々を見つけ出し、彼らが愛する人や、彼らを愛する人とふたたび結びつけることにある。今でもなお、接触に成功するたびに、奇跡のように感じられる。今、これを書いていると、モーリーンが目を細め、鋭いウィットをきらめかせながら、笑っている姿が頭に浮かんでくる。だから言ったでしょう、と彼女は言うだろう。ほら、大事なのは医療的ケアなのよ、と。そして、きっとそうなのだろう。二〇年以上前、科学的な旅、人間の脳の謎を解くための探究として始まったものが、月日を経るうちに、いつしかまったく別の種類の旅へと発展していたのだ——人々を虚無の淵から救い出し、グレイ・ゾーンから連れ戻し、私たちのあいだにふたたび居場所を確保できるようにする旅へと。

謝　辞

これまでの人生で何百回となく謝辞を書いてきたが、それはいつも通り一遍の文章で、助成金を出してくれる、顔の見えない機関に対するものだった（もちろん、感謝していないわけではない。ただ、自分が感謝している相手のことをろくに知らないというだけのことだ）。それに比べると、ほんとうによく知っている人々の貢献に感謝するというのは、じつにやり甲斐がある。

まずは、本書の真のヒーローたち、すなわち、長い年月のあいだに、自らのこれほど多くを私と私の研究チームに捧げてくれた、何百人もの患者とその家族に感謝したい。みなさんの物語のうちには、本書に取り上げられたものもあれば、取り上げられなかったものもあるが、みなさん全員が、一人の例外もなく、科学的発見のプロセスに貢献してくれた。それに心からお礼を申し上げる。ケイト、ポールと息子のジェフ、ウィニフレッドと夫のレナード、マルガリータと息子のフアンには、とりわけ負うところが大きい。彼らはみな、厄介な生活の中から時間を割き、自らの言葉で、自らの物語を語ってくれた。みなさん方がいなかったら、この本は書けなかっただろう。みなさんの物語を私がきちんと伝えられたことを願っている。

モーリーンの両親と、兄のフィルにも謝意を表したい。三人は、本書の実話紹介の部分にモーリーンの物語を含めるように促してくれた。当初私は乗り気ではなかったが、この物語抜きでは私の探究の旅路の記録は不完全なものになっていたことだろう。モーリーンの度量の大きさは、みなさん三人の中で、今もなお生きつづけている。

私はこれまでの年月に、かなりの数の研究助手、技術者、大学院生、ポスドク研究員たちと研究を行なうという幸運に恵まれてきた。彼らはみな、私たちの科学的探究の成功のために、大小さまざまなかたちで貢献してくれた。全員の名前を挙げようとすれば、必ず漏れが生じてしまい、気分を害する人が出てくることは避けられないだろう。したがって、ここでは主だった人々、すなわち、この科学的冒険がこのようなかたちで展開するのを可能にする原動力となった、私の研究室のメンバーに心から感謝するにとどめる（順不同）。トリスタン・ベキンシュタイン、マーティン・モンティ、ダビニア・フェルナンデス＝エスペロ、デイミアン・クルーズ、スリヴァス・シェヌ、ロリーナ・ナーチー、ロレッタ・ノートン、レイシェル・ギブソン、ローラ・ゴンザレス＝ララ、アンドルー・ピーターソン、ベス・パーキン、ありがとう。みなさん全員が、私と同じぐらい楽しんでくれたことを願っている。

本書で説明した研究に、長年のあいだにいっしょに取り組んだ何百人もの素晴らしい仲間についても同じだ。全員を網羅するリストをまとめるのは不可能だろう。とはいえ、デイヴィッド・メノンとスティーヴン・ローリーズとメラニー・ボウリーには心から感謝の気持ちを表したい。三人がこの科学研究の物語にどれほど重要な貢献をしてくれたかは、これまでのページにかなり詳しく説明されている。もちろん、研究の途上で大切な役割を果たしてくれた人はほかにも大勢いる。イングリッド・ジョンズリュード、マット・デイヴィス、ジェニー・ロッド、ジョン・ピッカード、ブライアン・ヤング、マーティン・コールマン、チャールズ・ウェイジャー、ロードリ・キューサック、アンドレア・ソデュにお礼を言いたい。ロジャー・ハイフィールドは、本書の企画の初期段階で協力してくれたので、特別に名前を挙げておくべきだろう。彼の最初の一押しがなければ、私の物語は日の目を見なかったかもしれない。

疲れを知らないアシスタントで「用心棒」のドーンにもお世話になった。彼女は、この仕事が大好きだと言う。それも、ちょうど私がその言葉を信じられる程度に頻繁に。だが、信じられないほど頻繁に言ったりはしない。彼女がいなければ、本書のプロジェクトも、私の日常におけるほかの多くの側面とともに、破綻していただろう。

本書制作の協力者ケネス・ワプナーにも心から感謝する。彼は、私がこの物語の核心を見つけ出し、それに幅や深さを加えるのを助け、企画の立案に始まり、原稿の執筆から仕上げまでのあらゆる段階を通して力になってくれた。ケン、君と仕事をするのは楽しかったし、名誉なことでもあった。そのうちまた、手を組めればと願っている。担当エージェントのゲイル・ロスと編集者のリック・ホーガンにも謝意を表する。ゲイルは渋る私を説得して本書を書かせ、リックは見事に私を導いてくれた。

そして最後に、息子のジャクソンに宛てた本書の献辞に隠された意味を解き明かそうとしているかもしれない読者のために言うが、私は死にそうなわけではない（死にそうだと恐れているわけでもない）。だが、生と死を隔てるじつに危うい境界で働いていると、あらゆる人命の、あまりの儚さを、ときとして無視できなくなるのだ。

二〇一七年二月一二日

エイドリアン・オーウェン

日本語版のための追記――原著執筆後の進展

安価で信頼性の高いテクノロジーがまもなく開発され、閉じ込め症候群の患者と植物状態の患者が、医師や家族、友人、愛する人と意思を疎通できるようになることには疑いの余地がない。本書で見たとおり、何年も植物状態にあると思われていた患者のなかには、ｆＭＲＩのおかげで、「イエス」か「ノー」という応答を使って外の世界と意思を疎通させられる人がすでに出ている。

私たちのチームは現在、ｆＭＲＩよりも運搬しやすくて安価な新手法の開発に取り組んでいる――いつの日か患者が、家族や身の回りの人と日常的に意思疎通ができるような装置を持って自宅に戻れるようになることを願って。目覚ましい進歩を遂げているのが機能的近赤外光分析法（ｆＮＩＲＳ）だ。ｆＮＩＲＳは近赤外光を発し、頭皮を通過させて脳内に送り込み、どれだけ反射してくるかを計測する。血管に吸収される特定の波長の近赤外光の量は、中を流れる血液に含まれている酸素の量によって変化する。ｆＮＩＲＳはこの特性を利用し、どこで大脳皮質の活動が起こっているかを検知し、それによって、どの時点で脳のどの部分が活性化しているかを突き止められる。害はまったくない。そのうえｆＭＲＩと違い、ｆＮＩＲＳは持ち運びが可能で、静かで、不快感を与えず、比較的安価だ。最近のある日本の研究では、閉じ込め症候群の患者一七人にｆＮＩＲＳが使われ、患者の半数近くが高い精度で考えを伝えられることが明らかになった。

すでに私たちはウェスタン大学の共同研究者や学生と、グレイ・ゾーンの患者の一部との意思疎通を可能にするようなｆＮＩＲＳの製作を試みている。成功するかどうかはまだわからないが、必要なテクノロジーはもう存在しており、あとは多少の巡り合わせの良さに恵まれさえすればいい。すなわち、検査に打ってつけの患者が、絶妙のタイミングで現れてくれさえすればいいのだ。そのような人はすぐ近くにいるかもしれない。ケイトは適切なときに現れた適切な患者だった。キャロルも適切なときに現れた適切な患者だった。ジョンとスコットも絶好のタイミングで登場した。これらの患者全員――人生を生き、子供時代を経験し、記憶を保存し、人を愛し、人に愛されてきた人々――が、ここぞというときに、これぞという場所にいた。必要な科学とテクノロジーと神経科学のノウハウがすべて一つになり、問いに答えることが可能になった、まさにそのとき、その場所に。そして、彼らの一人ひとりが、そうした問いの一つに対する答えとなったのだ。

二〇一八年八月

Ａ・Ｏ

訳者あとがき

医師に植物状態と診断された人が目の前に横たわっているとしよう。その人は身じろぎもしない。瞬き一つすらできない。声をかけようが、体を揺すぶろうが、まったく応答しない。だが、その人にはひょっとしたら意識があるかもしれない。もしかすると、まわりで起こっていることをすべて脳が認識しているかもしれない。みなさんなら、どうやってそれを確かめるだろうか？　そんな難問に挑んだのが、本書の著者で神経科学者のエイドリアン・オーウェンだ。

一九六六年にイギリスで生まれた著者は現在、カナダのウェスタン大学脳神経研究所に所属している。本文にあるとおり、ロンドン大学精神医学研究所で博士号を取得し、母国とカナダを代わるがわる活躍の場としながら、過去二五年にわたって、認知神経科学の分野で先駆的な研究を重ねてきた。

さて、なぜ先ほどの問いが重要かと言えば、「物事を認識する能力が皆無だと思われている植物状態の人の一五～二〇パーセントは、どんなかたちの外部刺激にもまったく応答しないにもかかわらず、完全に意識がある」ことを著者らが発見したからだ。しかもそのなかには、ふたたび話せるようになった人、さらには歩く能力を取り戻して大学に復帰した人までいるというから驚きだ。

それなのに彼らは、回復の見込みなしと診断され、人格を持った人間として扱われなかったり、悪くすれば生命維持装置を外されたりする場合もありうることを思うと、ぞっとする。逆に、意識があって物事を認識できることを確認し、痛みの有無をはじめとする現状や本人の希望や意思を直接聞き出せれば、彼らを絶望的な孤立状態から救い出し、その希望や意思を反映した措置をとって生活の質を向上させる道が開ける。このように、先ほどの問いの持つ意義はじつに重大で切実だ。傍からは植物状態に見える状態に自分が陥ったところを想像すれば、なおさらだろう。そうならない保証はないのだから。

このような孤立状態にある人を見つけて意思を疎通させるために、著者をはじめとする人々が見せる創意工夫や思いつくアイデアには舌を巻く。パソコンのスクリーンセーバーを利用して、患者の目から脳へ情報が届いているかどうか確かめたうえで、顔写真に対する患者の脳の反応をスキャナーで捉える段階から始まり、スキャナーの中で単語と雑音を聞かせて、健常者と同じように、脳の反応に違いが出るかを調べる、イエスかノーで答えられる質問をし、イエスなら事前に指示したある動作をしているところ、ノーなら別の動作をしているところを思い浮かべてもらい、どちらの動作に関連した脳領域が活性化するかをスキャナーで捉えてイエスかノーかを判定し、意思の疎通を図る、映画を見せながら、筋立てを理解している健常者と同じように脳が活性化するかどうかをスキャナーで確認し、患者が外部の様子を意識的に体験しているかどうかを調べる、などなど。

これをさっと読んだだけでは、たいしたことではないように思えるかもしれないが、まさにコロンブスの卵だ。前例のない分野で、対象となる患者がいつ現れるかもわからないなか、なるべく多くの人に使える信頼性の高い方法を探すのは並大抵のことではない。しかも、どんな研究にせよ、健常者が相手の場合にさえ簡単に進むとはかぎらないのに、この研究の対象は、そもそも植物状態に見えるほどの脳の損傷を抱えた人々なのだ。そうした困難を克服して著者らが改善を重ね、患者とのコンタクトに成功し、彼らとのコミュニケーションを確立する過程は、本書の大きな読みどころと言える。

もっともそれだけなら、科学の成功物語として稀有なものとはとうてい言えなかっただろうが、そこにとどまらないところが、本書が真に非凡である所以《ゆえん》だ。本書で胸を打たれる点や考えさせられる点はほかに少なくとも二つある。

一つは、著者がもっぱら研究成果を追求するのではなく、なぜこれほどまで、声なき人の声を聞こうとするのか、そして、患者やその家族に寄り添えるのか、だ。その背景には、著者の尋常でない個人体験がある。まず、著者自身が一四歳のときに悪性リンパ腫のホジキン病の診断を受けて死線をさまよい、壮絶な闘病生活を乗り切ったサバイバー、独自のグレイ・ゾーン体験者であり、患者としての辛酸を嘗《な》め尽くしていると同時に、家族や看護師らの献身的な愛と世話、介護、看護の恩恵を味わっている。それに加えて、自分の母親を脳の癌性腫瘍で失い、かつての恋人もくも膜下出血で植物状態という診断を受け、ついに回復することなくおよそ二〇年後に亡くなるという、患者の家族や親しい人間としての苦しみや悲しみにも見舞われている。著者にはこうした経験に裏打ちされた使命感と共感に衝き動かされているところがあり、全篇を通して著者の人間味が感じられる点も、本書の魅力だろう。

もう一つは、健常者のように物事を認識する能力がある状態と、認識能力が完全に失われた状態との間に横たわるグレイ・ゾーンや意識そのものと人間に対する著者の理解の深まりだ。「グレイ」という、曖昧さを象徴する言葉に端的に表れているように、「グレイ・ゾーンは私たちに、意識はあるかないかのどちらかという問題ではないことを教えてくれる。オンかオフか、黒か白かで決着をつけるような問題ではない。グレイにはさまざまな色合いがある」と著者は言う。

そもそも意識自体、人間が発達・成長するなかで、どの段階で現れるかや、どの動物にどのような形の意識があるのかも明確にわかっていないし、「人間の意識はたびたび他者の人生に波及する」とも著者は言う。「私たちは、自分の人間関係や、意識がある存在としてまわりの世界に及ぼす影響に目を向けないかぎり、自らについて十分に説明したり理解したりできることは稀だ。人間はそれぞれ本人の脳にほかならないが、その人のおかげで他者が持つ記憶であり態度であり意見であり情動でもある。人は死んでしまってもなお、あとに残してきた人々の人生に刺激を与え、その人生を形作り、その人生に影響を及ぼしつづけることが多い」

「この現象が最も明白に現れる」のは、「集合意識」の中かもしれないと著者は考え、「集合意識は、脳と脳の相互作用から生まれ、複数の人、親族、コミュニティ、さらには国家が接触するにつれて拡大」し、「共有意識経験の基盤」をなすと主張し、深遠な内部空間という意識の側面に、外への広がりを加える。

意識を単体としてだけではなく、周囲との関連の中で捉えるという著者の多面的な見方は、研究の捉え方にも反映されている。研究室の中だけでの純粋な科学研究というのは、なかなか成立しがたい。成果をあげ、実用的な意義を明確にし、マスメディアに注目され、学界と世間の両方で認知度を高め、資金や活躍の場を獲得し、さらに次の成果をあげるというのが一つの現実的なパターンであり、それは日本でもｉＰＳ細胞研究の例を見れば明らかだろう。また、幸運に恵まれる必要もある。著者の場合にも、意識のある患者にたまたま連続して出会えたこと、研究を可能にする科学とテクノロジーが急激に発展してくれていることなどは無視できない。著者は、「その時点まで私たちを導いてくれた奇妙な偶然と幸運の取り合わせに、つくづく感心する」とともに、もし最初に調べた患者が応答していなかったら、「駄目だ。もう一度やってみるまでもない。何か別のことをやってみよう」ということになっていた可能性が十分あると認めている。

著者が粘り強く取り組み続けられた背景には、患者の家族の信念と献身、回復した患者の要望もあることは見逃せない。医師に植物状態、回復不能と診断されても、わが子や配偶者などは物事を認識する能力があって、応答している、いずれ回復するのだと固く信じている家族の尽力には目を見張らされ、頭が下がる。相手は人格を持った意識ある人間だ、という態度で患者に接し、何くれとなく世話をし、話しかけたり読み聞かせをしたりする。一〇年以上も必ず毎週末に映画に連れていっていた人や、自ら手配して一二〇回も高圧酸素治療を受けさせた人もいる。床ずれを防ぐため、一九年間ずっと一時間おきに夫の体を動かした女性の話も紹介されている。

こうした人々の姿を目の当たりにしたり耳にしたりすれば、おのずと使命感が湧いてくるだろう。そしてその使命感を持っているからこそ、著者たちは苦悩し、また謙虚にもなる。準備不足やもろもろの事情でグレイ・ゾーンから助け出せなかった人がいたり、認識能力を持っている患者を調べておきながら、その能力を検知できなかった事例があったりしたこと、数え切れないほど多くの人が今なお救いの手を差し伸べられずに植物状態という診断に甘んじていることに、著者たちは苦しむとともに、失敗も正直に認めている。「私は何かせずにはいられなかった。モーリーン［著者の元恋人］や、私たちがスキャンした患者たちのためにだけではなく、スキャナーに入って、内なる声を聞いてもらう機会をまだ得ていない、無数の声なき人々のためにも」と著者は言う。

自分の無知や限界を認めるのには勇気がいるし、グレイ・ゾーンの曖昧さはもどかしさやいらだちを招きかねないが、自分の知識を絶対のものと過信して何でも白黒をはっきりさせよう、結論を急ごうとする態度には危うさが伴う。医師が患者を植物状態と断定し、生命維持装置を外すことを勧めるプロローグのエピソードや、脳を研究しながら本物の脳を一度も見たことのなかった著者が初めて脳神経外科手術を間近で眺め、重大な教訓を得るというエピソードは示唆に富んでいる。

グレイ・ゾーンと言えば、法律や医療の面のグレイ・ゾーンからもけっして目を背けるわけにはいかない。延命措置の実施や停止、安楽死の実施は認められるのか、もし認められるのなら、どのような場合に誰が判断を下すのか、本人が意思表示すればそれに従うべきなのか、本人に意思表示ができないときには誰が生きる権利や死ぬ権利を行使できるのか、関係者の間で意見に相違が出たときにはどうするのか、予算や設備、人員に限りがあるときには、それをどのような基準でどの患者にどの程度まで振り向けるべきなのか——こうした事柄に、社会が無縁でいられるはずがない。また、意識はあるのに体が動かず、瞬きしたり目を動かしたりするのがやっとという「閉じ込め症候群になったら、それ以上生きたいとは思わないだろうと大多数の人が言い切る」ものの、実際の「患者のうち、安楽死を望んでいることを表明した人はわずか七パーセントだった」という調査結果も著者は紹介している。この結果からは本人の意思も一定不変ではないことがうかがわれるから、将来に備えて事前指示書を用意するときには慎重にならざるをえない。さらに、著者がずっと頭を悩ませてきた、科学研究と医療的ケアのバランスもまたグレイ・ゾーンと言える。純粋な研究だけに力を注いで現場のケアをないがしろにしてはならないものの、現場でのケアだけをしていたら、問題の根本的な解決は望めない。

重いテーマを扱った作品だが、読後感はけっして暗くない。「グレイ・ゾーンの科学とは、あらゆる人生の価値を肯定することだ」と著者は言う。人間味豊かな著者や、患者、その家族らが困難に挑む姿や、テクノロジーの進歩は希望を与えてくれる。私たちを勇気づけてくれる。エピローグの冒頭で、本書で取り上げた自身の研究を指して、「私が行なってきたグレイ・ゾーンの探究の第一章」と言っていることからもわかるように、著者はもちろん今も研究を続けている。驕《おご》ることもなくこれほどの成果をあげてきた著者に今後もおおいに期待し、声援を送らずにはいられない。そして、こう願いたい。人格を持った人間として扱われない患者の方々が一人でも減りますように。現実離れした期待を抱かせてはならないが、その反面、希望を捨てないで治療や看護、介護にあたる方が一人でも増え、人知れずにせよ、傍目にもわかるほどにせよ、生活の質が上がる患者、回復する患者の方々が一人でも多くなりますように。この分野がさらに発展し、「科学のための科学」だけではなく、「現場」のためにも役立ちつづけますように。

最後になったが、翻訳中に私が何度も送った質問に、多忙な日々の合間を縫って毎回丁寧に回答してくださったばかりか、本書の執筆後に新たな進展があれば日本の読者に紹介していただきたいという私の要望に快く応じ、一筆書いてくださった著者に感謝したい。いただいた文章をまとめたのが、この「訳者あとがき」の前に収められている「日本語版のための追記――原著執筆後の進展」で、機能的近赤外光分析法（ｆＮＩＲＳ）を利用した新手法が、日本での研究も交えつつ、実用化に向かっていることがわかり、今後への期待がさらに膨らむ。

日本語版のために図や写真を載せることを思いつき、著者と交渉して画像を入手したり、私の思慮の足りない点を、繊細な感覚と心配りで補ったりしてくださったみすず書房の市原加奈子さんや、校正にあたってくださった方、デザイナーの永松大剛さん、そのほか刊行までお世話になった多くの方々にも心から感謝したい。

柴田裕之

二〇一八年八月

索　引

サ

マ

ヤ

ラ

ワ

原　註

本書で説明した事例の大半については，患者とその家族の方々に多大な協力をいただいた．心から感謝申し上げる．それ以外については，明白な理由から，協力を得られないこともあった．数少ないそれらの事例では，プライバシーを守るために名前や年月日，その他の些末な詳細は変更してある．

プロローグ

1）さらなる詳細については以下を参照のこと．M. M. Monti, A. Vanhaudenhuyse, M. R. Coleman, M. Boly, J. D. Pickard, J-F. L. Tshibanda, A. M. Owen, and S. Laureys, “Willful Modulation of Brain Activity and Communication in Disorders of Consciousness.” *New England Journal of Medicine* 362（2010）: 579-89 及び D. Cruse, S. Chennu, C. Chatelle, T. A. Bekinschtein, D. Fernandez-Espejo, D. J. Pickard, S. Laureys, and A. M. Owen, “Bedside Detection of Awareness in the Vegetative State,” *Lancet* 378（9809）（2011）: 2088-94.

2）読む人の心を捉えて放さない感動的なこの作品を，読者のみなさんに熱烈にお薦めする．私はこれまでの年月に何度も読んできた．J. D. Bauby, *The Diving Bell and the Butterfly*（New York: Vintage, 1998）［邦訳：『潜水服は蝶の夢を見る』河野万里子訳，講談社，1998 年］.

第一章　私につきまとう亡霊

1）このころに私たちが開発したいくつかの記憶テストのさまざまなバージョンは，現在，www.cambridgebrainsciences.com で閲覧可能.

2）この領域に損傷を負って顔認識が困難になった患者から得た初期の証拠のいくつかについては，以下を参照のこと．J. C. Meadows, “The Anatomical Basis of Prosopagnosia,” *Journal of Neurology, Neurosurgery, and Psychiatry* 37（1974）: 489-501.

3）さらなる詳細については以下を参照のこと．A. M. Owen, A. C. Evans, and M. Petrides, “Evidence for a Two-Stage Model of Spatial Working Memory Processing within the Lateral Frontal Cortex: A Positron Emission Tomography Study,” *Cerebral Cortex* 6（1）（1996）: 31-38 及び A. M. Owen, “The Functional Organization of Working Memory Processes within Human Lateral Frontal Cortex: The Contribution of Functional Neuroimaging,” *European Journal of Neuroscience* 9（7）（1997）: 1329-39.

4）当時私たちの PET 活性化研究で使ったワーキングメモリー・テストのいくつかは，今では www. cambridgebrainsciences.com で受けることができる．

5) さらなる詳細については以下を参照のこと．A. M. Owen, J. Doyon, A. Dagher, A. Sadikot, and A. C. Evans, "Abnormal Basal-Ganglia Outflow in Parkinson's Disease Identified with Positron Emission Tomography: Implications for Higher Cortical Functions," *Brain* 121 (pt. 5) (1998): 949-65.

第二章　ファーストコンタクト

1) D. K. Menon, A. M. Owen, E. Williams, P. S. Minhas, C. M. C. Allen, S. Boniface, and J. D. Pickard, "Cortical Processing in the Persistent Vegetative State," *Lancet* 352 (9123) (1998): 200.
2) 私が経験したうちで，回復した患者はケイトが最初であり，この分野に従事する私たちの誰にとっても，スキャナー内で脳が明確な応答を見せれば回復の可能性が見込めることを初めて示唆してくれたのもケイトだった．私たちがケイトのような患者を大勢調べ，イギリスの神経学の専門誌『ブレイン』に結果を発表できるまでには，このあと 12 年かかった．脳スキャナーの中で明確な応答が得られればそれは良い徴候であり，何らかの回復の前兆となりうるので，予後を判断するための有効な材料となることを示す証拠を，私たちはその論文で提示した．さらなる詳細については以下を参照のこと．M. R. Coleman, M. H. Davis, J. M. Rodd, T. Robson, A. Ali, J. D. Pickard, and A. M. Owen, "Towards the Routine Use of Brain Imaging to Aid the Clinical Diagnosis of Disorders of Consciousness," *Brain* 132 (2009): 2541-52.

第三章　ユニット

1) 自分がいくつ数字を覚えられるかを知りたければ，www.cambridgebrainsciences.com でテストできる．
2) さらなる詳細については以下を参照のこと．D. Bor, J. Duncan, and A. M. Owen, "The Role of Spatial Configuration in Tests of Working Memory Explored with Functional Neuroimaging," *Journal of Scandinavian Psychology* 42 (3) (2001): 217-24; D. Bor, J. Duncan, R. J. Wiseman, and A. M. Owen, "Encoding Strategies Dissociates Prefrontal Activity from Working Memory Demand," *Neuron* 37 (2) (2003): 361-67; D. Bor, N. Cumming, C. E. M. Scott, and A. M. Owen, "Prefrontal Cortical Involvement in Verbal Encoding Strategies," *European Journal of Neuroscience* 19 (12) (2004): 3365-70; D. Bor and A. M. Owen, "A Common Prefrontal-parietal Network for Mnemonic and Mathematical Recoding Strategies within Working Memory," *Cerebral Cortex* 17 (2007): 778-86.

第四章　最小意識状態

1) 「半減期」という言葉は，O-15 のような放射性同位体について使われたときには，どんなサンプルの中の放射性核であっても，その半数が崩壊するのにかかる時間を指す．だから，たとえば半減期 2 回（O-15 の場合には 244.48 秒）を経ると，放射性原子核のどんなサンプルも，もとの数の 4 分の 1 になる．
2) さらなる詳細については以下を参照のこと．A. M. Owen, D. K. Menon, I. S. Johnsrude, D. Bor, S. K. Scott, T. Manly, E. J. Williams, C. Mummery, and J. D. Pickard, "Detecting Residual Cognitive Function in Persistent Vegetative State (PVS),"

Neurocase 8 (5) (2002): 394-403.
3) さらなる詳細については以下を参照のこと．N. D. Schiff, U. Ribary, F. Plum, and R. Llinas, "Words without Mind," *Journal of Cognitive Neuroscience* 11 (1999): 650-56.
4)「持続的植物状態」と「閉じ込め症候群」という言葉を造ったのがフレッド・プラムだ．彼の 1966 年の著書『昏迷と昏睡の診断』は，今日に至るまで，私たちの多くにとってバイブルでありつづけている．さらなる詳細については以下を参照のこと．F. Plum and J. B. Posner, *Diagnosis of Stupor and Coma* (Philadelphia: F. A. Davis, 1966)［邦訳：『昏迷と昏睡の診断』川村純一郎訳，西村書店，1982 年］．現在の版については以下を参照のこと．J. B. Posner, C. B. Saper, N. D. Schiff, and F. Plum, *Plum and Posner's Diagnosis of Stupor and Coma*, 4th ed. (Oxford, England: Oxford University Press, 2007).
5) さらなる詳細については以下を参照のこと．S. Laureys, S. Goldman, C. Phillips, P. Van Bogaert, J. Aerts, A. Luxen, G. Franck, and P. Maquet, "Impaired Effective Cortical Connectivity in Vegetative State: Preliminary Investigation Using PET," *Neuroimage* 9 (1999): 377-82.
6) さらなる詳細については以下を参照のこと．J. T. Giacino, S. Ashwal, N. Childs, R. Cranford, B. Jennett, D. I. Katz, J. P. Kelly, J. H. Rosenberg, J. Whyte, R. D. Zafonte, and N. D. Zasler, "The Minimally Conscious State: Definition and Diagnostic Criteria," *Neurology* 58 (3) (2002): 349-53.

第五章　意識の土台

1) D. Bor, *The Ravenous Brain: How the New Science of Consciousness Explains Our Insatiable Search for Meaning* (New York: Basic Books, 2012).
2) F. Crick, *The Astonishing Hypothesis: The Scientific Search for the Soul* (New York: Scribner, 1994)［邦訳：『DNA に魂はあるか――驚異の仮説』中原英臣訳，講談社，1995 年］．

第六章　言語と意識

1) さらなる詳細については以下を参照のこと．M. H. Davis and I. S. Johnsrude, "Hierarchical Processing in Spoken Language Comprehension," *Journal of Neuroscience* 23 (8) (2003): 3423-31.
2) さらなる詳細については以下を参照のこと．A. M. Owen, M. R. Coleman, D. K. Menon, I. S. Johnsrude, J. M. Rodd, M. H. Davis, K. Taylor, and J. D. Pickard, "Residual Auditory Function in Persistent Vegetative State: A Combined PET and fMRI Study," *Neuropsychological Rehabilitation* 15 (3-4) (2005): 290-306.
3) さらなる詳細については以下を参照のこと．J. M. Rodd, M. H. Davis, and I. S. Johnsrude, "The Neural Mechanisms of Speech Comprehension: fMRI Studies of Semantic Ambiguity," *Cerebral Cortex* 15 (2005): 1261-69.
4) さらなる詳細については註 2 の文献を参照のこと．

第七章　意志と意識

1) この言葉，あるいは少なくともその1バージョン（「ニューロンはいっしょに発火するとつながる」）は，Siegrid Löwel and Wolf Singer の “Selection of Intrinsic Horizontal Connections in the Visual Cortex by Correlated Neuronal Activity,” *Science* 255 (1992): 209-12 で最初に使われた．とはいえ2人は，連合学習の分野での研究で知られているカナダの神経心理学者ドナルド・ヘッブの言葉を言い換えていたにすぎない．ヘッブは1949年に，こう書いている．「細胞Aの軸索が細胞Bを興奮させるほど近くにあり，繰り返し，あるいは持続的に，細胞Bを発火させるのに加われば，一方あるいは両方の細胞に何らかの成長プロセスないし代謝の変化が起こり，細胞Bを発火させる細胞の1つとしての，細胞Aの効率が増す」．この概念は「ヘッブ理論」「ヘッブの法則」「ヘッブの原理」「細胞集成（セルアセンブリー）仮説」などと呼ばれるようになった．さらなる詳細については以下を参照のこと．D. O. Hebb, *The Organization of Behavior* (New York: Wiley & Sons, 1949)［邦訳：『行動の機構——脳メカニズムから心理学へ　上下』鹿取廣人・金城辰夫・鈴木光太郎・鳥居修晃・渡邊正孝訳，岩波文庫，2011年］．
2) さらなる詳細については以下を参照のこと．A. M. Owen, B. J. Sahakian, J. Semple, C. E. Polkey, and T. W. Robbins, “Visuo-spatial Short Term Recognition Memory and Learning after Temporal Lobe Excisions, Frontal Lobe Excisions or Amygdalo-hippocampectomy in Man,” *Neuropsychologia* 33 (1) (1995): 1-24.
3) 年月を経るうちに，私のチームは，背外側前頭皮質がどれほどよく機能しているかを調べるための専用の認知機能テストをいくつも開発した．それらのテストの一部は，www.cambridgebrainsciences.com で受けることができる．背外側前頭皮質をテストするには，「Token Search」というテストを試すといい．
4) さらなる詳細については以下を参照のこと．J. Duncan, R. J. Seitz, J. Kolodny, D. Bor, H. Herzog, A. Ahmed, F. N. Newell, and H. Emslie, “A Neural Basis for General Intelligence,” *Science* 289 (2000): 457-60 及び A. Hampshire, R. Highfield, B. Parkin, and A. M. Owen, “Fractioning Human Intelligence,” *Neuron* 76 (6) (2012): 1225-37.
5) さらなる詳細については以下を参照のこと．A. Dove, M. Brett, R. Cusack, and A. M. Owen, “Dissociable Contributions of the Mid-ventrolateral Frontal Cortex and the Medial Temporal-Lobe System to Human Memory,” *NeuroImage* 31 (4) (2006): 1790-1801.

第八章　テニスをしませんか？

1) さらなる詳細については以下を参照のこと．J. O'Keefe and J. Dostrovsky, “The Hippocampus as a Spatial Map. Preliminary Evidence from Unit Activity in the Freely-Moving Rat,” *Brain Research* 34 (1) (1971): 171-75.
2) この脳領域の機能は，1998年になってようやく，私の同僚のラッセル・エプスタインとナンシー・キャンウィッシャーが初めて詳しく記述した．2人は人間を対象に，fMRIを使って実験を行なった．その2年前，ペンシルヴェニア大学のジェフリー・アギアーらは，fMRIを使った研究で，脳のこの部位と，自分の環境の「心象地図」におけるその部位の潜在的役割にすでに注意を促していた．アギアーらは，ボランテ

ィアたちにバーチャルリアリティ・システムを使ってあらかじめ迷路を学習させ，それからスキャナーの中で，その迷路を通って A 地点から B 地点まで頭の中で進むように指示した．すると，すでによく知っている迷路の中を進むところを想像するだけで，場面や眺めが頭に浮かぶときに海馬傍回が活性化することがわかった．さらなる詳細については以下を参照のこと．G. K. Aguirre, J. A. Detre, D. C. Alsop, and M. D'Esposito, "The Parahippocampus Subserves Topographical Learning in Man," *Cerebral Cortex* 6 (6) (1996): 823-29 及び R. Epstein, A. Harris, D. Stanley, and N. Kanwisher, "The Parahippocampal Place Area: Recognition, Navigation, or Encoding?," *Neuron* 23 (1999): 115-25.

3) さらなる詳細については以下を参照のこと．M. Boly, M. R. Coleman, M. H. Davis, A. Hampshire, D. Bor, G. Moonen, P. A. Maquet, J. D. Pickard, S. Laureys, and A. M. Owen, "When Thoughts Become Actions: An fMRI Paradigm to Study Volitional Brain Activity in Non-Communicative Brain Injured Patients," *Neuroimage* 36 (3) (2007): 979-92.

4) さらなる詳細については以下を参照のこと．A. M. Owen, M. R. Coleman, M. H. Davis, M. Boly, S. Laureys, and J. D. Pickard, "Detecting Awareness in the Vegetative State," *Science* 313 (2006): 1402.

5) さらなる詳細については以下を参照のこと．R. P. Clauss, W. M. Güldenpfennig, H. W. Nel, M. M. Sathekge, and R. R. Venkannagari, "Extraordinary Arousal from Semi-Comatose State on Zolpidem," *South African Medical Journal* 90 (1) (2000): 68-72.

6) さらなる詳細については以下を参照のこと．M. Thonnard, O. Gosseries, A. Demertzi, Z. Lugo, A. Vanhaudenhuyse, M. Bruno, C. Chatelle, A. Thibaut, V. Charland-Verville, D. Habbal, C. Schnakers, and S. Laureys, "Effect of Zolpidem in Chronic Disorders of Consciousness: A Prospective Open-Label Study," *Functional Neurology* 28 (4) (2013): 259-64.

第九章　イエスですか、ノーですか？

1) アメリカでは推定で約 530 万人が外傷性脳損傷に関連した障害を抱えて生きている．ヨーロッパでは，その数は 770 万人に迫る．世界保健機関によれば，毎年世界中で脳卒中を起こす 1500 万人のうち，多くが長期的な認知障害と身体障害を経験するという．路傍での医療措置や集中治療の向上のおかげで，深刻な脳損傷を生き延び，認識能力が残っている証拠がまったくないままに生きることになる人が増えている．そのような患者は，優れた看護施設がある都市や町なら，事実上どこでも見つかる．

2) さらなる詳細については以下を参照のこと．A. M. Owen and L. Naci, "Decoding Thoughts in Behaviourally Non-Responsive Patients," in W. Sinnott-Armstrong (ed.), *Finding Consciousness* (Oxford University Press, 2016).

3) さらなる詳細については以下を参照のこと．http://jewinthecity.com/2014/09/can-you-ever-pull-the-plug-life-support-jewish-law/.

4) さらなる詳細については以下を参照のこと．D. J. Palombo, C. Alain, H. Södurland, W. Khuu, and B. Levine, "Severely Deficient Autobiographical Memory (SDAM) in Healthy Adults: A New Mnemonic Syndrome," *Neuropsychologia* 72 (2015):

105-18.
5) さらなる詳細については以下を参照のこと. M. M. Monti, A. Vanhaudenhuyse, M. R. Coleman, M. Boly, J. D. Pickard, J-F. L. Tshibanda, A. M. Owen, and S. Laureys, "Willful Modulation of Brain Activity and Communication in Disorders of Consciousness," *New England Journal of Medicine* 362 (2010): 579-89.

第一〇章　痛みがありますか?

1) 完成し, さまざまな賞を授与されたこのドキュメンタリーは, www.intothegrayzone.com/mindreader で視聴可能.
2) 過去数年間に聞いた非常に興味深い話の多くと同じで, この話も, 私が指導している大学院生で, 見事な洞察力を持ったロレッタ・ノートンが語ってくれた.
3) さらなる詳細については以下を参照のこと. D. Fernandez Espejo and A. M. Owen, "Detecting Awareness after Severe Brain Injury," *Nature Reviews Neuroscience* 14 (11) (2013): 801-9.
4) さらなる詳細については以下を参照のこと. W. B. Scoville and B. Milner, *Journal of Neurology, Neurosurgery and Psychiatry* 20 (1957): 11-21.

第一一章　生命維持装置をめぐる煩悶

1) この引用は, ヒポクラテスの著述より. 翻訳は, E. Clarke, "Apoplexy in the Hippocratic Writings," *Bulletin of the History of Medicine* 37 (1963): 307.
2) 「pie vegetative」という言葉が使われた論文は, M. Arnaud, R. Vigouroux, and M. Vigouroux, "États Frontieres entre la vie et la mort en neuro-traumatologie," *Neurochirurgia* (Stuttgart) 6 (1963): 1-21. 「vegetative survival」という言葉が使われた論文は, M. Valpalahti and H. Troupp, "Prognosis for Patients with Severe Brain Injuries," *British Medical Journal* 3 (5771) (1971): 404-7. ブライアン・ジェネットとフレッド・プラムによる今や名高い論文は, 以下のかたちで発表された. B. Jennett and F. Plum, "Persistent Vegetative State after Brain Damage: A Syndrome in Search of a Name," *Lancet* 299 (7753) (1972): 734-37.
3) この会議は, 私が友人で同業者のメルヴィン・グッデイルと共同で運営するカナダ先端研究機構 (CIFAR) 脳と心と意識のアズリエリ・プログラムが開催した初期の会議の1つだった. 会議の題は「意識のバイオマーカー」で, ロンドン王立協会で開かれた. 1660年に創立された同協会は,「科学とその恩恵を促進し, 科学における卓越を評価し, 傑出した科学を支援し, 政策のために科学的助言を提供し, 国際的・世界的協力と教育と公衆関与を助長するべく」, 何世紀も存在してきた. この上なく立派な機関と言える. 王立協会の会員に選ばれることは, 世界中の学者に与えられる栄誉のうちでも有数のものだ.
4) この活発な議論の口火を切ってくれた, 長年の友人で同僚である, ケンブリッジの医学研究協議会認知脳科学研究所のジョン・ダンカンに感謝しなければならない. ジョンは王立協会で開かれたその会議で, 私たちの招待客の1人だった. たしか, まさにこの言葉で会話を始めたと思う.
5) 閉じ込め症候群では, 患者は完全に意識があるが, 四肢麻痺と構語障害のせいで動くことも話すこともできない. この状態は, たいてい意識障害とは考えられないが, そ

れと混同されることがよくある．閉じ込め症候群の患者は，物事を認識する能力の徴候（目の動きや瞬き）が見落とされると，植物状態あるいは最小意識状態だと誤解されうる．さらなる詳細については以下を参照のこと．M. A. Bruno, J. Bernheim, D. Ledoux, F. Pellas, A. Demertzi, and S. Laureys, "A Survey on Self-Assessed Well-Being in a Cohort of Chronic Locked-In Syndrome Patients: Happy Majority, Miserable Minority," *British Medical Journal Open*, 2011, 1:e000039, doi:10.1136/bmjopen-2010-000039.

第一二章　ヒッチコック劇場

1）さらなる詳細については以下を参照のこと．M. M. Monti, J. D. Pickard, and A. M. Owen, "Visual Cognition in Disorders of Consciousness: From V1 to Top-Down Attention," *Human Brain Mapping* 34（6）（2012）: 1245-53.
2）さらなる詳細については以下を参照のこと．U. Hasson, Y. Nir, I. Levy, G. Fuhrmann, and R. Malach, "Intersubject Synchronization of Cortical Activity during Natural Vision," *Science* 303（2004）: 1634-40.
3）さらなる詳細については以下を参照のこと．S. Baron-Cohen, A. M. Leslie, and U. Frith, "Does the Autistic Child Have a 'Theory of Mind' ?," *Cognition* 21（1）（1985）: 37-46.
4）さらなる詳細については以下を参照のこと．L. Naci, R. Cusack, M. Anello, and A. M. Owen, "A Common Neural Code for Similar Conscious Experiences in Different Individuals," *Proceedings of the National Academy of Sciences* 111（39）（2014）: 14277-82.

第一三章　死からの生還

1）さらなる詳細については以下を参照のこと．A. M. Owen, M. James, P. N. Leigh, B. A. Summers, C. D. Marsden, N.P. Quinn, K. W. Lange, and T. W. Robbins, "Fronto-striatal Cognitive Deficits at Different Stages of Parkinson's Disease," *Brain* 115（pt. 6）（1992）: 1727-51.

第一四章　故郷に連れてかえって

1）2012 年，私たちは「g」つまり一般的知能（「IQ」）という概念の誤りを暴く科学論文を発表し，記憶，推論，言語能力の観点から脳の機能の違いを理解する新しい方法を示した．一般人 4 万 4000 人以上を募り，さまざまな認知機能テストにおける彼らの結果を分析した．みなさんがこのテストを試したければ，www.cambridgebrainsciences.com で受けられる．さらなる詳細については以下を参照のこと．A. Hampshire, R. Highfield, B. Parkin, and A. M. Owen, "Fractioning Human Intelligence," *Neuron* 76（6）（2012）: 1225-37.
2）さらなる詳細については以下を参照のこと．S. Beukema, L. E. Gonzalez-Lara, P. Finoia. E. Kamau, J. Allanson, S. Chennu, R. M. Gibson, J. D. Pickard, A. M. Owen, and D. Cruse, "A Hierarchy of Event-Related Potential Markers of Auditory Processing in Disorders of Consciousness," *NeuroImage Clinical* 12（2016）: 359-71.

第一五章　心を読む

1) さらなる詳細については以下を参照のこと．T. Bayne, A. Cleeremans, and P. Wilken, *The Oxford Companion to Consciousness* (New York: Oxford University Press, 2009).
2) さらなる詳細については以下を参照のこと．L. A. Farwell and E. Donchin, "Talking off the Top of Your Head: Toward a Mental Prosthesis Utilizing Event-Related Brain Potentials," *Electroencephalography and Clinical Neurophysiology* 70 (1988): 510-23.
3) さらなる詳細については以下を参照のこと．L. R. Hochberg, D. Bacher, B. Jarosiewicz, N. Y. Masse, J. D. Simeral, J. Vogel, S. Haddadin, J. Liu, S. S. Cash, P. van der Smagt, and J. P. Donoghue, "Reach and Grasp by People with Tetraplegia Using a Neurally Controlled Robotic Arm," *Nature* 485 (2012): 372-75.
4) *Perception*, Season 1, Episode 4, "Cipher," directed by Deran Serafian, written by Jerry Shandy (TNT 2012)（日本での放映時のタイトルは『パーセプション――天才教授の推理ノート』）．このシーンは www.intothegrayzone.com/perception/ で視聴可能．
5) *Alive Inside: A Story of Music and Memory*, written and directed by Michael Rossato-Bennett, produced by Projector Media and the Shelley & Donald Rubin Foundation (2014)（2014 年の日本での公開時のタイトルは『パーソナル・ソング』）．
6)「宇宙意識」についての，この比較的最近の説明は，www.loveorabove.com/blog/universal-consciousness で見つけた．「宇宙意識」という言葉は，カナダの精神科医リチャード・モーリス・バックの造語で，1901 年の著書 *Cosmic Consciousness: A Study in the Evolution of the Human Mind* (Philadelphia: Innes & Sons, 1901)［邦訳：『宇宙意識』尾本憲昭訳，ナチュラルスピリット，2004 年］で初めて使われた．

著者略歴

(Adrian Owen)

1966年生まれ．神経科学者．ウェスタン大学脳神経研究所認知神経科学・イメージング研究部門のカナダ・エクセレンス・リサーチ・チェアー．博士号をロンドン大学精神医学研究所（現在はキングス・カレッジの一部）で取得後，マギル大学モントリオール神経科学研究所，ケンブリッジ大学ウルフソン脳画像センターを経て，2005年に医学研究協議会（Medical Research Council）のケンブリッジ応用心理学研究ユニット（現・認知脳科学ユニット MRC CBU）の副ユニット長に就任．2010年より現職．特に植物状態の患者に関する研究により，脳損傷患者のケア，診断，医療倫理，法医学的判断といった幅広い分野に新たな観点をもたらした．イギリスBBCのTVドキュメンタリーシリーズ『パノラマ』の『マインド・リーダー——私の声を解き放つ』（The Mind Reader: Unlocking My Voice）をはじめ，アメリカ，イギリス，カナダの各種メディアでもこの研究が大きく特集され，反響を呼んでいる．本書が初の単著．

訳者略歴

柴田裕之〈しばた・やすし〉翻訳家．訳書に，ドゥ・ヴァール『動物の賢さがわかるほど人間は賢いのか』『共感の時代へ』『道徳性の起源』，ヴァン・デア・コーク『身体はトラウマを記録する』（以上，紀伊國屋書店），ハラリ『ホモ・デウス』（上下）『サピエンス全史』（上下）（以上，河出書房新社），ミシェル『マシュマロ・テスト』，（以上，ハヤカワ・ノンフィクション文庫），リフキン『限界費用ゼロ社会』（NHK出版），ガザニガ『人間とはなにか』（ちくま学芸文庫），ほか多数．共訳書に，リドレー『繁栄』（ハヤカワ・ノンフィクション文庫），デケイロス『サルは大西洋を渡った』（みすず書房）ほか．

エイドリアン・オーウェン

生存する意識

植物状態の患者と対話する

柴田裕之訳

2018 年 9 月 18 日　第 1 刷発行
2018 年 11 月 26 日　第 2 刷発行

発行所 株式会社 みすず書房
〒113-0033 東京都文京区本郷 2 丁目 20-7
電話 03-3814-0131（営業） 03-3815-9181（編集）
www.msz.co.jp

本文組版 キャップス
本文印刷所 萩原印刷
扉・表紙・カバー印刷所 リヒトプランニング
製本所 松岳社
装丁 永松大剛

ISBN 978-4-622-08735-9
［せいぞんするいしき］